河南旱地小麦栽培
理论与技术

王贺正 著

中国农业出版社
农村读物出版社
北京

　　小麦是世界主要粮食作物之一，在我国粮食生产中占有举足轻重的地位，在口粮中的地位更加突出。我国是世界小麦种植大国，小麦产量居世界第一。河南省小麦种植面积居全国之首，产量占全国总产量的1/4。河南省500多万公顷小麦种植田中，270多万公顷处于半湿润干旱区，旱地小麦生产在河南省粮食生产上具有特殊地位。因此，大力开展河南旱地小麦高效节水技术体系研究与应用，探索在河南旱地及类似生态条件下取得高产、稳产的方法和途径对河南农业的发展意义重大。

　　虽然国内外在覆盖措施、秸秆还田和耕作方式等小麦节水高效栽培的研究方面已经取得了明显进展，并在农业生产上有了一定的应用，但能在生产中大面积推广应用的技术并不多，特别是适应旱地不同生态区的配套节水高产高效栽培技术体系更鲜见报道。近年来，作者结合河南省丘陵旱地生态区条件，围绕小麦"高产、优质、资源高效利用、生态安全"的总体目标，以优化"土壤-作物-环境"三者关系为核心，通过在肥水互作、秸秆还田、节水灌溉、平衡施肥、化学调控以及耕作方式对旱地小麦生育特点和土壤性状等方面的影响开展了较全面和系统的研究，明确了豫西旱地麦田土壤养分及酶活性的变化特征，揭示了旱地小麦养分吸收利用规律，阐述了旱地小麦营养调控和根际营养生理生态机理，分析了不同栽培技术措施对小麦产量、效益和水分利用率的影响特点，总结形成了河南旱地小麦高产、高效、节水栽培技术体系。全书共分十章内容，分别为小麦对土壤干旱的响应及其抗旱性、不同水分处理对小麦生长发育和产量的影响、不同耕作方式对土壤理化特性及小麦生长发育的影响、灌溉方式对旱地小麦生育特性的影响、秸秆覆盖对旱地小麦生育特性和产量的影响、氮磷钾肥对旱地小麦的调控效应、秸秆还田和施磷对旱地小麦氮磷钾积累及土壤养分的影响、外源物质对小麦抗旱性的影响、不同年代的旱地小麦品种生育特性及河南旱地小麦栽培技术。

　　本书的研究成果丰富了旱地小麦抗旱性栽培理论和技术，对提高旱地小麦栽培技术水平，实现旱地小麦栽培技术标准化，增加旱地小麦产区农民收入，保障旱地农业可持续发展有一定的现实意义。本书可为从事小麦生产的科技人员提供参考，也可作为基层农业技术推广人员和农民的培训教材。

　　本书在撰写过程中得到了课题组同事的大力支持和帮助，也参考和引用了相关人员的研究成果，在此一并致谢！由于作者水平有限且撰写时间较紧，书中疏漏之处在所难免，恳请广大读者和专家学者给予批评指正。

著　者

2023 年 4 月

CONTENTS
目 录

第一章

小麦对土壤干旱的响应及其抗旱性

第一节 小麦对土壤干旱的响应

一、我国水资源状况

我国是水资源短缺的国家，全球平均年降水量 800mm，我国为 630mm，比全球的平均数约少 20%。我国江河平均流量居世界第 3 位。世界人口水资源平均占有量约为 9 000m³，而我国人均水资源占有量仅为 2 200m³，不足世界人均占有量的 1/4，排世界第 109 位，被联合国列为 13 个贫水国之一。不仅如此，我国水资源的时空分布极不平衡，全年降水量的 60%~80%集中在 6—9 月。长江流域及其以南地区国土面积只占全国的 36.5%，但其水资源量占全国的 81%；淮河流域及其以北地区的国土面积占全国国土面积的 63.5%，人口占全国总人口的 40%，集中了我国重要的能源、化工等基地和全国 51%的耕地，然而其水资源量仅占全国水资源总量的 19%。南方地区年降水量丰富，但也存在时空分布不均的问题；而且水污染更加剧了水资源短缺，全国 90%的废水、污水未经处理或处理未达标就直接排放。11%的河流水质低于农田灌溉标准，75%的湖泊受到污染，水资源状况严重制约着我国农业的发展。长江、黄河作为我国两大流域，这些年来特别是冬季黄河断流现象日益严重，长江水量也在下降，同时水污染现象在我国也非常严重，真正能够用于人们日常生活的水资源并不多，一些地区的水资源不能保证洁净，使得用于农业灌溉的水资源进一步减少。21 世纪我国农业发展的主要限制因素就是水资源总量较小且分布不均，从我国用水总量来看，农业用水量占大多数，而且农业用水效率又极低，因此农业用水是节水的主要方面。节约用水已经成为我国农业工作者的重要关注点，我国农田灌溉面积居世界第 1 位，农田灌溉用水大多来自江河湖泊，但持续干旱使得湖泊和各河流支流流量下降极多，地下水位下降，给我国农业造成很大损失。干旱不仅仅在干旱和半干旱地区发生，甚至在湿润地区也会出现旱情，这已经严重阻碍了农业生产的进步，如何合理利用有限的水资源，已成为农业生产亟待解决的问题。

如今我国正处于严重缺水期，随着社会的不断发展，我国工业用水、城市用水量持续增加，水资源供求矛盾更加严重，已成为工业发展乃至整个社会发展的障碍。预计我国在 2030 年后人口将增加至 16 亿，人均水资源占有量将下降至 1 760m³，逼近国际公认的 1 700m³ 的严重缺水警戒线。我国每年缺水为 300 亿～400 亿 m³，农田受旱面积为 1 亿～3 亿 hm²，因缺水全国每年少生产粮食 700 亿～800 亿 kg。水资源浪费严重，全国工业万元产值用水量为 91m³，是发达国家的 10 倍以上，水的重复利用率仅为 40%，而发达国家已达 75%～85%；农业灌溉用水有效利用系数只有 0.4 左右，而发达国家为 0.7～0.8。目前，我国灌溉水利用率仅为 30%～40%，作物水分生产率不足 2.0kg/m³（平均数据，仅为发达国家的一半）。随着我国人口的不断增加、工业的快速发展和生态环境的恶化，我国正面临着更严重的缺水问题，干旱严重制约着我国粮食产量的提高。

由于我国人口的不断增长，我国的粮食压力也不断增加，粮食安全一直是我国乃至全世界都重视的问题。我国作为世界人口大国，保证自己国家的粮食安全，对全世界都有着重要的意义；不能完全依赖进口粮食，进口粮食只能作为一种缓解粮食产量压力的临时手段。作为我国的主要粮食生产基地，华北地区由于降水分布不均，经常受到季风气候的影响，再加上工业化进程加快，农业灌溉用水一直处于亏缺状态，"十年九旱"现象经常发生，干旱对华北地区的粮食生产造成了严重的影响。由于干旱日益严重，灌溉区水资源短缺，旱地农业与节水灌溉农业结合发展的方向愈加明显。

河南省位于中国中东部，地跨长江、黄河、淮河、海河四大流域，在国家粮食安全保障方面有着举足轻重的地位。夏粮产量占全国 1/4，全年粮食总产量占全国 1/10，河南省多年平均水资源总量为 403.5 亿 m³，占全国水资源总量的 1.43%，居全国第 19 位。河南省人均、亩①均水资源总量分别为 376m³、331m³，仅相当于全国人均、亩均水资源总量水平的 20% 左右，居全国第 22 位，远低于国际人均水资源量 1 000m³ 的基本需求线，属于严重缺水省份。全省耕地面积为 8.15×10⁶ hm²，占全国总耕地面积的 5.1%，其中旱地面积为 416.36×10⁵ hm²，占河南耕地总面积的 51.49%，每亩水资源只相当于全国亩均水量的 1/6。水地存在农业用水量过大，用水浪费现象普遍，水分利用率不高和秸秆利用率低的问题；而旱地水资源欠缺，降水季节分布不均，大部分集中在 6—9 月，春旱经常发生。因此如何充分利用有限的降水资源，提高小麦水分利用率对河南小麦生产来说具有非常重要的意义。而且，大力开展作物高效节水技术体系研究与应用，发展节水农业，探索在河南生态条件下取得作物

---

① 亩：非法定计量单位，1 亩＝1/15hm²。——编者注

高产、稳产的方法和途径对河南农业的发展也意义重大。

　　小麦作为我国主要的粮食作物之一，在我国的种植面积大约是我国粮食作物种植总面积的1/4，而我国又是世界小麦种植大国，小麦产量居世界第一而播种面积为世界第二，我国小麦生产区大部分分布在干旱或半干旱地区，河南省小麦种植面积居全国之首，占全国种植总面积的22.47%。近年来河南省旱地小麦播种面积1 600多万亩，占全省麦播面积的20%以上。小麦种植及其产量是关系民生的重要问题，而影响小麦种植发展的重要因素之一是水资源。虽然我国的水资源总量处于世界前列，约为2.8万亿 m³，但人均和地均水资源量仅仅达到世界平均水平的1/4 和1/2，而且水资源的区域分布不均衡也是我国急需解决的现实问题。在我国的总用水量中，有大约70%为农业用水。水资源不定期短缺已经成为制约我国农业持续健康发展的重要因素。水分对小麦营养物质的积累和转运有着重要影响，据调查，干旱造成的小麦减产量大于其他因素造成的小麦减产量的总和。由此可知，干旱对小麦的正常生长和发育有巨大的威胁，因此，研究水分胁迫对小麦生长发育的影响有利于更好地选择不同小麦品种的种植地点和种植方式，对农业发展有至关重要的意义。

二、干旱对小麦生长发育的影响

　　小麦生长对水分胁迫高度敏感。生长受抑制是小麦对干旱最明显的生理效应。水分胁迫对细胞分裂、分化和休积扩大都有明显的抑制作用。不同时期土壤干旱对小麦新叶出生、叶片扩展、分蘖能力、株高伸长、地上干物质积累及穗长等都有抑制作用。

　　小麦播种后，适宜的土壤水分使小麦能够发芽、生根。此时期若水分不足，种子根生长缓慢，次生根甚至会停止发生；若水分过大则会导致根系生长受阻甚至死亡，造成湿害黄苗。根系是支持地上部分生长，提供水分、养料的重要功能器官。小麦根系长度对水分胁迫非常敏感，土壤相对含水量低于40%时，小麦根系伸长生长明显受阻，表现为根系长度变短。干旱发生时，水分的大量缺失会阻碍小麦根系的生长发育，并进一步影响小麦根系在土壤中的分布，下层根多、上层根系相对较少的小麦品种对水分胁迫的敏感性较低；反之亦然。如果土壤相对含水量适中，小麦根系主要集中在土壤上层；发生轻度水分胁迫时，小麦根系则明显向土壤下层分布；发生严重水分胁迫时，虽然小麦根系在土壤下层分布较多，但绝对量明显减少。土壤含水量为60%～80%时，小麦次生根的生长较为适宜，而其次生根的数量和土壤含水量明显呈正相关，各个处理之间并无明显的差异。土壤含水量少于60%时，次生根的数量明显减少，当土壤含水量分别为30%、40%与50%时，次生根的数量相比于含水量60%时降低44.5%、31.8%与16.3%，各个处理之间差异显著。而在土壤含水量小于 30％时，小麦次生根停止生长。在土壤缺水条件下，灌溉不但能使小麦根系前期的生长加快，根系的垂直分布受到影响，而且可以使后期衰亡延缓，增加粒重。

水分缺乏不仅会影响小麦地下部分根系的生长，也会影响其地上部分的生长，导致小麦株高偏低、植株叶面积变小，严重影响其光合作用，干物质的积累也将受到影响，营养生长阶段受阻。受干旱胁迫后，作物茎、叶生长受到抑制，导致株高降低、叶面积系数减小；干旱同时加速了叶片的衰亡速率，增加了黄叶面积，从而降低有效功能叶面积。小麦株高、叶面积所受的抑制会随着胁迫程度以及胁迫时间的增加而增大，其中拔节期对株高影响较大，抽穗期对叶面积影响较大。水分对小麦的生育影响包含了叶面积指数、干物质积累和产量等多个方面，在不同的水分情况下，小麦的干物质积累之间存在显著差别。小麦产量的高低取决于叶的光合作用，冠层结构决定了群体生产力的水平（通过叶接收的有用的光合辐射与叶的光合性质来判断）。研究认为，不同水分处理对小麦干物质的积累有着明显的差别，具体表现为当提高灌水量时，其干物质积累也增长；当灌水过度时，干物质积累量并无显著的增长，其表明了决定个体生长势的因素就是水分亏缺。水分胁迫影响了小麦各个器官的干物质分配比例，使小麦的总干物重减小，但是小麦地上部各个器官之间干物质分配的比例大小顺序却未发生变化，其对地下部的影响要远远小于地上部，使其干物质大多数转移到了根部，进而促使根冠比上升。

三、干旱对小麦生理生化特性的影响

从 20 世纪开始，许多专家学者就对小麦品种的抗旱机制和反应机理进行了深入研究。在不同的生长发育阶段，水分胁迫程度不同对不同的小麦品种而言，其体内的生理生化指标变化情况存在很大的差异。水分影响小麦的整个生长发育过程，其作用是重要且深远的。从小麦种子发芽到营养生殖生长，再到植株开花，最终抽穗结实，其体内的各种生理反应如有机物合成、转化、光合作用及渗透调节作用等，都要受到水分的影响。

蒋明义等的研究认为，渗透胁迫问题比较严重的情况下，植物体内会产生大量自由基和过氧化氢等，活性氧伤害会造成细胞膜脂过氧化，从而破坏膜结构。细胞膜系统在水分胁迫的威胁下，通常被认为是最先遭到伤害的部位。邹琦的研究表明，在活性氧的伤害下，造成细胞膜脂过氧化的产物丙二醛（MDA）随之产生。植株体内产生的丙二醛含量及植株细胞膜透性能够反映细胞膜脂过氧化作用强弱和细胞膜被破坏的程度。水分胁迫条件下，小麦叶片中的丙二醛含量随着胁迫程度的不断加剧而逐渐增加，此时细胞膜透性也会受到影响，由此可知，水分胁迫会导致细胞膜脂过氧化程度加剧，细胞膜结构进

一步受到损伤。水分胁迫程度和丙二醛含量增加多少与细胞膜透性有一定的相关性。

不同小麦品种在水分胁迫下和正常的水分处理条件下相比较，水分胁迫下叶片中的丙二醛含量比正常水分处理条件下的含量高。不同小麦品种相比较，水分胁迫处理下，叶片内丙二醛含量增加的幅度不尽相同。丙二醛含量在一定程度上反映了作物的受伤害程度，可作为反映不同品种抗旱能力的一个生理指标，即在相同生育阶段，抗旱能力强的品种丙二醛含量低，变化幅度小；而抗旱能力弱的品种丙二醛含量高，变化幅度大。小麦抗旱能力和抗氧化能力两者之间具有很密切的关联性，即小麦品种抗旱能力强，抗氧化能力也强；反之，抗旱能力弱，抗氧化能力同样也弱。因此，抗氧化能力及丙二醛含量可以作为小麦抗旱品种培育、筛选和利用的参考依据。

水分胁迫作用下，小麦植株体内产生了大量会对膜脂造成伤害的活性氧，从而打破了活性氧的产生和清除系统平衡，进而影响了小麦的正常生理代谢。但是，小麦为了保护自身不受活性氧的伤害，造成膜损伤，其植株体内能够产生一系列的适应性反应。一方面，水分胁迫能诱导细胞内如游离脯氨酸等渗透调节物质的积累增加，从而维持较高的渗透压，提高细胞的抗旱保水节水能力；另一方面小麦植株可通过自身体内一整套抗氧化保护系统来清除活性氧。

研究表明，水分胁迫和小麦的渗透调节作用，两者之间具有十分密切的关系，前者能够影响后者。在水分胁迫条件下，小麦细胞渗透势降低，以此维持一定的细胞膨压抵御水分胁迫，即在水分胁迫下，小麦体内会积累一些溶质，如碳水化合物、氨基酸和离子等，降低细胞渗透势，这样小麦就能够继续从外界吸水，维持细胞膨压，保障植株体内各种生理代谢反应顺利进行。小麦的抗旱性与体内可溶性糖和脯氨酸含量有关。水分胁迫下，抗旱能力强的小麦品种可溶性糖含量增加得多。可溶性糖含量增加会影响其体内其他的生理代谢反应。可溶性糖含量增加会使细胞原生质的黏度增加，不同小麦品种在遭遇同样的水分胁迫时，原生质黏度较大的比原生质黏度较小的受伤害更小，品种的抗旱性更强。可溶性糖含量增加后，细胞浓度也随之增加，进而影响细胞渗透调节作用，及时保水，更容易耐受干旱环境条件。可溶性糖含量增加，还能够影响细胞内水解酶的活性，保护细胞膜免受伤害。在缺水条件下，小麦叶片细胞原生质结构的稳定可使光合作用仍维持在基本正常水平。不同小麦品种对水分胁迫的感应程度存在一定的差异。在水分胁迫条件下，小麦品种通过增加细胞内渗透调节物质，如可溶性糖、游离脯氨酸等，增加细胞液浓度，降低水势，在渗透调节作用下，使得细胞内的其他酶类、生物大分子等免受伤害，细胞由此仍可进行正常的生理代谢，这也是小麦品种抗旱能力强的一个重要表现。可溶性糖和脯氨酸作为细胞中重要的渗透调节物质，是逆境中小麦抗逆性的重要有机溶质。许多试验结果表明，在水分胁迫条件下，小麦旗叶中可溶性糖、游离脯氨酸含量较正常水分处理条件下其含量有所增加，抗旱能力强的品种增加快，增加幅度大，而抗旱能力相对较弱的品种增加慢，增加幅度小。大量的试验结果表明，随着水分胁迫程度的加剧，小麦叶片中的可溶性糖和脯氨酸含量均呈上升趋势，说明在水分胁迫下小麦叶片的渗透调节能力会逐渐增强。但是渗透调节有它的局限性，严重干旱时，植株会表现出细胞膨压不能维持、生长率下降等。这种调节能力的丧失，会影响小麦的正常生理生化过程，因而深入地研究水分胁迫条件下，小麦生育中后期叶片中游离脯氨酸等溶质含量的变化对于揭示小麦渗透调节对水分胁迫的响应机制具有一定的意义。

而在水分胁迫作用下，可溶性蛋白含量变化会受其影响。缺水条件下，植株体内蛋白质水解过程加快，水解作用增强，小麦植株可溶性蛋白含量较正常水分条件下含量有所下降。可溶性蛋白含量可以作为小麦整体代谢的一个重要指标。不同小麦品种旗叶的可溶性蛋白含量变化幅度不同，抗旱能力强的小麦品种较抗旱能力弱的小麦品种叶片中可溶性蛋白含量下降幅度小。因为抗旱能力强的小麦受水分胁迫影响较小，可溶性蛋白含量较高。而抗旱能力较弱的小麦受水分胁迫的影响较大，干旱加快了可溶性蛋白的降解，下降幅度大。

超氧化物歧化酶（SOD）、过氧化氢酶（CAT）、过氧化物酶（POD）这3种保护性酶的活性会受到水分胁迫的影响。水分胁迫下，小麦体内产生的活性氧含量随着胁迫程度的加剧而增加时，3种保护性酶活性也随之增加，这就是小麦抵抗逆境的一种适应性反应，以此维持叶片中活性氧的产生和清除系统的平衡。许多的试验结果表明，比较在轻度水分胁迫条件下和在正常水分处理条件下，超氧化物歧化酶、过氧化氢酶、过氧化物酶3种保护性酶活性，前者较后者都有所提高。而且保护性酶活性与小麦本身抗氧化胁迫能力有密切关系。抗旱能力强的小麦品种受水分胁迫时酶类活性增加的幅度大，而抗旱能力弱的品种酶类活性增加幅度小。

抗氧化保护酶的主要功能是降低或者清除生物体内的自由基，抵御活性氧及其他自由基对细胞膜脂的攻击能力使得细胞膜脂不会发生过氧化而受到伤害。小麦在抽穗后 0～14d 内，抗氧化保护酶活性增加是对轻度水分胁迫的适应，因此能够积极有效地清除细胞内的活性氧、自由基等，从而增强小麦的抗旱能力。但是在水分胁迫比较严重的条件下，超氧化物阴离子自由基、过氧化氢及羟基自由基等活性氧积累增加，酶合成速率降低，合成减少及降解增强。与此同时，膜脂过氧化产物丙二醛（MDA）含量的变化趋势和抗氧化保护性酶含量的变化趋势相反。

水分胁迫造成的植物各种生理生化变化很复杂，在研究水分对生理过程的影响时，必须重视干旱程度及其与各个生理过程的关系。只有在不同水分条件下，系统地测定作物各个生育时期的多个生理指标，才能获得较完整的资料，以确定水分条件、生理过程、作物产量之间的定量关系，为提高作物产量提供新的依据。另外，渗透调节作为作物抗旱机制的一种表现，对作物生长有非常重要的作用。因此在水分胁迫条件下，作物植株体内产生的一系列抵抗胁迫的生理反应和生化指标变化并非全是对植株有害的。许多研究表明，水分胁迫条件下，作物抵御或者适应逆境胁迫而表现出的适应性调节反应，被认为是作物个体应对逆境最好的选择。

在水分胁迫条件下，小麦体内会产生一系列的生理生化变化来适应干旱条件的威胁，从而在一定程度上提高其抵抗逆境的能力。但是小麦抗旱性是一个复杂的性状，不同的品种对水分胁迫的反应机制存在一定的差异，即使是同一品种，也会因处于不同生育时期，其抗旱机制表现出差异。因此，小麦对水分胁迫的反应机制，其生理生化变化规律以及不同小麦品种对干旱条件威胁的反应机制和忍受程度需要深入研究。

四、干旱对小麦产量的影响

小麦灌浆期水分胁迫往往也会对小麦产量造成严重影响，而小麦产量高低又受到其籽粒粒重的影响。水分胁迫对小麦产量的影响主要有两个关键时期，一个是拔节期至抽穗期，耗水量急剧上升，此时期是小麦需水的临界期，如果缺水会限制干物质的积累，小麦穗粒数会大幅度减少从而严重影响小麦产量和品质；另一个是灌浆期，这是决定粒重的最关键时期，这一时期光合作用积累的干物质不断地向籽粒运输，此时期是小麦产量形成的关键时期，干旱会严重影响光合作用，它的发生会使作物的绿色器官生长受阻，使叶绿素含量降低而叶面积减少，甚至出现叶片早衰，由于水分供应不足，影响植株其他生理代谢功能，导致光合产物生产量下降，限制干物质积累，直接造成减产并影响小麦品质。水分胁迫会在很大程度上影响小麦籽粒粒重，使得小麦千粒重大幅度下降。在小麦灌浆期，应该尽可能地减少或者避免水分胁迫的加剧和严重缺水现象发生，因为作为小麦生殖生长最为重要的时期，此时的小麦植株对水分胁迫非常敏感。灌浆期水分胁迫将会造成光合作用产生的有机物质向各组织器官转运，从而影响根、茎、叶甚至整个植株的干物质积累。轻度胁迫的影响可能会稍微小一些，所以可以据此进行适当的调亏锻炼。冬小麦的生殖生长期如果处于水分胁迫中，会导致灌浆持续时间缩短，灌浆速率降低，从而使小麦籽粒产量下降。在小麦灌浆期，水分胁迫条件下，各营养体向籽粒运输干物质的比例过大，小麦源库关系的平衡与协调会遭到破坏。水分胁迫能够直接影响小麦植株，导致小麦植株早衰，降低其自身光合作用的能力，影响粒重使得作物产量降低。

在小麦的生长阶段，如果土壤水分缺乏，不仅会影响小麦对营养物质的吸收，还会影响籽粒形成过程中各种酶的活性以及灌浆过程，导致后期籽粒中淀粉的积累减少，降低籽粒粒重，使产量下降。一般情况下，土壤缺水会加速小麦籽粒的灌浆过程，对小麦获得较高的蛋白质产量和籽粒产量是非常不利的。同时，小麦灌浆的中后期，如果植株在严重的水分胁迫下，一些有关淀粉代谢的关键酶的活性会显著降低，淀粉的积累速率就会下降，从而导致产量降低。随着水分胁迫的不断加剧，小麦的光合作用、干物质积累、籽粒粒重以及产量都会受到影响，重度胁迫下作物产量可能会减少一半以上。

第二节　小麦的抗旱性

抗旱性是作物对旱害的一种适应能力，通过生理生化的适应变化来减少干旱对作物产生的有害作用。在自然条件下，作物受到干旱胁迫时，其遗传特性难以得到正常发挥，体内代谢发生一系列改变以适应不利的环境因素，从而在外部形态上会有所体现，作物体内一系列复杂的代谢过程维持着作物正常的生理活动。同时，在遭受干旱胁迫时，作物会调节体内代谢的途径和程度以适应恶劣环境从而减少或避免系统受到伤害。下面将从植物的形态特征、生理特征及抗旱性的分子遗传研究3个方面进行综述。

一、形态特征

植物在遭受干旱胁迫后，首先其外部形态会发生一系列的变化。根系是植物吸收水分的主要器官，与植物的抗旱性有密切关系，它可以通过调节自身生长发育、对水分的吸收和运输从而使植物对干旱胁迫产生适应性。叶片是植物进化过程中对干旱较敏感的器官，因其可塑性较大，叶片形态结构的变化必然会导致植物生理生化特性的改变，因此叶片形态性状的变化能体现植物对干旱胁迫的适应能力。抗旱小麦品种根系发达、深扎，根冠比大，能有效吸收利用土壤中的水分，特别是土壤深层水分。叶片较小、窄而长，叶片薄，叶色淡绿，叶片与茎秆夹角小，干旱时卷叶等是抗旱的形态结构指标，叶片细胞体积小，有利于减少细胞吸水膨胀和失水收缩时产生的细胞损伤。抽穗期遭受水分胁迫，叶面积会迅速减小，这是因为冬小麦启动了对水分亏缺的自我适应机制，通过减少叶表面蒸发蒸腾来尽可能减少水分消耗。叶片气孔多而小、叶脉较密、疏导组织发达、茸毛多、角质化程度高或脂质层厚，有利于水分的贮藏与供应，从而减少水分散失。

二、生理特征

（一）气孔调节

水分胁迫能够引起气孔关闭。气孔的关闭有利于保持植物体内水分平衡，推迟水分亏缺发展到有害或致死程度的时间。植物在干旱环境中，常通过快速关闭气孔来维持体内水分。水分胁迫引起气孔关闭有两种机制，一是大气湿度降低引起的气孔关闭，我们称之为"前馈式反应"，又称"预警系统"。实际上叶片发生前馈式反应时，叶片其他部位并没有发生水分亏缺现象，从而防止了水分亏缺在整个叶片中发生，降低了产生伤害的可能性。二是反馈式反应，由于叶片水势下降而引起的气孔关闭。随叶水势下降，脱落酸（ABA）大量累积，因此推断 ABA 在气孔的关闭中起了重要作用。Hall 等指出，当叶片水势低于某一临界值时，气孔导度随叶片水势的降低而减小。叶片水势对气孔导度的控制是通过气孔对 ABA 的敏感性而实现的。在干旱条件下，ABA 在植物根系合成，经导管向上运输至叶片，然后再作用于气孔细胞，导致其关闭。水分胁迫下叶片中 ABA 含量的增加与气孔导度下降呈显著负相关，在严重水分胁迫下叶片中 ABA 含量高的品种，减产率小；反之则大。气孔开度小、扩散阻力大可减少蒸腾失水，有避旱作用。而且水分胁迫会增加气孔密度，长、宽明显减小。不同品种气孔对水分胁迫反应存在一定的差异，可能与品种的抗旱程度有关。

（二）渗透调节

渗透调节是植物抗旱的重要生理机制，与抗旱性有密切关系。借助这一功能，作物组织可从外界介质中继续吸水，保持一定膨压，维持代谢活动的进行。在干旱条件下，增加细胞渗透调节能力的关键是细胞内渗透调节物质的主动积累，以维持较高的膨压，阻止植物脱水，增加根系生长，促进水分吸收。参与渗透调节的物质有无机离子如 K^+、可溶性糖、游离氨基酸及脯氨酸等。渗透胁迫下小麦幼苗叶片可溶性糖、游离氨基酸、K^+、脯氨酸含量增加。研究较多的是游离脯氨酸，它能增加植物的耐干旱胁迫能力和延缓缺水胁迫的加剧。在干旱情况下脯氨酸积累增加，可以使失水减少，这是由于脯氨酸有较好的水合作用，而且能提高原生质胶体的稳定性。在水分胁迫条件下，小麦旗叶中可溶性糖、游离脯氨酸含量较正常水分处理条件下其含量有所增加，抗旱能力强的品种增加快，增加幅度大，而抗旱能力相对较弱的品种增加慢，增加幅度小。植物在逆境下，为了更好地应对逆境，能够合成逆境蛋白的部位有很多，逆境蛋白在植物体内的合成具有广泛性和普遍性的特点。当植物受到不同的逆境胁迫时，形成的逆境蛋白大部分都不相同，但是，也有植物受到不同的逆境胁迫时形成一些相同的逆境蛋白。逆境蛋白对植物应对逆境胁迫有着十分关键的作用。

植物在逆境下形成的逆境蛋白，使植物增加了对逆境的抵抗能力，让植物可以更好地适应逆境。植物在受逆境胁迫时，为了抵抗逆境和适应逆境，一些正常蛋白合成的途径将会被关闭，植物体内将会更有利于逆境蛋白的合成。水分亏缺的程度也影响其渗透调节能力，当水分亏缺严重时，这种能力会丧失。所有渗透调节都有一定的局限性，表现在渗透调节的暂时性、有限性和不能完全维持其生理过程等方面。

（三）激素调节

内源激素是植物生命活动的调节者，对植物的抗旱性起重要的调节作用。水分胁迫深刻地影响着植物体内生长素（IAA）、细胞分裂素（CTK）、赤霉素（GA）及脱落酸（ABA）等激素含量水平，以及它们相互之间的比例关系。如在干旱胁迫下，植物通过IAA减少，CTK、GA活性下降及ABA浓度升高等调节其生理过程，以适应干旱环境。由于ABA与植物抗逆机制联系更紧密，因此对其与抗旱机制的关系研究较多。随着干旱的发生，植物叶片中ABA增加促使气孔关闭，减少水分损失，从而在水分较好的条件下进行其代谢活动。ABA对气孔的作用是通过调节K^+的运动而快速实现的。但研究发现ABA积累在核和叶绿体中，并不影响气孔运动，可能与ABA参与调控的基因有关。水分胁迫下ABA积累的作用还有抑制生长、诱导脯氨酸积累，作为抗旱性诱导的激发机制的一部分抑制了与活跃生长有关的基因，并活化了与抗旱诱导有关的基因。

研究表明，IAA在小麦的灌浆期可能对加速灌浆速率，缩短生育进程，促进成熟有一定影响，说明IAA在小麦主动适应水分胁迫的防御反应中起着重要作用。在干旱条件下，促进细胞延长生长的IAA和促进细胞分裂的玉米素核苷（ZR）和GA_{1+3}起主要作用，特别是在穗部和根部，其有利于根系生长，并促进光合产物向穗部的运转和积累，说明促进生长的生长素类激素对抗旱和水分高效利用和高产性状的生长发育起重要作用。

多胺是普遍存在于植物体内具有生物活性的物质，可以调节植物生长、发育和形态建成。当植物遇到环境胁迫时，细胞通过多胺含量增加而起一定的保护作用。在水分胁迫下，植物体内多胺的含量因多胺种类和水分胁迫程度不同而有较大差异。研究表明，水分胁迫下，外源多胺能有效消除化学和酶反应产生的自由基，降低丙二醛含量，提高光合速率。

（四）抗氧化保护性物质

植物在遭受逆境胁迫过程中，其产生的超氧阴离子自由基（O_2^-）、过氧化氢（H_2O_2）和单线态氧（$^1O_2$）等活性氧积累，在植物体内抗氧化保护酶系统如超氧化物歧化酶（SOD）、过氧化氢酶（CAT）和过氧化物酶（POD）及非酶类系统如抗坏血酸（AsA）、还原性谷胱甘肽（GSH）等的协同作用下，活性氧能不断地产生并被清除，使植物维持正常的代谢水平而免于受到伤害。这些物质可以使 O_2^-、H_2O_2 等转变为活性较低的物质，降低或消除它们对膜脂的攻击能力，使膜脂不致发生过氧化反应从而得到保护。研究表明，当小麦遭遇干旱胁迫时，抗坏血酸作为保护性物质其含量也会随之增加以抵抗逆境而继续生存。并且在小麦叶片表面喷施一定量的壳寡糖溶液或施加硅肥也可大大增加干旱胁迫下叶片中的抗坏血酸含量从而提高小麦的抗旱性。但也有研究表明，严重的干旱胁迫会降低抗坏血酸和谷胱甘肽等的水平，导致去除活性氧能力的下降，并阻碍了 AsA-GSH 循环的高速运转。因此可知，当植物遭遇轻度干旱时，可以激发植物体内抗氧化系统的活化，使植物体内的抗氧化物质含量增加来适应该干旱环境。但相对较严重的干旱环境，植物抗氧化系统则会失效最后甚至导致植株死亡。AsA 和 GSH 是植物体内有效清除活性氧的重要非酶类物质，它们可通过多种途径直接或间接地猝灭活性氧自由基。研究表明，在水分胁迫条件下，随着时间的延长和胁迫程度的加剧，O_2^-、H_2O_2 迅速积累，势必引起 AsA、GSH 的大量消耗，以清除活性氧，导致二者含量下降。

水分胁迫下 SOD、POD 和 CAT 活性与植物的抗氧化胁迫能力呈正相关。小麦膜脂过氧化水平和相对透性，随着干旱的逐步增强和小麦生命周期的演进，他们之间呈显著正相关。研究进一步发现水分逆境下所发生的膜脂过氧化能够导致小麦细胞生物膜结构遭到破坏，选择透性随即丧失进而随着生命周期变化小麦的抗旱能力衰退。小麦之所以有抗旱能力和小麦的保护酶系统密不可分。研究发现：CAT、SOD、POD 等随着生育期的推进，活性逐渐减弱。但轻度水分胁迫有助于植物的抗旱锻炼，而且使这几种酶的活性逐渐增强。在保护性酶体系中，作物内部关于消除活性氧体系 SOD 起到第 1 道防线的作用，在活性氧消除体系中起至关重要的作用。超氧化物歧化酶能将 O_2^- 清除为过氧化氢，而过氧化物酶、过氧化氢酶等保护酶的协调作用可进一步将过氧化氢转变为水，从而使活性氧保持在一个较低的范围内。

（五）干旱诱导蛋白

逆境条件下，作物总的蛋白质合成能力降低的同时，蛋白质合成类型发生了明显改变。近年来，关于逆境条件下作物基因表达的研究表明，很多环境胁迫都可改变作物的基因表达，最终会合成特异的蛋白质，即逆境蛋白，从而提高其对环境胁迫的忍耐程度。干旱诱导蛋白是植物水分生理研究的热点，通常把干旱诱导蛋白分为两类，一类是由 ABA 诱导产生的蛋白，另一类则不是。LEA[①]是植物种子胚胎发育晚期大量积累的一类蛋白质，植物各组织均被诱导

---

① LEA：胚胎发育晚期丰富蛋白，是植物胚胎发生后期种子中大量积累的一类蛋白质。——编者注

表达。LEA 具有高度亲水性和热稳定性，研究认为该类蛋白与植物抗逆性密切相关。小麦幼苗受到干旱胁迫后这些蛋白的丰度均明显上调，这些丰度改变的 LEA 在应对干旱带来的伤害中或许起着十分重要的作用，可以作为作物抗旱育种的候选基因。虽然目前发现一些干旱诱导蛋白，对其研究也取得了一些突破性的进展，但其功能仍不十分清楚，目前推测干旱诱导蛋白可能有以下几个方面的作用：增强耐脱水能力，作为一种调节蛋白而参与渗透调节，分子伴侣作用，保护细胞结构，制约离子吸收。

三、抗旱性的分子遗传研究

植物生理学和遗传学的交叉，特别是近年来分子遗传学的快速发展，为作物抗旱性分子遗传研究提供了有力工具，使抗旱性分子遗传研究更加走向深入。虽然小麦抗旱性受不同基因控制，属于数量性状，但是由于限制性片段长度多态性 RFLP 等分子标记技术的发展，使数量性状基因定位 QTLs 成为现实。小麦抗旱性是非常复杂的数量性状，涉及很多基因、miRNAs 的调控以及激素、离子、代谢物等含量的变化。植物可以感受外部环境胁迫信号（如干旱、高温、盐胁迫等），对它们作出响应以避免胁迫对其自身造成伤害。随着分子生物学的发展，与小麦抗旱相关蛋白基因的定位和相关标记的研究取得了一定进展。比如，Morgan 等利用中国春异代换系，将渗透调节相关的基因定位于 7A 染色体上，并且获得了与渗透调节相关基因紧密连锁的 RFLP 标记 Xpsrll9。Peng 等指出在受到干旱胁迫时，抗旱小麦品种可表达较多与抗氧化有关的蛋白。Xue 等利用包含大约 16 000 条小麦表达序列标签（ESTs）的基因芯片筛选高蒸腾效率和低蒸腾效率基因型杂交后代中差异表达基因，共发现 93 个在高、低蒸腾效率的株系间表达有差异的基因，其中 1/5 显著响应干旱胁迫；与生长相关的部分调节基因，在干旱胁迫时下调表达。小麦的抗旱性是一个受众多基因控制的复杂的数量性状，且与气候、土壤等环境因素相互作用，并且在小麦的不同生长发育阶段表现出一定的差异。由于小麦抗旱机制的复杂性和转录组学的高通量，几乎每个研究都能筛选到成百上千的差异表达基因。但是目前对筛选出的差异表达基因进行后续功能验证的研究很少。因此，构建基因共表达调控网络，从众多候选基因中选取关键调控基因，进行功能验证并应用于育种实践可能成为今后研究的重点内容。

第三节　小麦抗旱性鉴定

一、抗旱性鉴定方法

要鉴定作物的抗旱性，首先要给作物创造一个适当的干旱胁迫环境，然后选择恰当的指标来区分作物间的抗旱性差异。近年来，小麦抗旱性研究方面取得了一系列进展，在抗旱性状的筛选和抗旱材料的鉴定方面也有重大突破，形成了一套行之有效的鉴定方法，主要有直接鉴定法和间接鉴定法。

（一）直接鉴定法

直接鉴定法主要有田间直接鉴定法、干旱棚鉴定法（或人工气候室鉴定法）和土壤干旱胁迫鉴定法等。

田间直接鉴定法即自然环境鉴定法，就是将供试品种在不同地区的旱地上栽种，以自然降水造成干旱胁迫，或在自然环境下灌水调控土壤水分，形成不同程度的干旱胁迫环境，就植株所表现的形态或产量特征来评价其抗旱性，直接按照作物产量或生长状况来评价品种的抗旱性。此方法简便易行，既真实地反映了作物在不同干旱地区的生长状况，又有产量指标，结果很有说服力，是目前筛选抗旱性品种的主要方式。它的缺点是受自然环境制约程度大，特别是年际间降水量变化幅度大，每年的鉴定结果很难重复，需多年鉴定才能评价出材料的抗旱性。该方法需要时间长，工作量大，但它所需的条件简便，无特殊设备要求。

干旱棚鉴定法是在干旱棚或在能控制温度、湿度和光照的人工气候室内，研究不同生育期内水分胁迫对生长发育、生理生化过程或产量的影响来鉴定作物抗旱性。此方法结果可靠，重复性好，但设备投资大，而且与大田环境存在差异，可能带来试验误差。

土壤干旱胁迫鉴定法通过控制盆栽作物的土壤含水量从而造成植株水分胁迫来鉴别作物抗旱性。该方法主要包括苗期反复干旱法、土壤干旱法、土壤缓慢干旱法。苗期反复干旱法在三叶期进行干旱处理，在 50% 幼苗达到永久萎蔫时浇水使苗恢复，再干旱处理使之萎蔫，重复 2～3 次，以最后存活苗的百分率来评价苗期的抗旱性。土壤干旱法和土壤缓慢干旱法，从拔节初期开始控水至成熟，盆土含水量用称重法控制，将干旱处理分为对照、轻度干旱、中度干旱、严重干旱 4 种水分胁迫梯度。灌浆期用称重控水的方法，按土壤含水量每日减少 7%～10% 的脱水速率，经 7～10d 降至严重干旱。土壤干旱胁迫法简便易行，结果可靠。

土壤干旱胁迫法简便可靠，但结果说明的是个体而非群体，而且工作量大，与大田的实际情况存在一定差异。苗期反复干旱法曾被广泛用于粮食作物的苗期抗旱性鉴定，与生长后期的抗旱性还有一定的区别，所以还需要进行全生育期的鉴定。

（二）间接鉴定法

实验室间接鉴定法克服了直接鉴定法周期长、易受环境影响等缺点。间接鉴定主要在室内进行，通过用不同浓度的高渗溶液对种子萌发或苗期生长进行处理，造成作物的生理干旱，测量其水势、脱落酸与叶绿素含量、SOD 活性、相对细胞膜透性、多胺含量、气孔特征的变化特性、水分胁迫下脯氨酸的累积情况、叶片水势阈值、水分饱和亏缺度、细胞膜透性、膜伤害程度、膜脂过氧化产物 MDA 含量、干旱诱导蛋白等作为品种抗旱性的生理指标。它们与抗旱指标存在不同程度的相关性，且指标因生育期和环境不同而异。

高渗溶液法用聚乙二醇、蔗糖、葡萄糖或甘露醇溶液等对种子萌发进行干旱处理，造成作物的生理干旱，观察种子的萌发率，并结合测定一些指标来鉴定作物芽期或苗期的抗旱性。种子萌发期抗旱性鉴定是间接鉴定法中较好的方法，它的鉴定简单快捷，采用聚乙二醇溶液对种子进行水分胁迫处理，用蒸馏水培养作为对照。通过观察种子萌发率和植株能否正常生长发育，并结合测定一些指标来鉴定作物抗旱性。常用的渗透物质有聚乙二醇和甘露醇。此方法简便易行，可进行大规模鉴定，但仍有较大争论。

二、抗旱性鉴定指标

抗旱性鉴定指标主要分形态指标、生长指标、生理生化指标和综合指标四大类。形态指标如株高、穗长、叶片形态、根系状况等；生长指标如抗旱指数、抗旱系数、结实率、发芽率等；生理生化指标很多，如叶水势、渗透势、相对含水量、自由水和束缚水含量、气孔阻力、光合作用、呼吸作用、可溶性物质含量、脯氨酸含量、某些酶的活性、渗透调节能力等。

（一）形态指标

在水分胁迫下，植株体内细胞脱水在结构、生理生化方面发生的一系列生理反应，最终表现在生长状况和形态特征上，因而形态特征的改变可作为小麦抗旱性鉴定的指标，主要包括根系、株高、穗长、卷叶程度、有效穗数、每穗粒数、穗茎粗、旗叶长等。

强壮发达的根系可提高作物的吸水能力，降低干旱的危害，因此根系发达程度常作为抗旱性鉴定指标。根系发达程度如胚根数、根数、根干重、根长、根粗、根重、根的分布情况、密度、根冠比、根茎比、发根力、根系穿透力、拔根拉力、木质部导管密度和根内维管束数目等可作为抗旱指标。一些研究认为，根系大、深、密是抗旱作物的基本特征；根深被认为是作物抗旱性的一个可以遗传的重要性状，并已经被应用到抗旱育种中。水分胁迫下有较多的深层根品种、根系较长品种、根冠比高的品种抗旱性较强。干旱胁迫致使小麦苗期最大根长增加，其中抗旱性较强的品种增幅最大。整个生育期内小麦根干重先增大后减小，在开花期达到最大值，此后不断减小，轻度干旱导致小麦根干重增加，而重度干旱则使小麦根干重下降。干旱胁迫下作物苗期根系活性提高。随着胁迫时间的延长，根系活性呈现先提高后降低的趋势，较高的根系活性使得根系在水分胁迫条件下具有较高的吸水能力，从而缓解干旱对作物生长造成的影响。强抗旱小麦品种的根系活性较高，特别是在生育后期（灌浆期），深层根系的活性显著高于其他品种。

叶片性状是育种家所关注的，与品种的抗旱性有关的性状包括叶片形状（卷叶）、叶片角质层、气孔特征、叶色、叶向及烧灼程度等。适当的卷叶和角质层阻力较强可减少叶面蒸腾。以水分胁迫下的卷叶程度来进行抗旱分级，对品种抗旱性定性描述、了解品种间的抗旱趋势有重要意义。有研究表明，抽穗期卷叶程度与品种的抗旱相关性达到显著水平，抽穗期卷叶程度越小，抗旱性越强。但也有研究结果表明，以叶片萎蔫程度来判断作物的抗旱性不够准确，因为多数作物是通过卷叶方式适应水分胁迫减少蒸腾的。因此能否用叶片萎蔫程度评价小麦品种抗旱性还不明确。

胚芽鞘是作物幼嫩子叶的保护组织，它的长短与伸长速率影响作物初期的生长状况。它的长度是可遗传的，筛选胚芽鞘伸长速率较大的品种，能有效地提高出苗率和幼苗整齐度。胚芽鞘长可作为鉴定小麦抗旱性的指标。

水分对株高影响显著，虽然品种高矮与抗旱性关系不大，但株高胁迫系数与品种抗旱性显著相关。株高胁迫系数越高，株高稳定性越好，抗旱性越强。水分胁迫下株高胁迫指数可作为评价抗旱性的指标之一。

（二）生长指标

1. 产量指标

抗旱性鉴定的主要目的是培育干旱条件下能够高产、稳产的品种。因此，干旱条件下作物的产量和减产百分率常被用作抗旱性鉴定的一项重要指标，已用于棉花、玉米、豇豆、大豆等作物的抗旱性鉴定。抗旱系数是作物抗旱性鉴定中比较通用的指标。它是干旱胁迫产量相对于非干旱胁迫产量的比值，即抗旱系数（Dc）＝胁迫产量（Y_D）/非胁迫产量（Y_P），可反映不同小麦品种对干旱的敏感程度。一个品种抗旱系数高，抗旱性强，稳产性好，即在水分胁迫条件下，因干旱减产的幅度较小。由于年度间干旱胁迫程度不同，抗旱系数波动较大，无法进行年度间比较。后来，Fisher 等提出了干旱胁迫敏感指数 $SI＝（1-Y_d/Y_p）/D$。这里 Y_d 为胁迫下的平均产量，Y_p 为非胁迫下的平均产量。$D＝1-$（所有供试品种 Y_d 的平均值/所有供试品种 Y_p 的平均值）。兰巨生改进了以上指标，指出了抗旱指数 $DI＝$抗旱系数（Dc）×旱地产量（Y_D）/所有品种 Y_D 的平均产量。抗旱指数与抗旱系数有关，与旱地产量有关。这说明抗旱指数反映了不同水分条件下的品种稳产性，又体现品种在旱地条件下的产量水平。虽然干旱胁迫下的产量试验常被当作一个最可靠的抗旱性综合鉴定指标而用于品种抗旱性的最终鉴定，但工作量大且费时，难以大批量进行。

2. 生长发育指标

作物在干旱环境下的生长状况不仅决定着植株的光合面积、生产潜力及最终产量，并对体内代谢产生反馈调节作用。因而，作物在干旱条件下的种子发芽率、存活率、干物质积累速率、叶面积、叶片黄叶枯叶数、叶片扩展速率、散粉抽丝间隔时间（ASI）等指标均可用于抗旱性鉴定。

3. 种子相对发芽率

种子在干旱胁迫下发芽势和发芽率降低，因此让种子在一定渗透浓度的溶液（如聚乙二醇或甘露醇溶液）中萌发，根据萌发率来评价作物品种芽期抗旱性。吸水力与抗旱性呈正相关，吸水率强的种子在干旱胁迫下保持较高的发芽势和发芽率。抗旱性强的品种相对发芽率高。用高渗溶液法确定相对发芽率作为小麦萌芽期的抗旱性鉴定指标。

4. 反复干旱幼苗存活率

它是苗期抗旱性的重要指标，控制正常的植株生长，使其受水分胁迫一段时间，再灌水，这样反复几次，统计其存活率。或观察小麦在一定水分胁迫下50％的植株达到永久萎蔫或死亡所需要的时间，来鉴定小麦的抗旱性。

5. 相对抽穗日数

受水分胁迫时，出穗期推迟，抗旱性不同的品种间差异明显。相对抽穗日数与小麦的抗旱性高度相关，抗旱性强的品种，抽穗期推迟，相对抽穗日数值小。用相对抽穗日数作为小麦穗期抗旱性鉴定指标。

6. 结实率

水分胁迫对结实率的影响以抽穗期胁迫最为明显，各品种间结实率降低程度差异显著。结实率是对水分胁迫较敏感的一类性状。

（三）生理生化指标

多年来，生理学家对水分胁迫下小麦植株的生理生化反应做过许多试验，提出了水势、水分利用率、束缚水含量、气孔阻力、细胞膜透性、光合作用、呼吸作用、脯氨酸含量等可作为抗旱性鉴定指标。研究较多的主要集中在渗透调节物质、某些保护性酶类、内源激素等。渗透调节物质主要有可溶性糖、无机离子、游离氨基酸等；保护性酶类主要有超氧化物歧化酶、过氧化氢酶、过氧化物酶等；内源激素主要集中在对脱落酸的研究上。研究表明，在干旱条件下，以上这些物质会有不同程度的增加，直接或间接对植株体起调节作用，来增强小麦的抗旱性。因此，水分胁迫下，这些物质的含量可作为小麦抗旱性鉴定指标之一。但对这些物质不同生育期的变化规律及其与抗旱性的关系还需进一步深入研究，在鉴定的准确性方面还有待进一步探讨。

（四）综合指标

抗旱性为复杂的数量性状，受多基因控制，参与一个复杂的生理过程。不同的品种具有不同的抗旱机制，即使同一品种在不同时期抗旱机制也有差异，对任何单项机理的研究都有一定的局限性，不能有效准确地评价植物抗旱性。因此，在对小麦进行抗旱性鉴定过程中，应从形态、生理、生化等众多指标中筛选出对抗旱性有显著影响的几个主要指标，进行综合分析判断才能更有效，即采用综合指标法鉴定小麦抗旱性更科学有效。主要采用抗旱总级别值法、抗旱性隶属函数法和灰色关联度分析法等。但这种方法统计、计算、分析时较为复杂，掌握有一定难度。

三、抗旱性鉴定的分析方法

（一）直接比较法

鉴定作物品种（品系）时，对材料进行多指标测定，然后用简单的人工挑选方式对每个指标进行甄别排位，确定抗旱能力强或弱的品种（品系）。一般是比较鉴定材料在干旱条件下的适应能力：$I_i =$ 处理指标 i/对照指标 i 或 $I_i =$（处理指标 i － 对照指标 i）/对照指标 i（i 为测定指标）。此法不适于大批量鉴定。

（二）分级评分法

把所有指标都分相同数目的级别（一般分 5 级），测定品种（或品系）在干旱胁迫下的这些指标值，划定级别，把各项级别值相加，即可得到鉴定材料的抗旱总级别值，比较其大小来评定其抗旱性。高古寅等用 7 项指标来鉴定作物品种，根据所测数据把每个数据分为 4 个级别，这样，每个品种的各项指标都得到相应的级别值，再把同一品种的各指标级别值相加，即得到该品种的抗旱总级别值，以此来比较不同品种抗旱性的强弱。这种多指标分级评价比单指标评定的可靠性高得多。Scott 和 Knott 的矩值法，以及 Calinski 和 Corstan 的极值法也可用于抗旱性的分级评定，配合以适当的计算机程序，可用于大规模的品种筛选。

（三）总抗旱性评价法

根据 Levitt，作物的抗旱性可划分为避旱性和耐旱性两部分。

总抗旱性 $R_d =$ 耐旱性 $T_d \times$ 避旱性 Ad_{50}，其中 $T_d = \psi_0 - \psi_{p\,50}$；$A_{e\,50} = \psi_{e\,50}/\psi_{p\,50}$。

ψ_0 为植物水分饱和时的水势，$\psi_{p\,50}$ 为干旱胁迫下产生 50% 伤害时的植物水势，$\psi_{e\,50}$ 为干旱胁迫下产生 50% 伤害时的环境水势。

（四）数学分析法

1. 隶属函数法

先求出各抗旱指标在各品种中（干旱条件下）的具体隶属值：

$$X_{(U)} = （X - X_{min}）/（X_{max} - X_{min}） \qquad (1-1)$$

或 $\qquad X_{(U)} = 1 - (X - X_{min}) / (X_{max} - X_{min})$ $\qquad$ (1-2)

其中 X 为品种的某一指标测定值，X_{max}、X_{min} 分别为所有品种中此指标的最大值和最小值。若所用指标与抗旱性呈正相关，用（1-1）式，反之用（1-2）式。再累加指定品种各指标的抗旱隶属值，求其平均值，根据各品种平均值大小确定其抗旱性强弱。刘学义用隶属函数的方法，对品种各个抗旱指标的隶属值进行累加，求取平均值并进行品种间比较以评定其抗旱性。

2. 抗旱性聚类分析法

根据多项指标所测数据，对供试材料进行系统聚类。根据聚类图将参试材料分成等级，如抗旱性强、抗旱性中等、抗旱性弱。

3. 灰色关联度分析法

根据灰色系统理论进行鉴定指标的灰色关联度分析，筛选出高效的鉴定指标。

此外还有主成分分析法和对数决策法等。

第二章

不同水分处理对小麦生长发育和产量的影响

第一节　水分胁迫对小麦光合特性和干物质积累的影响

一、水分胁迫对小麦旗叶光合特性的影响

（一）水分胁迫对小麦旗叶叶绿素含量的影响

1. 叶绿素 a 含量

叶绿素 a 是小麦叶片色素中最重要的光合色素，研究表明，只有一部分叶绿素 a 可以转化光能，供细胞生长发育利用。由图 2-1 可以看出，洛旱 6 号和豫麦 49-198 叶绿素 a 含量在抽穗后 0~7d 上升，抽穗后 7~21d 叶绿素 a 含量迅速降低，干旱处理下降更快，表明干旱胁迫对小麦叶片叶绿素 a 合成有影响，可加速叶片衰老。

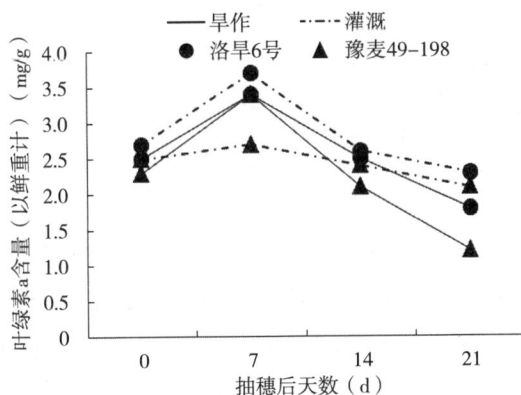

图 2-1　水分胁迫对小麦旗叶叶绿素 a 含量的影响

2. 叶绿素 b 含量

叶绿素 b 的颜色为黄绿色，其含量与小麦叶片的老化也有密切关系。由图 2-2 可以看出，洛旱 6 号和豫麦 49-198 的叶绿素 b 含量随着抽穗后天数的增加，在持续下降。灌溉下的叶绿素 b 含量降低较为缓慢。表明干旱胁迫能够加

速洛旱 6 号和豫麦 49-198 小麦叶片叶绿素 b 的降解，从而使叶片衰老加速。

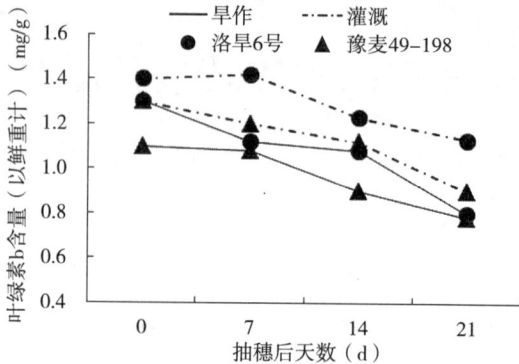

图 2-2　水分胁迫对小麦旗叶叶绿素 b 含量的影响

3. 叶绿素总含量

图 2-3 表明，洛旱 6 号和豫麦 49-198 整体上总叶绿素含量随着抽穗后天数下降，在第 7 天和第 14 天之间，下降比较迅速。两个品种的小麦干旱条件下总叶绿素含量下降较多；灌溉条件下，叶片中总叶绿素含量下降较为缓慢。表明灌溉条件下小麦叶片老化速度减缓。

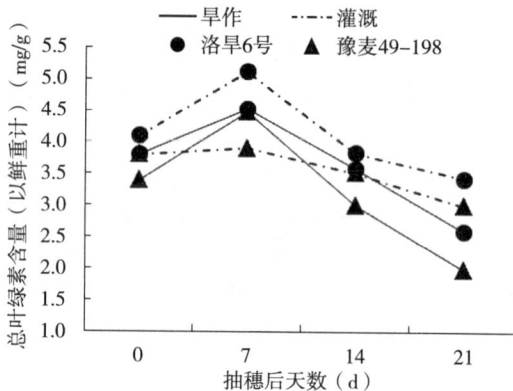

图 2-3　水分胁迫对小麦旗叶叶绿素总含量的影响

（二）水分胁迫对小麦旗叶光合速率的影响

由图 2-4 可知，在小麦开花至开花期后的 7d 内，随着小麦的生长发育，2 品种的小麦旗叶的净光合速率都呈上升趋势，第 7 天达到峰值，之后下降。品种间比较，在旱作环境中，0～7d 内，豫麦 49-198 的净光合速率增长幅度较大，增幅为 56.4%，而洛旱 6 号增长幅度较小，增幅为 18.8%；抽穗 7d 后，随时间延长，2 品种净光合速率均下降，至抽穗后 21d，豫麦 49-198 和洛旱 6 号降幅分别为 84.8% 和 26.0%。在对照条件下，0～7d 内，豫麦 49-198 和洛旱 6 号增幅分别为 53.9% 和 21.7%；7～21d 内，豫麦 49-198 和洛旱 6 号降幅分别为 16.2％和 27.7％。在各测定时期，无论是在旱作还是对照条件下，洛旱 6 号的叶片净光合速率均高于豫麦 49-198。

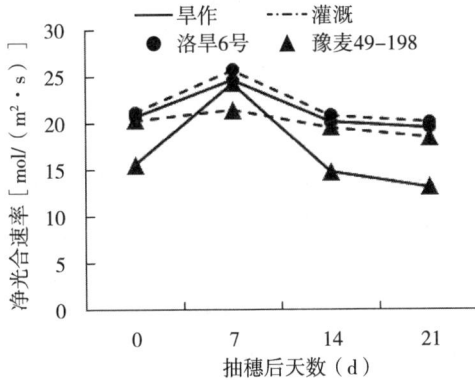

图 2-4　水分胁迫对小麦旗叶净光合速率的影响

（三）水分胁迫对小麦旗叶蒸腾速率的影响

如图 2-5 所示，小麦抽穗后豫麦 49-198 和洛旱 6 号 2 品种的旗叶蒸腾速率均呈现先上升后下降的趋势，且旗叶蒸腾速率均在开化后 14d 时达到最人值，测定各时期蒸腾速率均表现为豫麦 49-198 大于洛旱 6 号。在对照条件下，2 品种小麦的旗叶蒸腾速率表现基本一致。在旱作条件下的 2 品种小麦的旗叶蒸腾速率变化有一定差别，表现为豫麦 49-198 变化幅度较大，洛旱 6 号变化幅度较小；14～21d，豫麦 49-198 的旗叶蒸腾速率下降了 14.4％，洛旱 6 号下降了 7.7％。

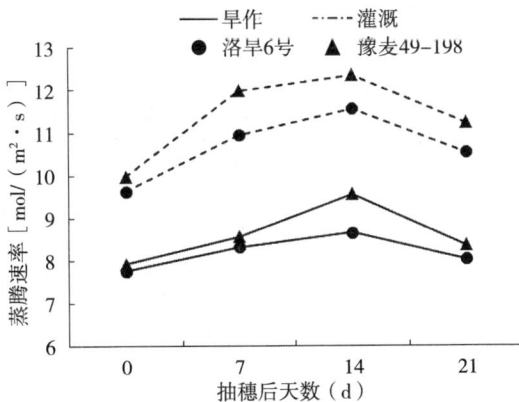

图 2-5　水分胁迫对小麦旗叶蒸腾速率的影响

（四）不同水分处理对小麦旗叶光响应曲线的影响

1. 净光合速率（Pn）的光响应曲线

由图 2-6 可以看出，小麦旗叶 Pn 对光辐射强度（PAR）的响应呈先迅速上升后平缓增加达到峰值后再降低的趋势，且两生长季的规律基本一致。光

辐射强度在 $0\sim200\mu mol/$（$m^2\cdot s$）范围内旗叶 Pn 随 PAR 的增加上升较快，$200\sim1\,400\mu mol/$（$m^2\cdot s$）范围内上升速度减缓，且灌浆前期的上升幅度大于灌浆中期，之后的变化因水分和品种而异，但最终都呈现不同程度的降低，说明过高的光辐射强度对小麦旗叶的光合作用不利。旗叶 Pn 光响应曲线对水分的响应与品种抗旱性和灌浆时期有关。在灌浆前期，相同光辐射强度条件下晋麦 47 的旗叶 Pn 表现为 W2＞W3＞W1，偃展 4110 表现为 W3＞W2＞W1；在灌浆中期，两品种均表现为 W3＞W2＞W1，表明强抗旱性品种在灌浆前期适当干旱反而有利于提高 Pn，但随着灌浆进程的推进，旗叶 Pn 对水分胁迫的影响增大。无论灌浆前期和还是灌浆中期，旗叶 Pn 均表现为 W3 下两品种无显著差异，W1 和 W2 处理下 JM47＞YZ4110，说明不同抗旱性小麦旗叶 Pn 在适墒条件下无显著差异，但干旱胁迫下强抗旱性品种比较弱抗旱性品种表现出了明显优势。

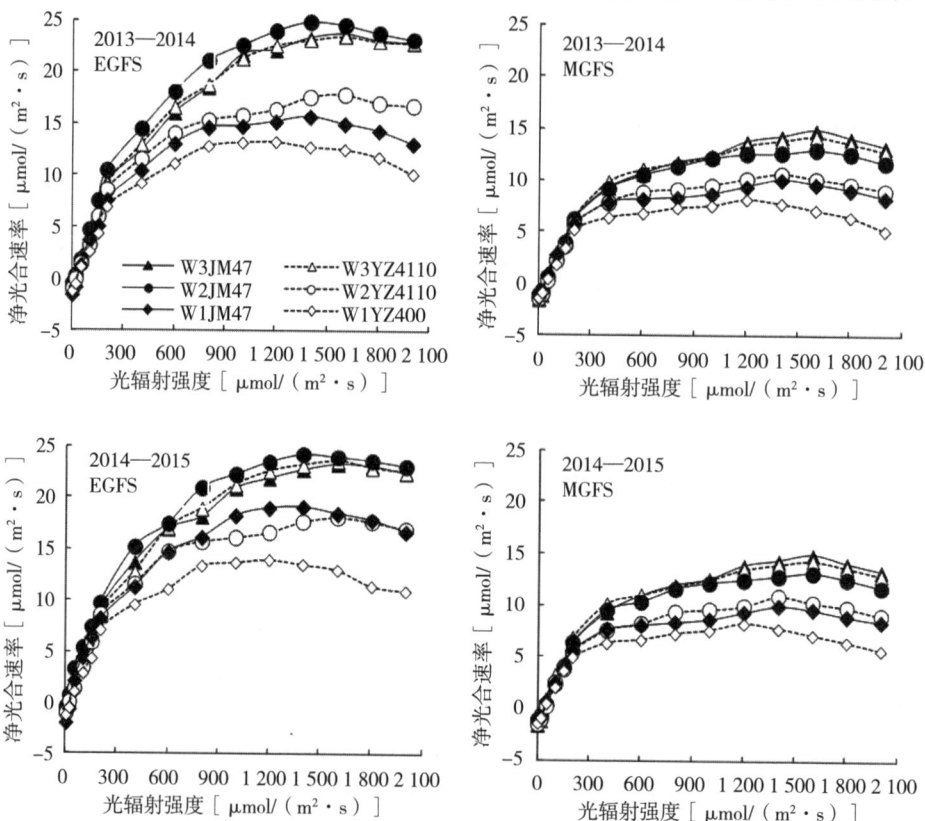

图 2-6 不同处理下小麦旗叶净光合速率的光响应曲线

注：EGFS，灌浆前期；MGFS，灌浆中期。W1，拔节至成熟期控制 $0\sim140cm$ 土层的相对含水量 50％±5％；W2，拔节至孕穗为 75％±5％，开花期至成熟期为 50％±5％；W3，拔节至成熟期 75％±5％；JM47，晋麦 47；YZ4110，偃展 4110。下同。

2. 气孔导度（Gs）的光响应曲线

由图 2-7 可以看出，两生长季小麦旗叶 Gs 的光响应曲线基本相似，均以灌浆前期高于灌浆中期，且随光辐射强度增加而增加，其中 PAR 在 $0\sim200\mu mol/（m^2\cdot s）$ 范围内增幅较大，之后减缓且呈近直线上升的趋势，但不同处理对旗叶 Gs 的影响因灌浆时期和品种而异。在灌浆前期，旗叶 Gs 以 W2JM47 为最高，W3JM47 和 W3YZ4110 相当，光辐射强度小于 $600\mu mol/（m^2\cdot s）$ 时 W2JM47 低于 W2YZ4110，之后高于 W2YZ4110，上述 4 处理均明显高于 W1JM47 和 W1YZ4110，且 W1JM47＞W1YZ4110。在灌浆中期，旗叶 Gs 表现为 W3＞W2＞W1，表明改善水分条件可以提高小麦旗叶 Gs，促进光合作用，但品种之间仅在 W2 下且 PAR 超过 $600\mu mol/（m^2\cdot s）$ 时 JM47＞YZ4110。说明干旱胁迫导致小麦旗叶 Gs 降低，JM47 较 YZ4110 在灌浆前期有提高小麦旗叶 Gs 的作用。

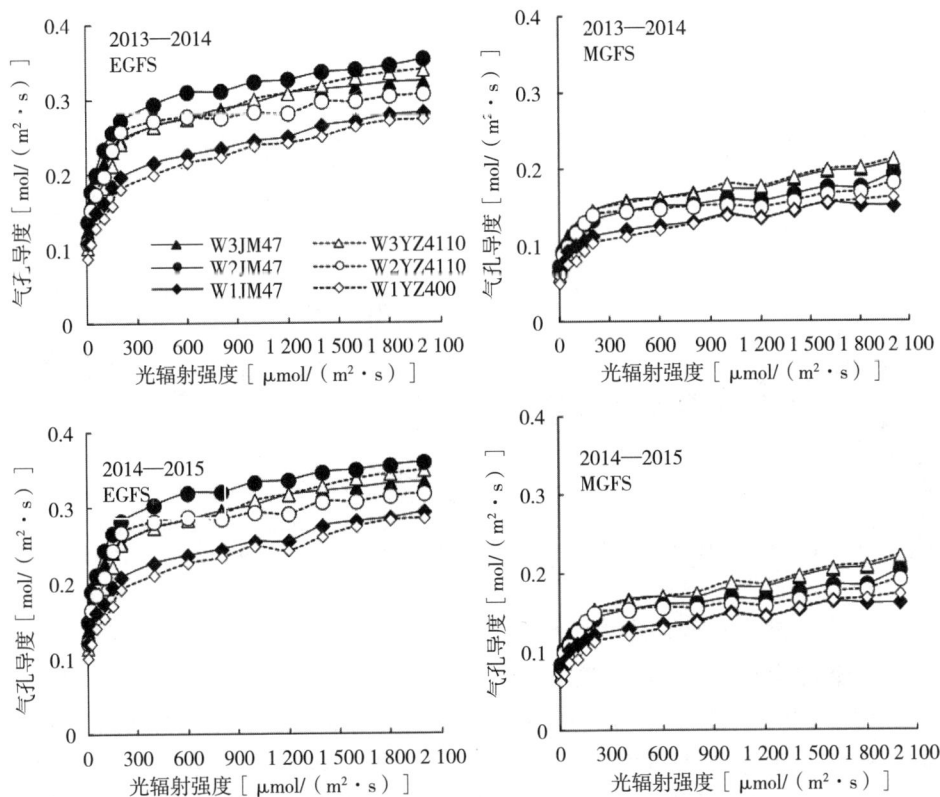

图 2-7　不同处理下小麦旗叶气孔导度的光响应曲线

3. 胞间二氧化碳浓度（Ci）的光响应曲线

与旗叶 Pn 相反，旗叶胞间 CO_2 浓度（Ci）的光响应曲线随光辐射强度的增加呈先逐渐减速下降后略有上升的趋势（图 2-8），当光辐射强度在 $0\sim$ $200\mu mol/$（$m^2\cdot s$）范围内时，不同处理下旗叶 Ci 均迅速下降；当光辐射强度大于 $400\mu mol/$（$m^2\cdot s$）时，旗叶 Ci 的下降趋于平缓。2 生长季的旗叶 Ci 光响应曲线基本相似，均表现为灌浆前期略低于灌浆中期。不同水分处理的旗叶 Ci 总体表现为 W1<W2<W3，不同品种的旗叶 Ci 表现为 YZ4110>JM47。本试验条件下，旗叶 Ci 光响应曲线的变化趋势与旗叶 Pn 呈相反规律，说明旗叶 Ci 降低是光合作用利用了胞间 CO_2 所致。

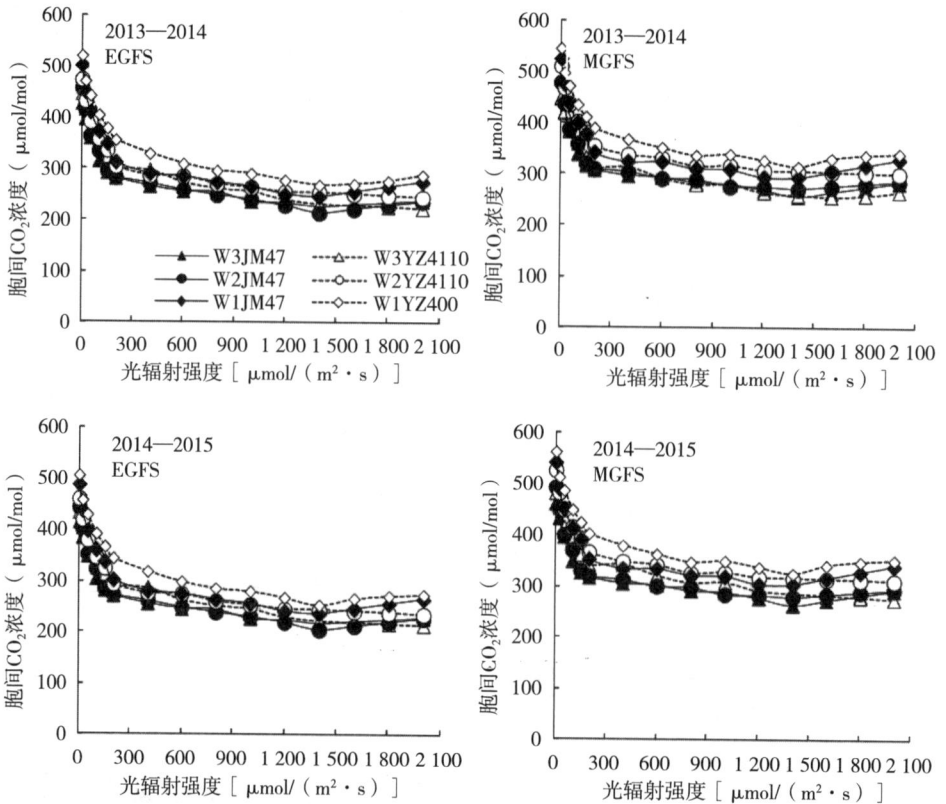

图 2-8　不同处理下小麦旗叶胞间二氧化碳浓度的光响应曲线

4. 蒸腾速率（Tr）的光响应曲线

2 生长季中，旗叶 Tr 光响应曲线变化规律相似，在光辐射强度介于 $0\sim$ $200\mu mol/$（$m^2\cdot s$）时各处理均表现为快速增加，而大于 $200\mu mol/$（$m^2\cdot s$）后转为平稳上升，且灌浆前期各处理间的差异小于灌浆中期（图 2-9），说明小麦旗叶蒸腾作用随光辐射强度增加而加剧，且灌浆中期受水分和品种的调控效应较强。在灌浆前期，同一品种表现为 W3>W2>W1，但 W3 和 W2 间差异很小，说明小麦开花后适当干旱并不影响灌浆前期的旗叶 Tr；相同水分处理下总体上表现为 YZ4110＞JM47，表明弱抗旱性品种不利于旗叶高效用水。在灌浆中期，W3YZ4110、W2JM47 和 W3JM47 的旗叶 Tr 较高且差异较小，其他处理表现为 W2YZ4110＞W1JM47＞W1YZ4110，表明干旱胁迫下 JM47 在灌浆中期能够提高旗叶 Tr，特别是在花后干旱胁迫的 W2 处理下效果最为明显。

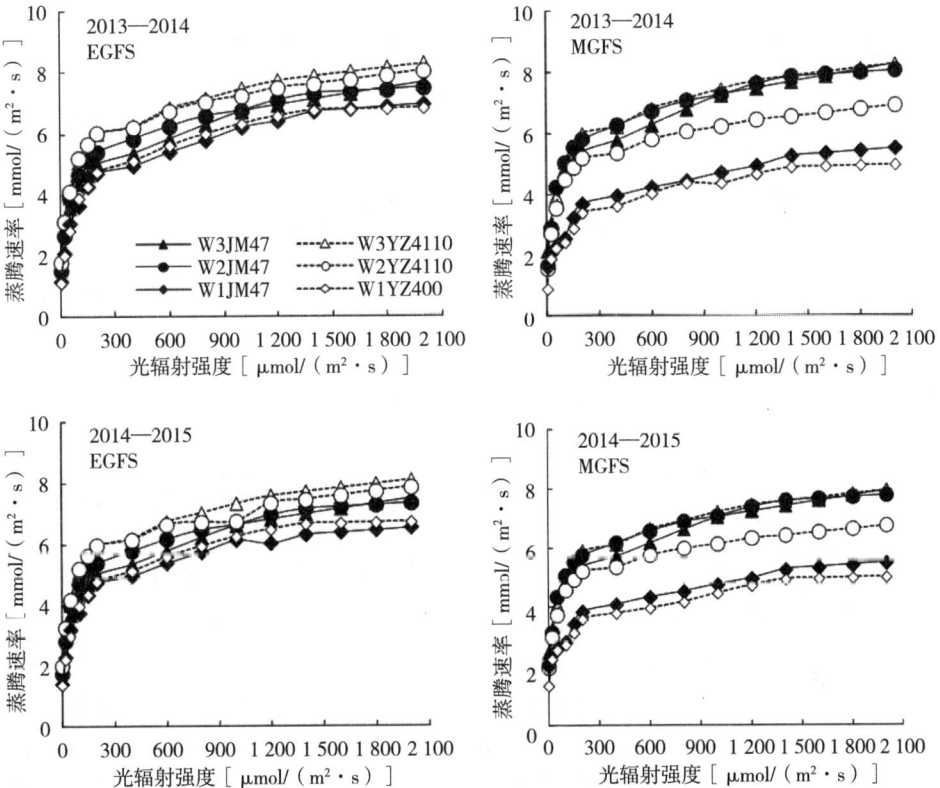

图 2 - 9　不同处理下小麦旗叶蒸腾速率的光响应曲线

5. 瞬时水分利用效率（*IWUE*）光响应曲线

由图 2 - 10 可以看出，灌浆前期和灌浆中期的旗叶 *IWUE* 光响应曲线均呈先急剧增加后趋于稳定甚至降低的趋势，在光辐射强度小于 $200\mu mol/$（$m^2 \cdot s$）时随光辐射强度的增加快速增加，之后上升幅度减缓甚至降低。相同光辐射强度条件下不同处理的旗叶 *IWUE* 光响应曲线仅在灌浆前期表现出明显差异，且不同水分处理之间差异因品种而异。JM47 表现为 W2＞W3＞W1，YZ4110 表现为 W2＞W3＞W1，相同水分处理下均表现为 JM47＞YZ4110。灌浆中期的旗叶 *IWUE* 光响应曲线受水分和品种的调控效应较弱，这与灌浆中期不同处理间旗叶 *Pn* 差异降低，而旗叶 *Tr* 差异增加有关。

25

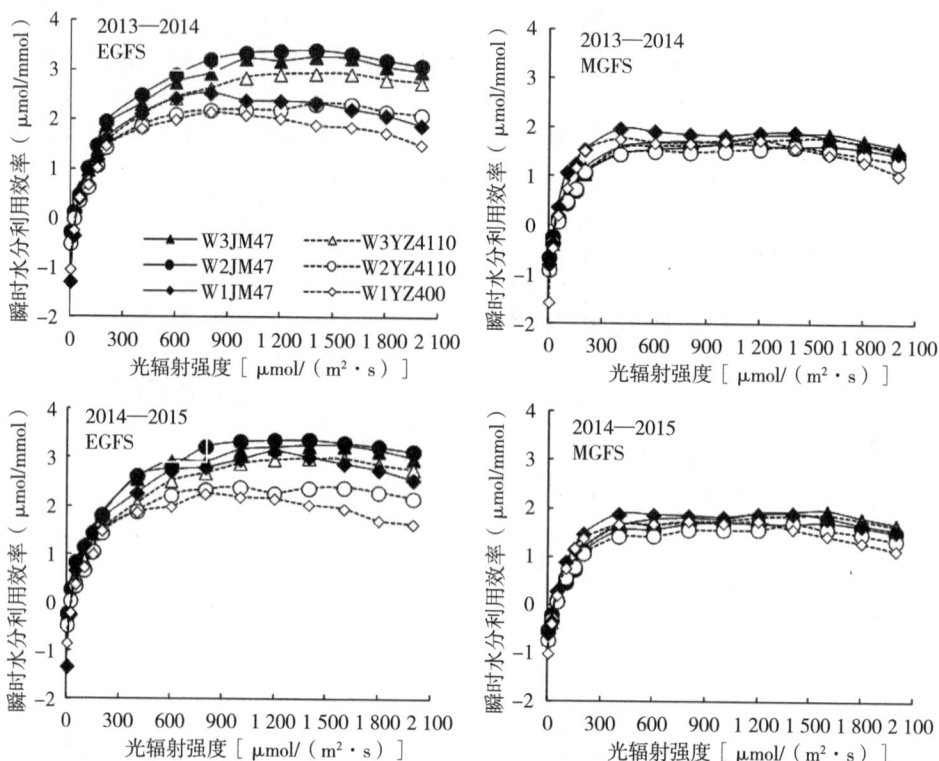

图 2-10 不同处理下小麦旗叶瞬时水分利用效率的光响应曲线

（五）不同水分处理对冬小麦旗叶光合性能特征参数的影响

利用 Michaelis-Menten 模型可以较好地拟合不同处理的光响应曲线（$R^2 > 0.93$，$P < 0.001$）。拟合结果（表 2-1）表明，两生长季冬小麦旗叶 α 值均表现为 W1＞W2＞W3，且 W1 和 W2 下表现为灌浆前期大于灌浆中期、灌浆前期 JM47＞YZ4110、灌浆中期 JM47＜YZ4110。除灌浆前期 W2JM47 略高于 W3JM47 外，旗叶 Pn_{max} 均表现为 W1＜W2＜W3。无论灌浆前期还是灌浆中期，W3 下 JM47 和 YZ4110 的旗叶 Pn_{max} 相当，但干旱胁迫下 JM47 的旗叶 Pn_{max} 均明显高于 YZ4110，其中 W1 下灌浆前期和灌浆中期分别高 30.6% 和 21.5%，W2 下分别高 40.6% 和 22.6%。旗叶 Rd 在灌浆前期表现为 W1＞W2＞W3，2 品种间无明显规律，灌浆中期不同水分处理间差异小，但总体表现为 YZ4110＞JM47。干旱胁迫对旗叶光饱和点（LSP）和旗叶光补偿点（LCP）的影响效应均因品种和灌浆时期而异，在灌浆前期，旗叶 LSP 表现为 W1＜W2＜W3，而旗叶 LCP 呈相反规律，且 2 参数在 W3 下均表现为 JM47＜YZ4110，在 W1 和 W2 下均表现为 JM47＞YZ4110；在灌浆中期，YZ4110 的旗叶 LSP 表现为 W1＞W2＞W3，W1 的旗叶 LCP 明显低于 W2 和

W3，但后二者间的差异较小。总体来看，干旱胁迫均会降低小麦旗叶对光合有效辐射的利用能力，但干旱胁迫时 JM47 对光的利用范围和能力及光合电子流转化为同化碳的能力均较 YZ4110 高。

表 2-1　不同处理下小麦旗叶光响应曲线的拟合参数

年度	灌浆时期	处理	$\alpha/$ [μmol/ (m² · s)]	$Pn_{\max}/$ [μmol/ (m² · s)]	$Rd/$ [μmol/ (m² · s)]	$LSP/$ [μmol/ (m² · s)]	$LCP/$ [μmol/ (m² · s)]	决定系数 (R^2)
2013—2014	灌浆前期 EGFS	W1JM47	0.094	19.37	2.189	1 293.2	26.2	0.969 5**
		W2JM47	0.089	31.40	1.425	1 371.2	16.8	0.989 5**
		W3JM47	0.073	30.02	0.955	1 477.7	13.6	0.984 5**
		W1YZ4100	0.089	16.06	1.912	1 200.2	24.4	0.936 3**
		W2YZ4100	0.084	22.02	1.633	1 229.4	21.0	0.991 5**
		W3YZ4100	0.077	30.06	1.210	1 476.9	16.4	0.987 0**
	灌浆中期 MGFS	W1JM47	0.083	12.19	1.846	1 345.7	26.3	0.968 9**
		W2JM47	0.070	16.47	1.838	1 463.0	29.5	0.986 8**
		W3JM47	0.061	18.69	1.716	1 623.0	30.8	0.995 7**
		W1YZ4100	0.086	10.18	2.041	2 280.8	29.8	0.930 9**
		W2YZ4100	0.075	13.56	2.053	1 655.1	32.3	0.984 0**
		W3YZ4100	0.071	18.58	2.043	1 617.6	32.5	0.996 2**
2014—2015	灌浆前期 EGFS	W1JM47	0.093	23.41	1.981	1 271.1	23.3	0.988 4**
		W2JM47	0.089	31.40	1.425	1 371.2	16.8	0.989 5**
		W3JM47	0.080	28.97	1.298	1 396.9	16.9	0.985 9**
		W1YZ4100	0.092	16.69	1.931	1 170.9	23.8	0.957 1**
		W2YZ4100	0.086	22.65	1.688	1 240.5	21.3	0.986 7**
		W3YZ4100	0.072	29.54	0.954	1 468.2	13.6	0.990 7**
	灌浆中期 MGFS	W1JM47	0.078	12.24	1.781	1 346.1	26.7	0.979 0**
		W2JM47	0.075	16.84	2.009	1 491.3	30.4	0.975 5**
		W3JM47	0.066	18.72	1.815	1 573.2	30.5	0.992 1**
		W1YZ4100	0.089	9.93	1.955	1 986.6	27.3	0.952 4**
		W2YZ4100	0.075	13.62	2.066	1 661.8	32.4	0.975 1**
		W3YZ4100	0.074	18.23	2.085	1 568.1	31.8	0.991 1**

注：α，表观量子效率；$Pn_{\max}$，最大净光合速率；Rd，无光条件下的有氧呼吸速率；LCP，光补偿点；LSP，光饱和点。**表示模拟的达极显著水平。下同。

二、水分胁迫对小麦籽粒灌浆的影响

（一）不同处理下小麦籽粒灌浆过程曲线模拟

从表 2-2 可以看出，方程的决定系数均在 0.90 以上，配合度高。最终生长量 A，2 品种均表现为旱作处理低于灌溉处理，与灌溉处理相比，旱作处理下洛旱 6 号和豫麦 49-198 籽粒千粒重分别减少了 0.730g 和 0.694g。图 2-11 表明，小麦 5～10d 内，2 小麦品种籽粒灌浆速率差异不大，粒重差距不明显，洛旱 6 号的粒重大于豫麦 49-198 的粒重。随着灌浆过程的不断进行，籽粒干物质的积累量不断增多，灌浆速率增大，品种间的差异也随着生育期延长越来越明显。灌溉处理下小麦籽粒的增长速度要明显高于旱作胁迫下的速率，表明灌溉更利于小麦籽粒的灌浆。总体上两个品种在灌溉处理下灌浆过程表现较好，旱作处理对豫麦 49-198 的影响较洛旱 6 号更大。

表 2-2 不同处理下小麦籽粒灌浆 Logistic 曲线参数

品种	处理	A	B	K	R	R^2
洛旱 6 号	WS	41.933	32.557	0.303	0.987	0.985
	CK	42.663	33.763	0.353	0.986	0.980
豫麦 49-198	WS	40.432	33.337	0.257	0.967	0.955
	CK	41.126	34.436	0.279	0.978	0.974

注：A，理论最大千粒重；B、K，方程参数；R，相关系数；R^2，决定系数。

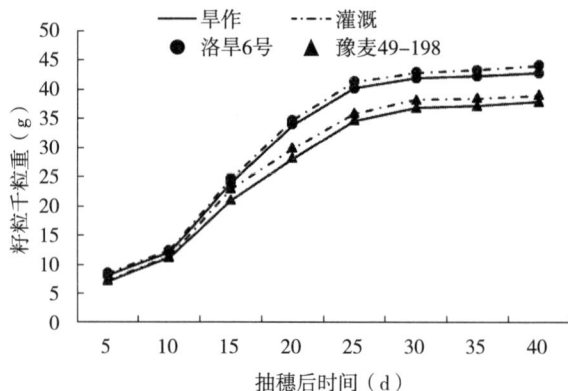

图 2-11 不同处理籽粒千粒重增重过程

（二）不同处理下小麦籽粒灌浆特性参数

由表 2-3 可知，旱作处理下小麦籽粒先出现灌浆速率的最大值，但籽粒的重量并没有显著的增加，洛旱 6 号与豫麦 49-198 在干旱条件下相比，洛旱 6 号比豫麦 49-198 出现的灌浆活跃生长期小，但在灌溉条件下洛旱 6 号比豫麦 49-198 灌浆活跃生长期大。同样的变量对比下，籽粒灌浆速率洛旱 6 号比豫麦 49-198 大，灌溉条件下也是同样的情况。因此可以得出小麦的籽粒灌浆参数与籽粒的灌浆速率有很大的相关性，在这种对比分析下能够清晰反映出当地更适合种植哪个品种的小麦，也能够更好地反映出籽粒灌浆与时间的关系。

表 2 - 3　不同处理下的小麦籽粒灌浆特性参数

品种	处理	T_{max}	R_{max}	T	R_{mean}	D
洛旱 6 号	CK	11.495	12.564	25.929	2.118	19.802
	WS	9.969	14.900	26.877	2.510	16.997
豫麦 49-198	CK	13.646	10.278	25.233	1.732	23.346
	WS	12.685	11.353	25.347	1.912	21.505

注：T_{max}，达到最大灌浆速率的时间；R_{max}，最大灌浆速率；T，整个灌浆持续时间；R_{mean}，平均灌浆速率；D，灌浆活跃生长期。

（三）不同处理下小麦的灌浆速率变化

由图 2 - 12 可以看出，不同处理下的小麦灌浆速率变化趋势是先增加再迅速下降，最后趋向于稳定，籽粒灌浆速率在 15～20d 时达到最大值，在达到最大灌浆速率时，每个品种的小麦籽粒灌浆速率都在增大，从图中还可以清晰地看出，洛旱 6 号在灌溉条件下首先达到最大灌浆速率，且各测定时期均表现为最大。旱作处理下，洛旱 6 号的灌浆速率高于豫麦 49-198，说明其具有更强的抗旱性。

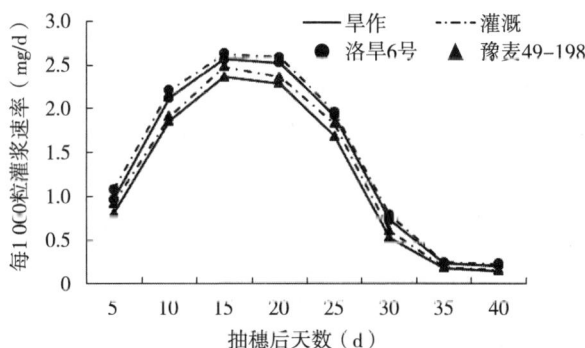

图 2 - 12　不同处理下小麦灌浆速率

（四）小麦灌浆参数与籽粒千粒重的相关分析

由表 2 - 4 可以看出，小麦灌浆速率与千粒重有显著的相关关系，并且为正相关，也就是说，灌浆的速率越大，小麦籽粒的千粒重越大，由此可知，小麦籽粒的淀粉积累量也与小麦的千粒重呈正相关的关系。并且经由 SPSS 软件分析处理不同的变量有着不同的相关性，上表几个变量之间的相关性都非常强，相关性的绝对值越接近 1，说明两个变量有着更加亲密的一对一的关系，一个的增重与另外一个息息相关。试验表明，最大灌浆速率是影响小麦的最终千粒重的重要因素。

表 2 - 4　小麦灌浆参数与籽粒重的相关性分析

项目	T_{max}	R_{max}	T	R_{mean}	D
T_{max}	1				

（续）

项目	T_{max}	R_{max}	T	R_{mean}	D
R_{max}	−0.968	1			
T	0.968	−0.987	1		
R_{mean}	−0.975	1	−0.987	1	
D	0.968	−0.997	0.972	−0.975	1
Y	−0.458	0.987*	−0.500	−0.420	0.413

注：T_{max}，达到最大灌浆速率的时间；R_{max}，最大灌浆速率；T，整个灌浆持续时间；R_{mean}，平均灌浆速率；D，灌浆活跃生长期；Y，最终千粒重。

表 2-5 表明，在小麦籽粒灌浆前期、中期、后期的平均灌浆速率与千粒重呈现显著正相关，前期、中期、后期各期的持续时间与各期的灌浆速率呈显著负相关。这说明小麦的灌浆速率是影响千粒重的一项重要因素，但是跟 3 个阶段的灌浆持续时间并没有相关性，灌浆持续时间不影响籽粒千粒重。

表 2-5　各阶段灌浆参数与籽粒重的相关分析

项目	T_1	R_1	T_2	R_2	T_3	R_3
T_1	1					
R_1	−0.800 3*	1				
T_2	0.567 2	−0.607 9	1			
R_2	−0.574 1	0.868 5	−0.853 1*	1		
T_3	0.567 2	−0.607 9	1	−0.853 1	1	
R_3	−0.574 1	0.868 5	−0.853 1	1	−0.853 1*	1
Y	−0.414 2	0.876 4*	−0.479 8	0.865 9*	−0.478 9	0.865 9*

注：T_1、T_2、T_3 分别为 3 个阶段的灌浆持续时间；R_1、R_2、R_3 分别为 3 个阶段的平均灌浆速率；Y 为最终千粒重。

三、水分胁迫对小麦干物质积累和转运的影响

（一）不同处理对小麦干物质积累量的影响

开花期和花后成熟期干物质积累对小麦产量有至关重要的影响，表 2-6 表明，豫麦 49-198 在旱作处理下单株干物质积累降低，主要因为其旗叶和茎的积累量下降，可能与该品种在干旱情况下茎和叶的营养物质会加速向籽粒转运有关。而洛旱 6 号开花期干物质积累和豫麦 49-198 趋势相同，而其变化主要因为茎秆的积累量下降，除旗叶外的其他叶片积累量也有小幅降低，其他器官的变化量则不明显。在开花期干物质积累总量上，2 品种在旱作处理下均下降，结合表 2-11 产量变化，2 品种在旱作处理下籽粒产量均上升，说明在旱作情况下花后干物质积累和分配有利于籽粒增产，而花前干物质积累则为成熟

期分配做准备。

通过品种间比较不难看出，2 品种虽然在灌溉情况下均取得更大的积累量，但在开花期洛旱 6 号的干物质积累量明显高于豫麦 49-198，不过在两种处理下主要影响量有所不同，在灌溉条件下洛旱 6 号的其他叶积累量占最主要优势，旗叶与茎秆次之；而在干旱条件下，相差最明显的茎秆的干物质积累量，叶片（包括旗叶和其他叶）的优势相对较小。

表 2-6　小麦开花期干物质积累量（g/株）

品种	处理	旗叶	其他叶	茎	鞘	穗	总计
洛旱 6 号	CK	0.136	0.332	0.686	0.353	0.405	1.912
	WS	0.130	0.310	0.640	0.340	0.390	1.808
豫麦 49-198	CK	0.102	0.263	0.647	0.342	0.374	1.728
	WS	0.086	0.256	0.568	0.328	0.365	1.603

由表 2-7 可以看出，豫麦 49-198 在旱作情况下总的干物质积累量相对灌溉处理降低，但其籽粒的积累量相差并不明显，最主要体现在旱作情况下叶片与茎的积累量降低，而穗轴与颖壳的下降最不明显，其每株籽粒干物质积累量相差不大，结合表 2-11 数据知该品种在旱作处理下每公顷穗数会有所增加，作为补偿导致该品种在两种处理下的终产量差别不明显。

洛旱 6 号同样是在旱作处理卜干物质枳累减少，但其减少量中占最大比例的是籽粒的积累量，干旱时每株植株干物质积累共减少 0.383g，而其籽粒降低量达 0.227g，余下器官中积累量减少最明显的依旧是旗叶和茎，但总积累量该品种仍占优势。

通过品种间比较可以明显看出，洛旱 6 号在旱作处理下籽粒受到的影响更大，但总体上两品种在干旱情况下干物质积累量均会下降，豫麦 49-198 对单株籽粒产量的影响相对较小。

从整体上看，在小麦开花期，洛旱 6 号的干物质积累量相对于另一品种占优势，成熟期籽粒干物质积累也具有较明显优势，在两个不同时期两品种均在旱作处理下积累量下降，积累量变化的主要因素集中在旗叶、茎和籽粒，而开花期鞘和穗的变化以及成熟期穗轴＋颖壳的变化幅度非常小。

表 2-7　小麦成熟期干物质积累量（g/株）

品种	处理	旗叶	其他叶	茎	鞘	穗轴＋颖壳	籽粒	总计
洛旱 6 号	CK	0.106	0.213	0.545	0.284	0.332	1.454	2.934
	WS	0.077	0.198	0.493	0.235	0.321	1.227	2.551

（续）

品种	处理	旗叶	其他叶	茎	鞘	穗轴＋颖壳	籽粒	总计
豫麦 49-198	CK	0.083	0.175	0.521	0.276	0.318	1.264	2.637
	WS	0.056	0.164	0.441	0.243	0.304	1.189	2.397

（二）不同处理对小麦干物质分配比例的影响

干物质积累的分配比例在很大程度上可以表现出小麦植株各器官在不同时期和不同条件下的生长情况。由表 2-8 可以看出，在开花期两个品种小麦各器官分配比例中占最大比重的是茎，其次是穗，而旗叶所占比例最小。在不同处理下各器官分配比例变化情况不同，豫麦 49-198 在旱作情况下旗叶和茎的分配比例下降，而其他叶、鞘和穗的分配比例则有所上升。分析认为，旗叶分配比例下降是因为干旱胁迫导致旗叶光合作用速率下降，而茎的分配比例下降可能是因为茎在干旱情况下加速干物质向其他器官的转运，可能与该品种鞘、穗等器官干物质分配上升的比重中有部分来自茎的转运有关。而洛旱 6 号在旱作条件下鞘和穗的分配比例上升，其他下降，其茎的下降比例相对于豫麦 49-198 较少，但结合表 2-9 可以看出洛旱 6 号在成熟期茎的分配比例会在受到干旱胁迫时上升，为最终产量的形成提供保证，成熟期该品种籽粒分配比例下降也与茎中分配比重升高有关。

表 2-8　开花期各器官干物质分配比例（%）

品种	处理	旗叶	其他叶	茎	鞘	穗
洛旱 6 号	CK	7.11	17.36	35.88	18.46	21.18
	WS	6.97	17.31	35.29	18.64	21.79
豫麦 49-198	CK	5.9	15.22	37.44	19.79	21.64
	WS	5.36	15.97	35.43	20.46	22.77

从表 2-9 中可以看出，成熟期豫麦 49-198 在旱作条件下其他叶、穗轴＋颖壳以及籽粒的干物质分配比例上升而其他器官下降，其中茎的下降幅度最大，而籽粒的上升幅度最大，而且在成熟期该品种茎的干物质转运增加以及旗叶早衰导致的营养物质向籽粒的输入是该品种植株应对干旱环境的重要方式。而分析在两种处理下洛旱 6 号各器官物质分配变化可以明显看出，该品种在干旱情况下籽粒分配比例下降，而其他叶、茎、穗轴＋颖壳的干物质分配比例均有所上升，结合表 2-11 分析营养器官分配比例上升，可能对该品种在成熟期与提高植株抗逆性有关。

通过两品种间比较发现，在成熟期籽粒在旱作和灌溉条件下干物质分配比例趋势相反（表2-9），在同一处理下比较发现，洛旱6号叶片（旗叶和其他叶）的分配比例高于豫麦49-198，而在茎、鞘、穗轴+颖壳上则略低，说明该品种花前叶片抗旱衰能力较强；比较不同水分处理下的两个品种，可得知干旱情况下2品种旗叶分配比例均下降，其中降幅较大的是豫麦49-198，但可以看出该品种茎中干物质对产量的补偿作用更明显。

表2-9　成熟期各器官干物质分配比例（%）

品种	处理	旗叶	其他叶	茎	鞘	穗轴+颖壳	籽粒
洛旱6号	CK	3.61	7.26	18.58	9.68	11.32	49.56
	WS	3.02	7.76	19.33	9.21	12.58	48.1
豫麦49-198	CK	3.15	6.64	19.76	10.47	12.06	47.93
	WS	2.34	6.84	18.4	10.14	12.68	49.6

（三）不同处理对小麦干物质向籽粒再分配的影响

由表2-10可知，一方面，旱作处理两品种均表现为开花前营养器官贮存干物质的转运量明显降低，而转运率和对籽粒的贡献率也明显下降，相对于豫麦49-198，洛旱6号转运量降低量略小，而豫麦49-198对籽粒贡献率的下降比例变化则更为明显，达到了9.74%，同样处理的洛旱6号下降值只有5.13%，说明在花前干物质积累与转运上洛旱6号的抗旱性更强，而成熟期豫麦49-198更具优势。另一方面，开花后同化的干物质输入籽粒量上，两个小麦品种在干旱情况下均有提升，而豫麦49-198的增加量更多，达0.279g，对籽粒贡献率的增加情况也同样如此，说明在花后同化干物质的积累和转运上豫麦49-198在干旱时更有优势，不过，虽然在增幅上没有另一品种明显，但是在输入量和对籽粒贡献率总量上，洛旱6号则更有优势，这也符合两品种干旱时的产量比较结果。

综上所述，小麦干物质积累和向籽粒的再分配大部分靠花后同化干物质向籽粒输入，而干旱条件可使花后同化干物质对籽粒干物质积累的贡献率呈上升趋势，但不利于小麦开花前贮存干物质向籽粒的输入。豫麦49-198在开花期受到干旱抑制的程度更大，虽然花后补偿更明显，但在成熟期干物质输入籽粒的量低于洛旱6号，导致干旱时最终产量略低。

表2-10　开花前贮存干物质及花后同化干物质向籽粒的再分配

品种	处理	贮存干物质			同化干物质	
		转运量	转运率（%）	贡献率（%）	转运量	贡献率（%）
洛旱6号	CK	0.395	24.64	33.22	0.794	66.78
	WS	0.355	20.54	28.09	0.909	71.91

（续）

品种	处理	贮存干物质			同化干物质	
		转运量	转运率（%）	贡献率（%）	转运量	贡献率（%）
豫麦 49-198	CK	0.484	26.77	39.45	0.743	60.55
	WS	0.432	22.59	29.71	1.022	70.29

四、水分胁迫对小麦产量及其构成因素的影响

小麦的产量受到多种因素的影响，如穗粒重、亩穗数、穗粒数等，都是小麦产量构成的重要指标。水分胁迫也会对这些因素造成不同程度的影响，进而造成产量的差异。由表 2-11 可以看出，洛旱 6 号小麦在灌溉处理下籽粒的千粒重明显大于旱作处理，其产量也大于旱作处理；而豫麦 49-198 也表现同样趋势。从表中还可以看出，相同处理下，洛旱 6 号小麦的千粒重要比豫麦 49-198 小麦的千粒重大，并且产量也是比豫麦 49-198 产量大。表明洛旱 6 号具有较强的抗旱性，更适于干旱地区种植。虽然豫麦 49-198 小麦的穗数要比洛旱 6 旱小麦的穗数多，但产量低于豫麦 49-198 的产量。

表 2-11　水分胁迫对小麦产量及其构成因素的影响

品种	处理	穗数（万穗/hm²）	穗粒数	千粒重（g）	产量（kg/hm²）
洛旱 6 号	CK	587.2	30.2	39.6	5 631.2
	WS	601.9	31.5	41.9	6 370.3
豫麦 49-198	CK	640.6	32.7	36.7	6 164.7
	WS	680.5	28.8	40.4	6 349.1

成熟期对小麦产量及其构成因素的测定结果（表 2-12）表明，不同小麦品种的籽粒产量、产量构成和总粒数在不同水分处理中表现不同。W1 与 W3 相比，JM47 的穗数、穗粒数、总粒数分别降低 5.6%～7.6%、4.5%～15.6%、9.7%～22.0%，YZ4110 分别降低 10.6%～21.1%、7.7%～8.1%、17.7%～26.0%，最终使 JM47 和 YZ4110 的籽粒产量分别降低 7.2%～17.7%和 22.6%～25.6%。与 W3 相比，W2 对 JM47 的籽粒产量无显著影响，但却使 YZ4110 的籽粒产量显著降低 7.9%～10.8%。与 YZ4110 相比，JM47 的籽粒产量在拔节后适墒的条件下（W3）无显著差异，但在干旱胁迫的 W1 和 W2 下显著提高。JM47 较 YZ4110，前后两生长季 W1 下总粒数分别提高 23.3%和 19.7%，籽粒产量提高 24.9%和 12.7%，W2 下总粒数提高 14.8%和 14.0%，籽粒产量提高 13.0%和 8.9%，W1 和 W2 下 2013—2014 生长季的产量增幅大，主要是因为穗数分别显著提高了 16.1%和 8.6%。

表 2-12 不同处理对小麦产量及其构成因素的影响

年度	处理	穗数 （万穗/hm²）	穗粒数	总粒数 （万粒/hm²）	千粒重 （g）	籽粒产量 （kg/hm²）
2013—2014	W1JM47	475.9c	29.1c	13 849c	46.1bc	6 544bc
	W2JM47	505.0ab	33.8ab	17 069a	45.8bc	7 041a
	W3JM47	515.0a	34.5a	17 766a	45.1c	7 048a
	W1YZ4100	410.0d	27.4d	11 234d	45.5bc	5 239d
	W2YZ4100	465.0c	31.3b	14 868b	46.6ab	6 230c
	W3YZ4100	519.4a	29.8c	15 180b	47.6a	6 770ab
2014—2015	W1JM47	499.5bc	31.4b	15 705c	38.3f	5 977c
	W2JM47	525.4a	32.8a	17.215a	43.2d	6 926a
	W3JM47	529.0a	32.9a	17 390a	43.4c	7 265a
	W1YZ4100	481.1c	27.3d	13 110a	40.4e	5 303d
	W2YZ4100	511.0ab	29.5c	15 096c	45.9b	6 359b
	W3YZ4100	538.2a	29.6c	15 942b	46.8a	7 130a

注：同一生长季同一列中数据后不同字母表示不同处理间差异达 5% 显著水平。W1，拔节至成熟期控制 0～140 cm 土层的相对含水量 50%±5%；W2，拔节至孕穗期为 75%±5%，开花期至成熟期为 50%±5%；W3，拔节至成熟期为 75%±5%。JM47，晋麦 47；YZ4110，偃展 4110。下同。

五、旗叶光合性能特征参数与产量及其构成因素的相关性

小麦旗叶光合性能特征参数与产量及其构成因素的相关性因研究指标、灌浆时期而异（表 2-13）。除千粒重外，旗叶 Pn_{max} 与籽粒产量和产量构成因素均呈显著或极显著正相关（$P<0.05$），且与产量的相关系数灌浆中期高于灌浆前期，与其他指标的相关系数灌浆前期高于灌浆中期，说明提高灌浆前期的旗叶 Pn_{max} 有利于优化小麦产量构成因素，而提高灌浆中期的旗叶 Pn_{max} 对提高产量更有利。旗叶 α 值和 Rd 与产量及其构成因素多呈负相关，其中旗叶 α 值灌浆前期仅与产量的相关性达显著水平，而灌浆中期除千粒重外均达显著水平；旗叶 Rd 灌浆前期与产量、穗数、总粒数的相关性显著，而灌浆中期的相关性减弱，均未达到显著水平。旗叶 LSP 和 LCP 与产量及其构成因素的相关性因灌浆时期而异，灌浆前期二者与产量、穗数、总粒数的相关性均显著，灌浆中期旗叶 LSP 与除千粒重外的产量及其构成因素之间均呈显著负相关，而旗叶 LCP 与产量及其构成因素的相关性均不显著。总体而言，提高旗叶 Pn_{max}，降低旗叶 α 值和 Rd，有利于优化产量构成因素，提高籽粒产量。

表 2 - 13　小麦旗叶光合性能特征参数与产量及产量构成因素的相关系数

灌浆时期	指标	穗数 （万穗/hm²）	穗粒数	总粒数 （万粒/hm²）	千粒重 （g）	籽粒产量 （kg/hm²）
灌浆前期	$Pn_{max}[\mu mol/(m^2 \cdot s)]$	0.814**	0.78**	0.895**	0.154	0.896**
	$\alpha[\mu mol/(m^2 \cdot s)]$	0.510	−0.307	−0.451	−0.508	−0.586*
	$Rd[\mu mol/(m^2 \cdot s)]$	−0.668*	−0.547	−0.682*	−0.362	−0.734**
	$ISP[\mu mol/(m^2 \cdot s)]$	0.730**	0.574	0.715*	0.336	0.859**
	$LCP[\mu mol/(m^2 \cdot s)]$	−0.735**	−0.640*	−0.775**	−0.274	−0.791**
灌浆中期	$Pn_{max}[\mu mol/(m^2 \cdot s)]$	0.792**	0.684*	0.825**	−0.285	0.921**
	$\alpha[\mu mol/(m^2 \cdot s)]$	−0.655*	−849**	−0.866**	−0.144	−0.835**
	$Rd[\mu mol/(m^2 \cdot s)]$	−0.155	−0.580*	−0.442	−0.185	−0.244
	$ISP[\mu mol/(m^2 \cdot s)]$	−0.653*	−0.579*	−0.689*	−0.040	−0.680*
	$LCP[\mu mol/(m^2 \cdot s)]$	0.298	0.192	0.276	−0.235	0.395

注：＊和＊＊分别表示在 0.05 和 0.01 概率水平显著相关。

第二节　水分胁迫对小麦结实期生理特性的影响

一、水分胁迫对小麦叶片渗透调节物质的影响

（一）不同处理对小麦叶片可溶性糖含量的影响

可溶性糖含量是测定小麦品质性状、抗旱性的生理指标。在小麦生长过程中，可溶性糖作为渗透调节物质，在小麦干旱时调节渗透，维持植物体生长。从图 2 - 13 可以看出，各处理可溶性糖含量在抽穗期总体呈上升趋势，处理间变化趋势相同。品种间可溶性糖含量差异明显，洛旱 6 号可溶性糖含量高于豫麦 49-198。在抽穗前期各样品中糖含量差异不大，随着生育期延长，可溶性糖含量逐渐上升。洛旱 6 号品种在旱作处理下旗叶中可溶性糖含量明显高于在

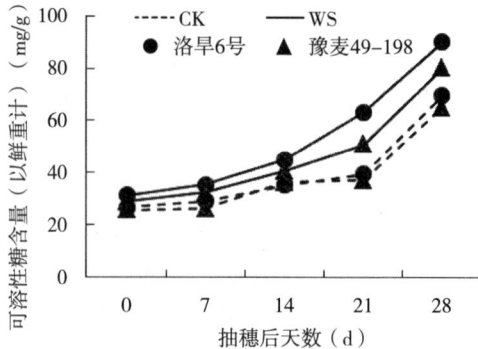

图 2 - 13　不同处理下小麦叶片可溶性糖含量

灌溉处理下的含量。灌溉处理下 2 品种可溶性糖含量均小于旱作处理，洛旱 6 号含有的可溶性糖在旱作和灌溉两种条件下均高于豫麦 49-198，表明洛旱 6 号具有更强的抗旱性。

（二）不同处理对小麦叶片脯氨酸含量的影响

脯氨酸在植物干旱期间的含量会产生变化，图 2-14 表明，各处理脯氨酸含量均呈上升趋势，并且从总体上看，抽穗后 0～7d 叶片中脯氨酸的含量变化较为平缓，而后增加迅速。品种间比较，各测定时期洛旱 6 号脯氨酸含量比豫麦 49-198 含量高。处理间比较，旱作处理下脯氨酸含量都高于灌溉处理。以上比较表明，在受到干旱胁迫时，脯氨酸含量的增加，有利于提高小麦渗透调节能力，增强其抗旱性。从各处理含量变化中可以直观看出脯氨酸作为一种调节物质，与小麦品种抗旱性存在一定的关系。

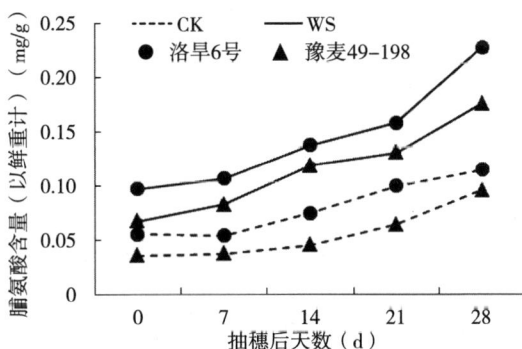

图 2-14　不同处理下小麦叶片脯氨酸含量

（三）不同处理对小麦叶片蛋白质含量的影响

从图 2-15 可以看出，各处理的蛋白质含量均呈现由高含量向低含量的变化趋势，在抽穗后 0～7d 蛋白质含量变化幅度较小，变化范围为 $0.007～0.012mg/g$。两种小麦品种的蛋白质含量也存在大的品种间差异，洛旱 6 号小

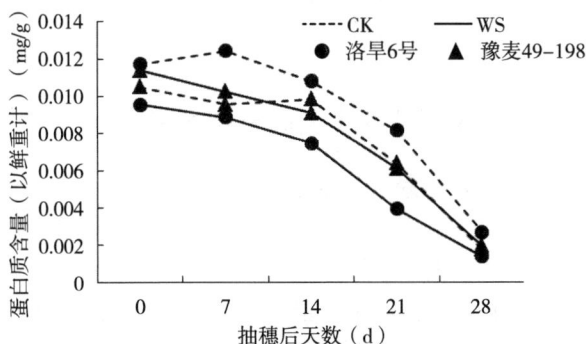

图 2-15　不同处理小麦叶片蛋白质含量

麦蛋白质含量较豫麦 49-198 含量高。随生育期延长，由于蛋白质水解其含量均呈现下降趋势。洛旱 6 号的小麦品种在干旱和灌溉条件下叶片中的蛋白质含量变化幅度小，且蛋白质含量高于豫麦 49-198。豫麦 49-198 旱作处理小麦叶片中蛋白质含量变化速度快，幅度大。

（四）不同处理对小麦叶片氨基酸含量的影响

图 2-16 表明，抽穗期氨基酸含量都较低，各个处理的含量分布范围在 $1\sim14\mu g/g$，其中豫麦品种的含量均大于洛旱品种，每个品种旱作处理的含量均大于灌溉处理。随生育期延长，呈逐渐降低的变化趋势，并且在中后期含量保持较高水平。各处理样品的氨基酸含量变化具有明显差异，洛旱 6 号上升最快，而豫麦 49-198 的两个处理样品含量上升趋势小于洛旱 6 号。在氨基酸含量变化过程中，最高含量都在大于 $10\mu g/g$ 的水平，从品种间比较看出，洛旱 6 号的氨基酸含量大于豫麦 49-198，干旱条件下氨基酸水平大于灌溉条件。抽穗后 28d 氨基酸含量下降至抽穗期水平，其中洛旱 6 号的旱作处理样品下降至 $6\mu g/g$ 的含量。小麦籽粒发育的中后期蛋白质的含量下降，蛋白质水解产生氨基酸，降低了蛋白质的含量，氨基酸含量则增加，参与小麦渗透调节，维持了小麦细胞水势。

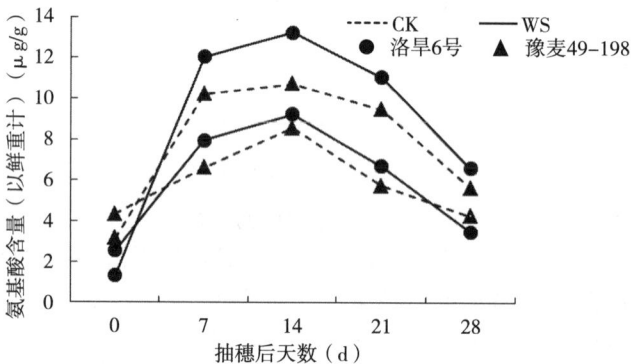

图 2-16　不同处理下小麦叶片氨基酸含量

二、水分胁迫对小麦根系渗透调节物质的影响

（一）不同处理对小麦根系脯氨酸含量的影响

脯氨酸是植株体内自主分泌的，具有亲和性的渗透调节物质，是游离性氨基酸的一种。脯氨酸具有很强的水溶性，因此能够增强植物细胞和组织的持水能力。由图 2-17 可知，豫麦 49-198 品种的脯氨酸含量在灌溉条件下含量最低，其旱作条件下脯氨酸含量要高于洛旱 6 号灌溉条件下的含量，且两个小麦品种在旱作处理下根系脯氨酸含量均高于灌溉处理。随着小麦开花后天数的增

加，小麦根系脯氨酸含量逐渐增多，在开花后的 14d 脯氨酸含量达到最高值，随后迅速下降。

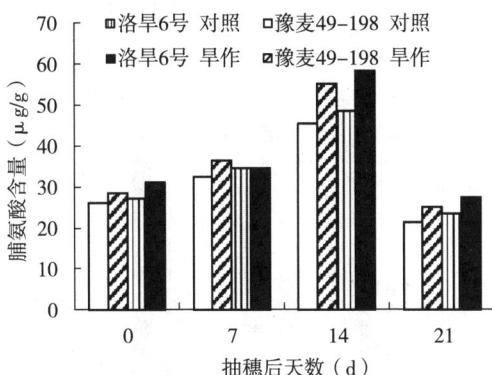

图 2-17　不同处理下小麦根系脯氨酸含量

（二）不同处理对小麦根系可溶性糖含量的影响

由图 2-18 可知两个小麦品种旱作处理下的可溶性糖含量都要明显高于灌溉处理，而洛旱 6 号的小麦根系可溶性糖含量在两处理下均高于与豫麦 49-198，且洛旱 6 号在旱作条件下的可溶性糖含量对比于其他对照组要更加充足。随着花期的逐渐延长，其含量也逐渐下降但与其他三组对比，洛旱 6 号在旱作条件下可溶性糖的含量仍具有明显优势。小麦开花期根系的可溶性糖含量最高，随着开花天数的增加，根系可溶性糖含量呈不断下降的变化趋势。

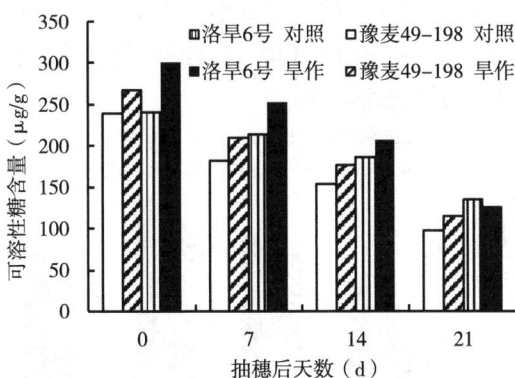

图 2-18　不同处理小麦根系可溶性糖含量

（三）不同处理对小麦根系可溶性蛋白质含量的影响

图 2-19 表明，豫麦 49-198 在两个处理下根系的可溶性蛋白含量相差不大，但旱作条件下的含量比灌溉条件下的偏高，洛旱 6 号的根系可溶性糖含量

在旱作条件下要明显优于灌溉条件下的含量。洛旱 6 号在旱作条件下的可溶性蛋白含量具有十分明显的优势，在小麦开花后 0～14d，洛旱 6 号增加迅速。洛旱 6 号的渗透调节能力要优于豫麦 49-198。随着小麦开花天数的增加，根系可溶性蛋白的含量逐渐上升，第 14 天达到最高点，而后快速下降。

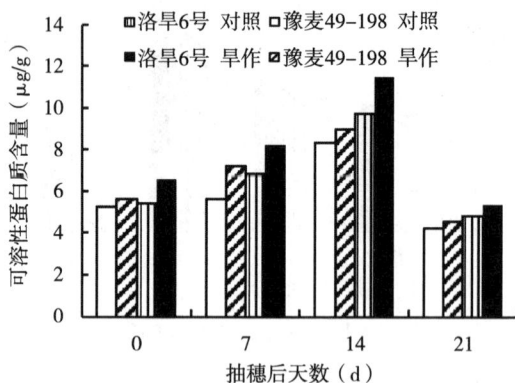

图 2-19　不同处理小麦根系可溶性蛋白质含量

（四）不同处理对小麦根系氨基酸含量的影响

由图 2-20 可知，豫麦 49-198 的根系氨基酸含量在旱作和灌溉条件下的含量变化十分接近，差异不明显。但旱作条件下的含量稍高于灌溉条件下含量。洛旱 6 号小麦品种的根系氨基酸含量在相同种植条件下明显高于豫麦 49-198 品种，洛旱 6 号在旱作条件下的氨基酸含量高于灌溉条件下的根系氨基酸含量。可知在旱作条件下，洛旱 6 号产生的调节物质更充分，更加有利于其生长发育。小麦开花以后，随着天数的增加其根系氨基酸含量也逐渐增加，在开花前期直至氨基酸含量达最高点这段时间，其含量变化呈线性分布逐渐上升，在第 14 天到达最高值，而后快速下降。

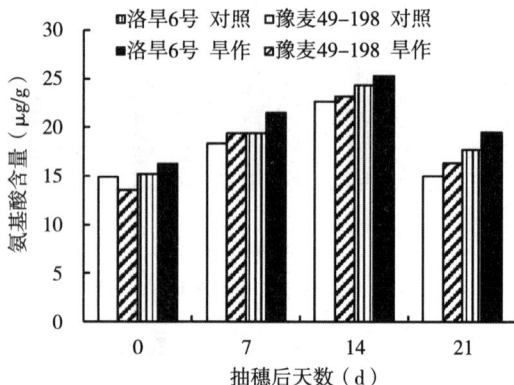

图 2-20　不同处理小麦根系氨基酸含量

三、水分胁迫对小麦叶片保护性物质的影响

（一）不同处理对小麦叶片抗坏血酸含量的影响

当小麦遭遇干旱等不利生长条件时，叶片细胞中活性氧大量积累会导致小麦受到损伤。而其作为小麦细胞中抗氧化系统之一可以通过抗坏血酸-谷胱甘肽循环来抵御干旱环境。由图 2-21 可知，与灌溉条件下相比，进行旱作处理的两种小麦叶片中其抗坏血酸含量均有所增加，且豫麦 49-198 小麦抗坏血酸含量均高于洛旱 6 号。该结果说明了抗坏血酸参与了干旱胁迫，可以增强小麦的抗旱性，避免小麦遭受活性氧的损伤。从图中可以看出，在抽穗后两小麦品种的抗坏血酸含量均呈下降趋势，但是在旱作处理下，洛旱 6 号小麦的降幅大于豫麦 49-198 号。

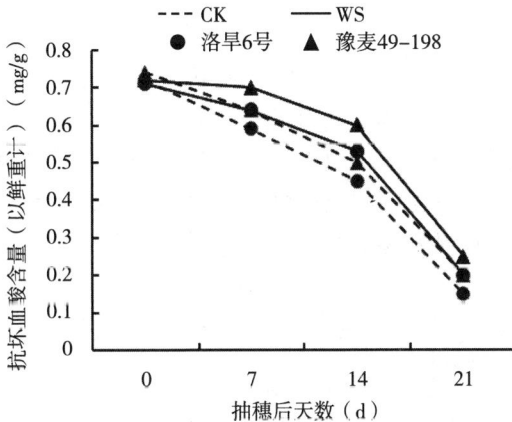

图 2-21　不同处理小麦叶片抗坏血酸含量

（二）不同处理对小麦叶片谷胱甘肽含量的影响

谷胱甘肽在植物中无处不在，可以与蛋白质反应形成二硫化物，从而保护蛋白质免受活性氧的毒害。由图 2-22 可以看出，旱作处理的两种小麦叶片的谷胱甘肽含量均低于灌溉处理，说明谷胱甘肽可以通过自身的含量变化来维持小麦生存，提高小麦在逆境中的生存能力。并且从图中还可以看出，无论旱作处理还是灌溉处理，洛旱 6 号谷胱甘肽含量均高于豫麦 49-198。随着小麦抽穗天数的增加，各处理谷胱甘肽含量均逐渐降低，且旱作处理下降幅度大于灌溉处理。

（三）不同处理对小麦叶片类胡萝卜素含量的影响

类胡萝卜素作为保护性物质淬灭细胞中产生的单线态氧，从而避免小麦因受到毒害而影响正常生长。图 2-23 表明，在旱作处理下小麦叶片类胡萝卜素含量低于灌溉处理，由此也说明了类胡萝卜素可以参与干旱胁迫，它与活性氧

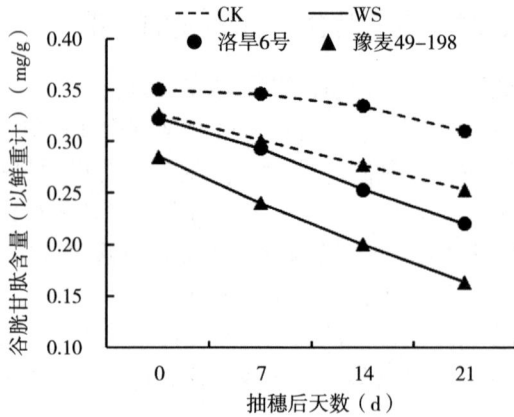

图 2-22　不同处理小麦叶片谷胱甘肽含量

自由基反应，增加了小麦对干旱环境的抵抗能力。旱作处理下，豫麦 49-198号小麦的类胡萝卜素含量在开花后的第 1 周内变化较小，而洛旱 6 号小麦在开花后的第 2 周内其类胡萝卜素含量变化较小，这可能与小麦品种的抗旱性不同以及干旱胁迫时间长短有关。另外与抗坏血酸和谷胱甘肽这两种保护性物质相同的是，随着小麦开花天数的不断增加其叶片类胡萝卜素含量也呈现下降趋势，可能和小麦成熟叶片枯萎、老化有关。

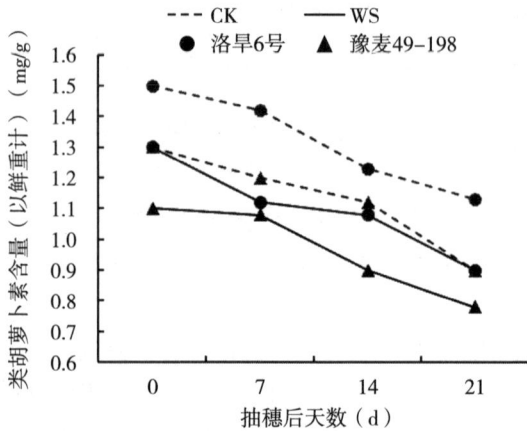

图 2-23　不同处理小麦叶片类胡萝卜素含量

（四）不同处理对小麦叶片 SOD 活性的影响

超氧化物歧化酶（SOD）是植物细胞内最主要的一类抗氧化保护酶，其功能是催化活性氧分子发生歧化反应生成无毒氧分子和过氧化氢。图 2-24表明，抽穗后的第 7 天，旱作处理下豫麦 49-198 和洛旱 6 号 SOD 酶活性均增加，之后两种小麦 SOD 酶活性持续下降；灌溉处理 SOD 的活性变化幅度

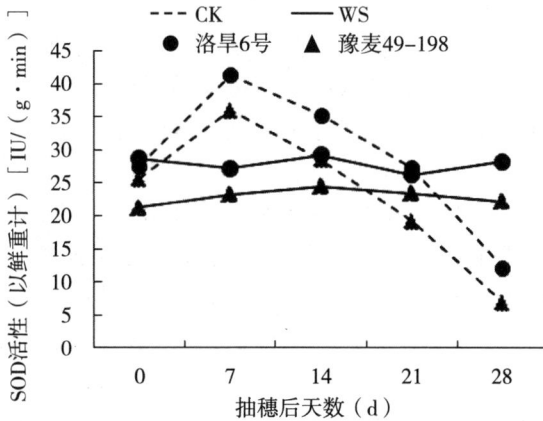

图 2-24　不同处理小麦叶片 SOD 活性

较小，总体维持在较稳定的水平。抗旱性强的洛旱 6 号的 SOD 活性在 2 处理下均高于豫麦 49-198。在整个测定时期旱作处理的洛旱 6 号的 SOD 活性降低的幅度为 55.60%，豫麦 49-198 的 SOD 活性下降了 67.84%，豫麦 49-198 的下降幅度较大。

（五）不同处理对小麦叶片 CAT 活性的影响

过氧化氢酶（CAT）是细胞内用于清除过氧化氢的酶类，是植物重要的保护酶之一，可协助 SOD 清除细胞内自由基产生的过氧化氢。从图 2-25 可以看出，随着干旱胁迫时间的延长，旱作豫麦 49-198 和洛旱 6 号的 CAT 酶活性都会先增加，在第 21 天达到峰值，之后迅速下降，其中旱作豫麦 49-198 的后期，CAT 下降幅度较大。对照组中 CAT 活性总体变化不大，且洛旱 6 号的活性依然高于豫麦 49-198。旱作处理下，整个测定时期内，洛旱 6 号 CAT 活性上升 72.21%，而豫麦 49-198 的 CAT 活性下降 64.29%。从干旱胁迫开始

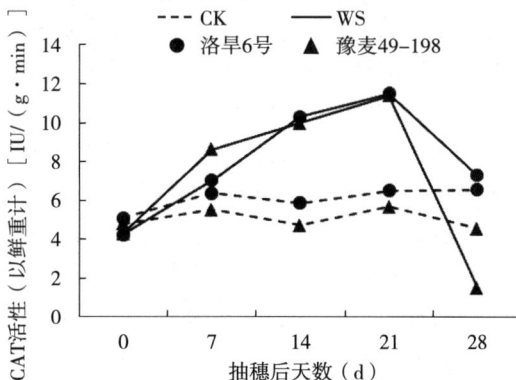

图 2-25　不同处理小麦叶片 CAT 活性

至峰值期间,小麦具有很好的调动 CAT 酶的能力,随着细胞结构和抗氧化系统的破坏,这种调动能力也会随之下降,导致 CAT 活性逐渐降低。

(六)不同处理对小麦叶片 POD 活性的影响

过氧化物酶(POD)是另一类在植物细胞抗氧化防御系统中起主要作用的酶类。从图 2-26 可以看出,旱作处理下,随着生育期延长,洛麦 6 号和豫麦 49-198 的 POD 的活性呈先升后降趋势,第 14d 活性达到最大值;豫麦 49-198 的 POD 活性在抽穗后第 14d 高于洛旱 6 号,而后迅速下降,降幅高于洛旱 6 号。灌溉处理小麦抽穗 7d 后开始上升,14d 后开始稳定,总体上看,灌溉处理下 POD 活性变化幅度较小。旱作处理下,洛旱 6 号在测定时期内 POD 上升幅度为 286.29%,豫麦 49-198 上升的幅度为 425.80%。

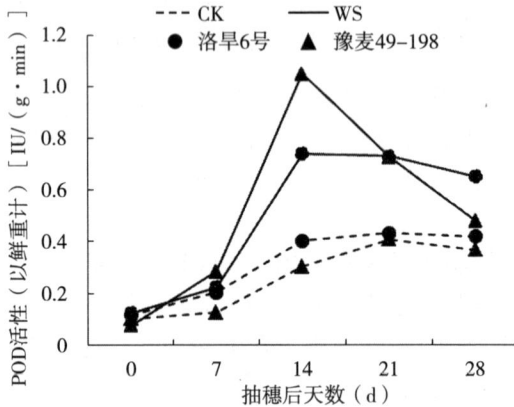

图 2-26　不同处理小麦叶片 POD 活性

四、水分胁迫对小麦根系保护性酶活性的影响

(一)不同处理对小麦根系 SOD 活性的影响

超氧化物歧化酶(SOD),是生物体内的自由基清除剂。因其广泛存在于生物体的各种组织中,不但能消除 O_2^- 给生物体的毒害,还能减轻植物的干旱胁迫,所以 SOD 是生物体中最重要的抗氧化酶之一。在植物发生干旱胁迫时,SOD 的活性往往增强许多倍,用以抵抗 O_2^- 给植物体带来的膜脂过氧化和其他生物膜毒害。由图 2-27 能够看出,无论什么小麦品种,在抽穗期的前 2/3 过程中,其 SOD 的活性都在逐步增强,表明小麦体内超氧自由基也在逐步增多。在抽穗后第 21 天,其 SOD 活性又进一步降低,表明作物清除超氧自由基的能力也同时降低,其实这时作物衰老的结果,增加了其体内的干旱胁迫渗透模式。

(二)不同处理对小麦根系 CAT 活性的影响

过氧化氢酶(CAT)是生物氧化过程中重要的抗氧化酶,能够有效清除

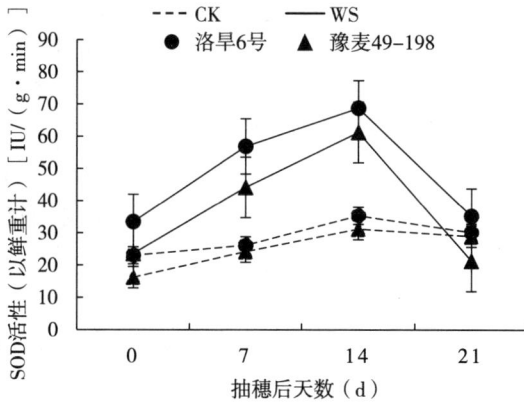

图 2 - 27　不同处理对小麦根系 SOD 活性的影响

各种活性氧基团。其在动植物细胞内有着大量的分布，能够分解动植物细胞在正常的代谢过程中所产生的超氧阴离子、过氧化氢等。在植物逆境生长过程中，这些物质的大量产生对细胞膜有着严重的毒害。另外，CAT 活性与机体的代谢强度有着密切的关系，所以可以根据 CAT 活性来判断植物受到活性氧损害的程度。通过图 2 - 28 能够看出，两小麦品种，其在抽穗后 0～21d 中 CAT 活性俱逐步提高，这反映了植物在生理生化过程中活性氧逐渐积累，同样也引起了 CAT 活性的提高，以适应逆境对植物机体所造成的伤害。但通过对比能够发现洛旱 6 号和豫麦 49-198 差异不显著。再通过相同品种处理和对照对比能够发现，其 CAT 的活性基本上处理组最大，表明在对照处理下，植物机体在遭受逆境时受伤害水平最低。

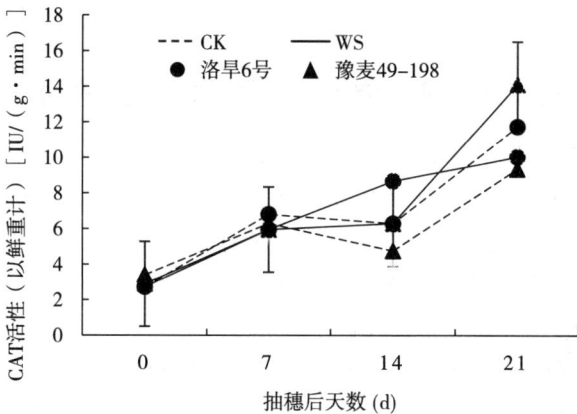

图 2 - 28　不同处理对小麦根系 CAT 活性的影响

（三）不同处理对小麦根系 POD 活性的影响

过氧化物酶（POD），是由植物细胞或微生物等细胞所产生的一类氧化还原酶，它是以过氧化氢作为电子受体催化底物氧化的酶。POD 主要在植物遭受逆境的初期或后期表达，是一种不可忽视的重要的植物逆境酶。POD 作为细胞活性氧保护酶之一，在植物体内参与不同的生理生化或植物代谢反应，所以其含量可以作为判断植物遭受逆境伤害的指标之一。

由图 2-29 可以看出，处理和对照相比，各测定时期，POD 活性差异显著，这一现象反映出 POD 对延缓细胞的衰老、增加小麦的抗逆性具有重要的作用。小麦抽穗的 21d 中，在抽穗的第 14 天其 POD 含量水平达到最大值，之后逐步下降，这也说明了作物内在的一系列生理生化规律，植物细胞在衰老前，其抗逆性并不是逐步降低的，而是通过自身的生理生化调节来达到其适宜的抗逆性的。在不同的小麦品种之间，POD 的含量水平也具有很大的差异，说明这两品种各自的抗逆性也不同。从图中可以看出，洛旱 6 号的 POD 含量较高，表明其抗逆性较高。

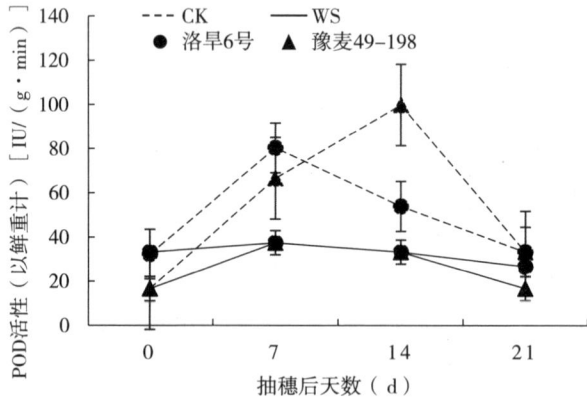

图 2-29　不同处理对小麦根系 POD 活性的影响

五、水分胁迫对小麦叶片超氧自由基、过氧化氢和丙二醛含量的影响

（一）不同处理对小麦叶片超氧自由基含量的影响

由图 2-30 可以看出，洛旱 6 号和豫麦 49-198 中超氧自由基的含量均随着抽穗后天数的增加而明显升高。两个品种的小麦旱作处理超氧自由基含量从抽穗期至抽穗 14d 后依然上升迅速，灌溉处理在第 14 天后上升较为缓慢。结果表明，旱作条件下小麦体内超氧自由基积累较多，其抗氧化性较弱。

（二）不同处理对小麦叶片过氧化氢含量的影响

当小麦处于逆境或衰老状态时，过氧化氢（H_2O_2）会由于小麦体内活性氧代谢加强而产生明显的积累。由图 2-31 可以看出，洛旱 6 号和豫麦 49-198 随着抽穗后天数的增加，过氧化氢（H_2O_2）含量均有升高，其中豫麦 49-198 旱作条件下过氧化氢含量上升较为明显。两个品种的小麦旱作过氧化氢的积累

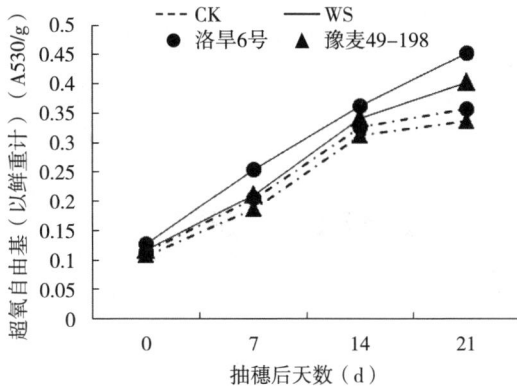

图 2-30　不同处理小麦叶片超氧自由基含量

明显要高于灌溉，随着时间延长过氧化氢含量持续升高。从图中可以看出豫麦49-198 过氧化氢的含量要高于洛旱 6 号。

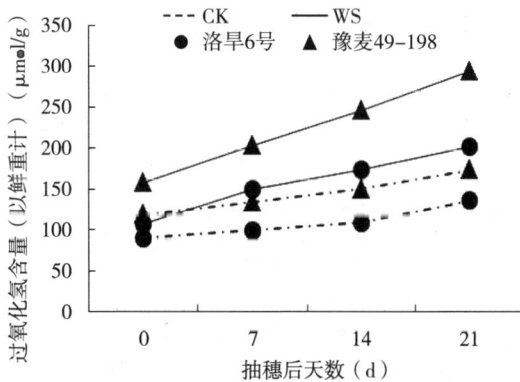

图 2-31　不同处理小麦叶片 H_2O_2 含量

（三）不同处理对小麦叶片丙二醛含量的影响

丙二醛（MDA）含量变化与细胞损伤程度之间的直接关联，是衡量膜脂氧化的重要指标。从图 2-32 可以看出，MDA 含量在干旱胁迫的前 14d 里含量变化幅度不大，处于相对平衡的水平，而后逐渐增加，且变化幅度也更加明显，此变化趋势表明随着生育期延长，植物细胞内各种生物大分子以及细胞膜等结构受损伤程度加深，细胞内的抗氧化修复系统也受到破坏。不同耐旱性的 MDA 增加幅度也不同，洛旱 6 号的变化幅度明显小于豫麦 49-198。灌溉处理组中两品种小麦的 MDA 含量维持在稳定的水平，变化幅度不大。在旱作条件下，整个测定时期洛旱 6 号 MDA 含量上升了 152.42％，而豫麦 49-198 的 MDA 含量上升了 244.58％。

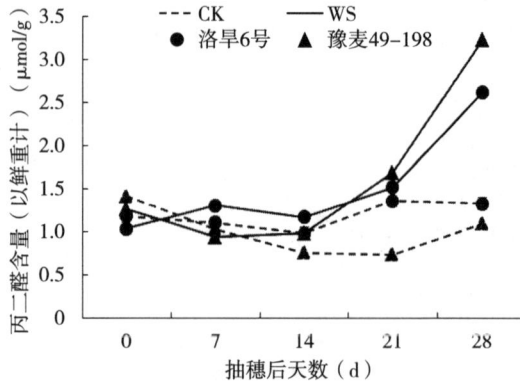

图 2-32　不同处理小麦叶片 MDA 含量

第三节　水分胁迫对麦田土壤酶活性的影响

一、水分胁迫对小麦根际土壤脲酶活性的影响

图 2-33 表明，小麦根际土壤中脲酶活性品种间差异较小，处理间比较，旱作处理下脲酶活性增加。在小麦结实期，小麦根际土壤脲酶活性为0.025 224～0.025 225mg/(g·d)，随着小麦生育期延长，土壤脲酶活性增加，抽穗后 21d 根际土壤脲酶活性达到最大值，之后下降。土壤中的脲酶活性可用作土壤生物指标并用来表征土壤的供氮水平。

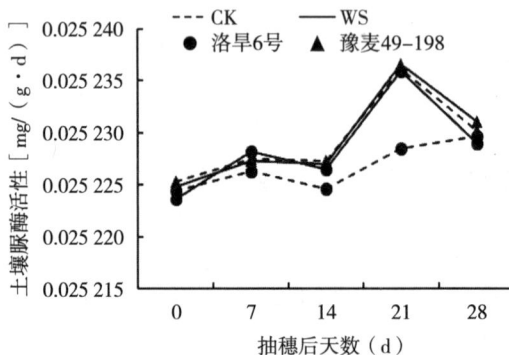

图 2-33　不同处理小麦根际土壤脲酶活性

二、水分胁迫对小麦根际土壤转化酶活性的影响

从图 2-34 可以看出，各测定时期土壤转化酶的活性差异明显。在灌溉处理下，洛旱 6 号根际土壤转化酶抽穗后第 7 天达到最大值，之后下降。干旱处理下，洛旱 6 号根际土壤转化酶活性呈现明显的上升趋势。2 处理相比，洛旱

6号旱作处理根际转化酶活性总体高于灌溉处理。豫麦 49-198，在灌溉处理下根际土壤转化酶活性呈上升趋势，抽穗后 21d 达到峰值，之后下降；在旱作处理下根际土壤转化酶活性总体呈上升趋势。处理间比较，旱作处理酶活性总体表现为旱作处理高于灌溉处理。品种间比较，洛旱 6 号根际土壤转化酶活性高于豫麦 49-198。

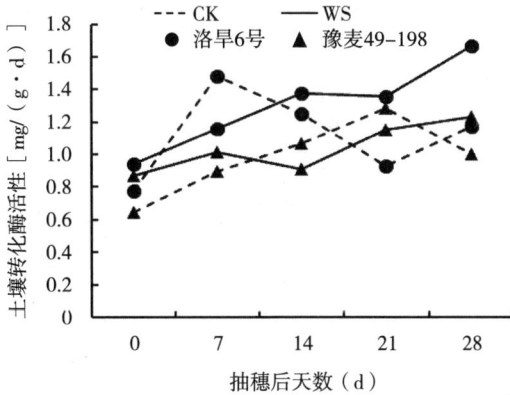

图 2-34 不同处理小麦根际土壤转化酶活性

三、水分胁迫对小麦根际土壤蛋白酶活性的影响

图 2-35 表明，洛旱 6 号灌溉处理下，根际土壤蛋白酶活性在抽穗期最高，之后下降，至抽穗后 28d 酶活性又有上升；旱作处理下，酶活性呈持续下降趋势，处理间比较，旱作处理酶活性高于灌溉处理。豫麦 49-198 灌溉处理下，根际土壤蛋白酶活性在抽穗后 7d 达到最大值，之后下降，抽穗后 14d 降至最低值，之后又上升；旱作处理下，酶活性呈先升后降趋势，抽穗后 14d 达到峰值。品种间比较，各处理总体看洛旱 6 号根际土壤蛋白酶活性高于豫麦 49-198。

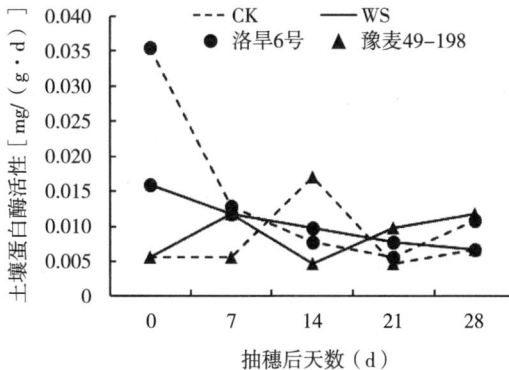

图 2-35 不同处理小麦根际土壤蛋白酶活性

四、水分胁迫对小麦根际土壤脱氢酶活性的影响

小麦根际土壤脱氢酶的活性在各个时期有着明显的差异（图2-36）。酶活性总体表现为先升后降趋势，灌溉处理两品种均在抽穗后7d达到峰值，之后下降；旱作处理2品种均在抽穗后14d达到峰值。处理间比较，总体表现为旱作处理酶活性高于灌溉处理。品种间比较，洛旱6号根际土壤脱氢酶活性总体上高于灌溉处理。

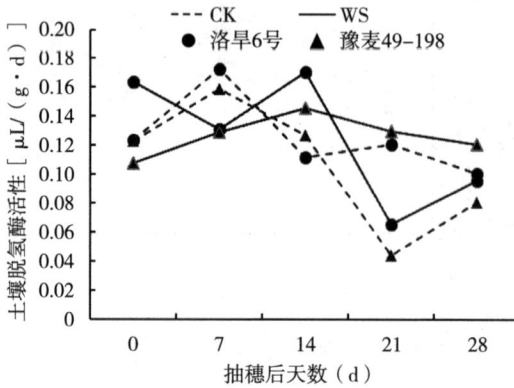

图 2-36 不同处理小麦根际土壤脱氢酶活性

第三章

不同耕作方式对土壤理化特性及小麦生长发育的影响

第一节 不同耕作方式对土壤理化特性的影响

一、不同耕作方式对土壤有机质含量的影响

　　土壤中的有机质是指能够为植物的生长发育提供营养元素的土壤中的物质，是植物吸收营养元素的来源之一，同时在组成方面，有机质是土壤固相组成的重要部分。由图3-1可以看出，不同处理土壤有机质含量差异明显，表现为T4＞T2＞T3＞T1，以T1处理为最低，分别比T2、T3、T4降低了6.04%、3.96%、7.93%，且差异显著。无秸秆还田条件下，土壤有机质含量旋耕比翻耕提高了3.96%，且差异显著；秸秆还田条件下，土壤有机质含量旋耕比翻耕提高了1.77%，通过方差分析可知没有显著影响。此结果表明旋耕和秸秆还田更有利于土壤有机质含量的增加。

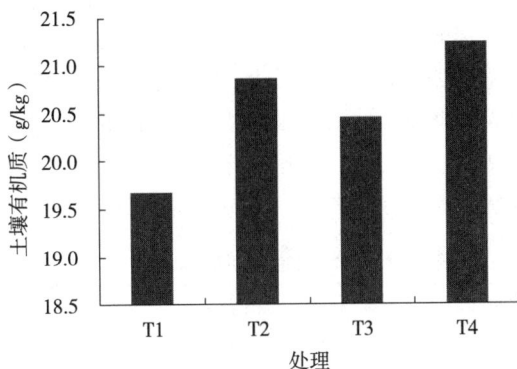

图3-1　不同耕作方式的土壤有机质含量

注：T1，无秸秆还田翻耕；T2，秸秆还田翻耕；T3，无秸秆还田旋耕；T4，秸秆还田旋耕。下同。

二、不同耕作方式对土壤碳库的影响

（一）不同耕作方式对土壤总有机碳含量的影响

土壤有机碳含量的高低决定着耕地土壤环境的优劣。土壤有机碳含量的变化影响着其土壤的物理构造以及化学性质，从而导致小麦产能的变化。由表3-1可知，不同处理方式下土壤总有机碳的含量在小麦开花时期以后，表现出基本相同的变化趋向，即在开花时期最高，随开花后生育进程，除T1处理开花后14d略有增加外，其余各处理均呈下降的趋势。处理间比较，同一测定时期，土壤总有机碳含量表现为T4＞T2＞T1＞T3，以T4处理为最高，且与T1和T3处理差异明显。此结果表明秸秆还田旋耕的土壤处理办法有利于提高土壤总有机碳的含量。

表3-1　土壤总有机碳含量（g/kg）

处理	开花后天数（d）				
	0	7	14	21	28
T1	12.15b	11.24b	11.78b	10.35b	9.76b
T2	13.24a	13.07ab	12.12a	11.21ab	10.12a
T3	12.01b	11.54b	11.22b	10.01c	9.15b
T4	13.69a	12.86a	12.35a	11.77a	10.59a

注：T1，无秸秆还田翻耕；T2，秸秆还田翻耕；T3，无秸秆还田旋耕；T4，秸秆还田旋耕。同列不同字母表示在0.05水平上差异显著。下同。

（二）不同耕作方式对土壤活性有机碳含量的影响

土壤中活性有机碳指的是在土壤中有机质较活跃的成分，是土壤微生物容易分解矿化的高有效性有机碳的一部分，明显影响植物养分的供应，在不同程度上反映土壤中有机碳的功效性。表3-2表明，随着小麦开花后天数的增加，各处理中土壤活性有机碳含量除个别时期外（T2处理在开花后21d略有增加）均呈下降趋势。同一时期不同处理中，土壤活性有机碳含量表现为T4＞T2＞T1＞T3，以T4处理为最高，并且与T1和T3处理存在显著性差异。此结果表明秸秆还田旋耕对提高土壤中活性有机碳含量具有显著效果。

表3-2　土壤活性有机碳含量（g/kg）

处理	开花后天数（d）				
	0	7	14	21	28
T1	3.21b	2.64b	2.15a	2.05a	1.11b
T2	3.28ab	2.82ab	2.18a	2.30a	1.23ab
T3	3.12b	2.21c	2.08b	1.82b	1.06b
T4	3.95a	3.15a	2.64a	2.59a	1.68a

（三）不同耕作方式对土壤活性有机碳占总有机碳比率的影响

表3-3表明，不同处理方式的土壤活性有机碳占总有机碳比率在小麦开花后变化趋势相同，即开花期最高，随开花后生育进程，除T1、T2、T4处理开花后21d略有增加外，其余均呈下降的趋势。处理间比较，开花后0d、7d、14d、21d、28d，土壤活性有机碳占总有机碳比例分别表现为T4＞T1＞T3＞T2、T4＞T1＞T2＞T3、T4＞T3＞T1＞T2、T4＞T2＞T1＞T3、T4＞T2＞T3＞T1，均以T4处理为最高。此结果表明秸秆还田旋耕有利于提高土壤活性有机碳占总有机碳的比例。

表3-3　土壤活性有机碳占总有机碳比率（％）

处理	开花后天数（d）				
	0	7	14	21	28
T1	26.42	23.49	18.25	19.81	11.37
T2	24.77	21.58	17.99	20.52	12.15
T3	25.98	19.15	18.54	18.18	11.58
T4	28.85	24.49	21.38	22.01	15.86

（四）不同耕作方式对土壤碳库管理指数的影响

Lefroy和Blair提出了"活性有机碳库容量"的概念，创建了土壤碳库的管理指标，并认为土壤碳库的管理指标能够作为土壤的管理措施引起土壤有机碳变化的指标。从表3-4可以看出，不同处理间比较，土壤稳态碳含量表现为T4＞T2＞T1＞T3，碳库活度表现为T4＞T2＞T1＝T3，碳库指数表现为T4＞T2＞T1＞T3，碳库管理指数T4＞T2＞T1＞T3，均以T4为最高。此结果表明秸秆还田旋耕有利于提高碳库活度、碳库指数以及碳库管理指数。

表3-4　土壤碳库管理指数

处理	总有机碳	活性有机碳	稳态碳	碳库活度	活度指数	碳库指数	碳库管理指数
T1	9.76b	1.11b	8.65b	0.13	1.00	1.00	100.00
T2	10.12a	1.23ab	8.89a	0.14	1.08	1.11	119.56
T3	9.15b	1.06b	8.09b	0.13	1.02	0.95	97.57
T4	10.59a	1.68a	8.91a	0.19	1.47	1.51	222.54

三、不同耕作方式对土壤氮的影响

（一）不同耕作方式对土壤全氮含量的影响

从图3-2可以看出，小麦抽穗后，随生育期延长，土壤全氮含量各处理均呈下降趋势。处理间比较，各测定时期，土壤全氮含量均以T4处理为最高，T1 处理最低，总体表现为 T4＞T2＞T3＞T1。秸秆还田条件下，在小麦开花期，土壤全氮含量 T4 处理比 T2 处理提高了 11.1％；花后第 28d，T4 处理比 T2 处理提高了 13％，差异未达显著水平。无秸秆还田条件下，在小麦开花期，土壤全氮含量 T3 处理比 T1 处理提高了 8.1％；花后第 28 天，T3 处理比 T1 处理提高了 21.7％，达显著水平。此结果表明秸秆还田和旋耕有利于土壤全氮含量的增加。

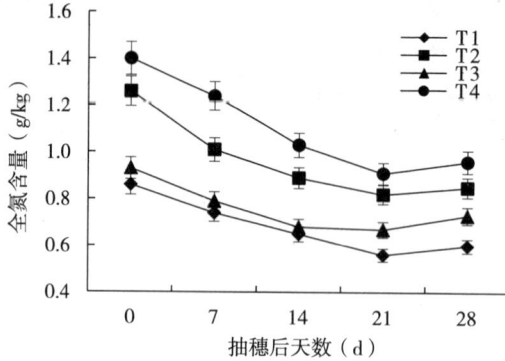

图 3-2　不同耕作方式下土壤全氮含量

（二）不同耕作方式对土壤铵态氮含量的影响

图 3-3 表明，小麦开花后随生育期延长，各处理土壤铵态氮含量均表现为下降趋势。处理间比较，各测定时期，T4 处理除了在小麦开花后 14d、21d 铵态氮含量低于 T2 处理，其余时期土壤铵态氮含量均以 T4 处理为最高，T1 处理最低，总体表现为 T4＞T2＞T3＞T1。秸秆还田条件下，在小麦开花期，土壤铵态氮含量 T4 处理比 T2 处理提高了 1.8％；花后第 28 天，T4 处理比 T2 处理提高了 18.8％，差异显著。无秸秆还田条件下，在小麦开花期，土壤铵态氮含量 T3 处理比 T1 处理提高了 13.9％；花后第 28 天，T3 处理比 T1

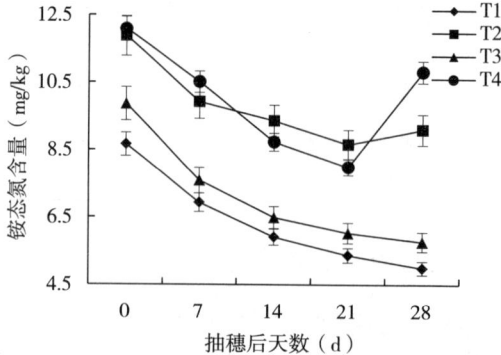

图 3-3　不同耕作方式下土壤铵态氮含量

处理提高了 15.6%，达显著水平。此结果表明秸秆还田和旋耕有利于土壤铵态氮含量的增加。

四、不同耕作方式对土壤钾的影响

（一）不同耕作方式时土壤全钾含量的影响

处理间比较，各测定时期土壤全钾含量均以 T2 处理为最高，T1 处理最低（图 3-4），总体表现为 T2＞T4＞T3＞T1。小麦花后第 28 天，T2 和 T4 处理土壤全钾含量均增加，可能是随着生育期延长，秸秆腐熟释放钾元素而使土壤中全钾含量增加。秸秆还田条件下，在小麦开花期，土壤全钾含量在 T2 处理下比 T4 处理提高了 5.0%；花后第 28 天，T2 处理比 T4 处理提高了 2.0%，差异不显著。无秸秆还田条件下，在小麦开花期，土壤全氮含量在 T3 处理下比 T1 处理提高了 6.6%；花后第 28 天，T3 处理比 T1 处理提高了 4.5%，差异不显著。此结果表明秸秆还田可以提高土壤全钾含量，但旋耕与翻耕处理对土壤全钾含量的影响还需进一步研究。

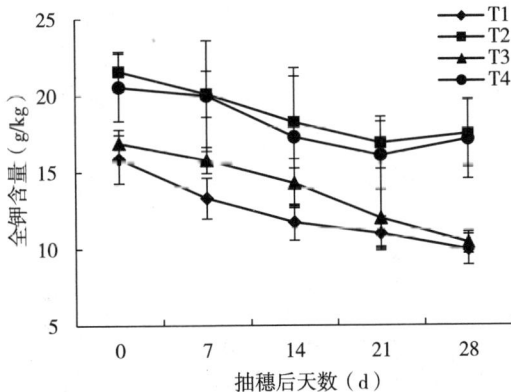

图 3-4　不同耕作方式下土壤全钾含量

（二）不同耕作方式对土壤速效钾含量的影响

速效钾是土壤中最容易被植物吸收利用的钾营养元素，其主要是指土壤中的一些溶液态的钾营养元素以及一些交换钾营养元素。从图 3-5 中可以看出，随着小麦开花后生育期延长，土壤中速效钾含量呈降低趋势，均以开花期为最高。除花后 28d 外，其他测定时期土壤速效钾含量均表现为 T4＞T2＞T3＞T1。土壤速效钾含量在小麦开花期，T4 处理分别比 T1、T2、T3 增加了 14.6%、4.3%、9.8%，在花后第 28 天，T4 处理速效钾含量分别比 T1、T2、T3 处理提高了 5.2%、3.2%、8.2%。此结果表明秸秆还田旋耕有利于土壤速效钾积累。

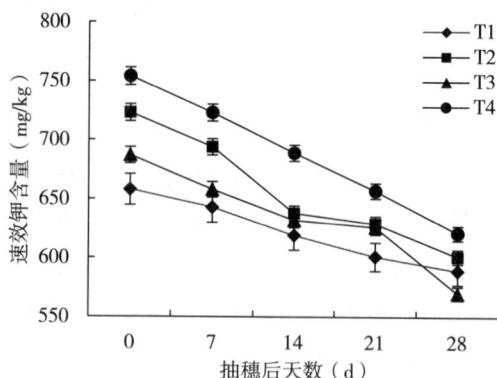

图 3-5　不同耕作方式下土壤速效钾含量

五、不同耕作方式对土壤磷的影响

（一）不同耕作方式对土壤全磷含量的影响

土壤中的磷营养元素对于植物细胞的分裂以及植物各种器官的发育都具有极为重要的作用，并且磷营养元素可以提高植物抗病性和抗旱能力。图 3-6 表明，小麦开花期，土壤中含磷营养元素以 T4 处理含量为最高，分别比 T1、T2、T3 处理高出了 19.9%、4.5%、15.2%。在花后第 28d，T4 处理土壤全磷含量分别比 T1、T2、T3 处理高了 20.3%、5.6%、17.8%。此结果表明秸秆还田旋耕有利于土壤磷营养元素的增加。

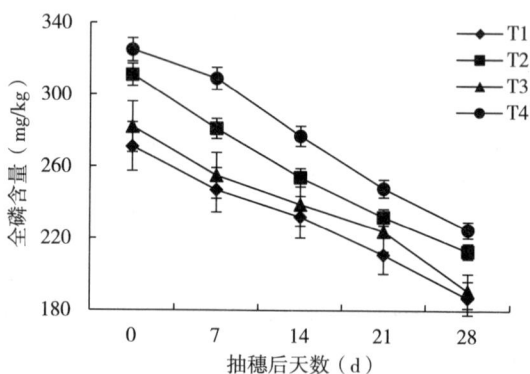

图 3-6　不同耕作方式下土壤全磷含量

（二）不同耕作方式对土壤有效磷含量的影响

由图 3-7 可知，各处理土壤有效磷含量以开花期为最高，之后呈持续下降趋势。小麦花后 28d，土壤有效磷含量表现为 T4＞T2＞T3＞T1，T1 处理最低，分别比 T2、T3、T4 处理低了 16.9%、8.1%、22.1%。从这个数据中我们可以发现，在最开始开花时期，几种处理方式下的土壤中有效磷含量基本一样，而小麦花后第 28 天，T4 处理的有效磷含量最大。此结果表明，秸秆还田处理的有效磷含量大于无秸秆还田处理，旋耕的有效磷含量处理大于翻耕处理。

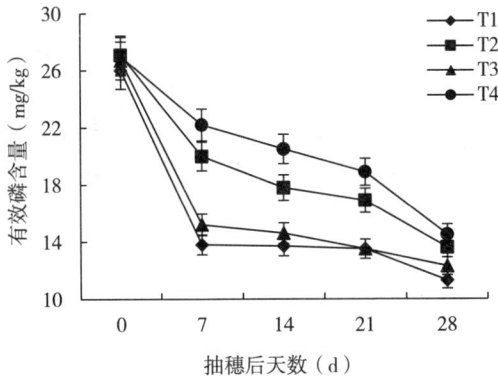

图 3-7　不同耕作方式下土壤有效磷含量

六、不同耕作方式对土壤酶活性的影响

（一）不同耕作方式对土壤蛋白酶活性的影响

由图 3-8 可以看出，在 4 种处理下，蛋白酶的活性呈先升后降再升的趋势，抽穗后 0~7d 呈上升趋势，7~14d 下降，抽穗后 14d 再次上升，且总体上呈现上升趋势。在 4 种耕作方式下，蛋白酶活性表现为：T3>T1>T4>T2。蛋白酶活性在旋耕条件下高于翻耕条件，在无秸秆还田条件下高于秸秆还田条件。

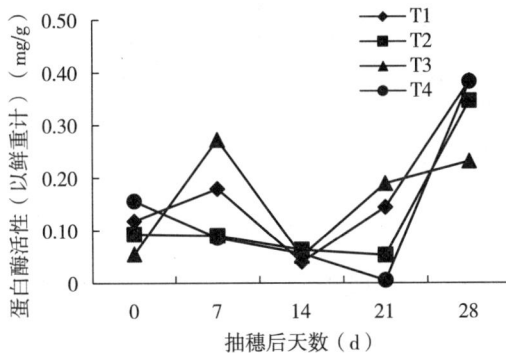

图 3-8　不同耕作方式下土壤蛋白酶活性

（二）不同耕作方式对土壤过氧化氢酶（H_2O_2）活性的影响

由图 3-9 可知，在 4 种处理下，H_2O_2 酶的活性总体呈上升趋势。过氧

化氢酶活性在抽穗后 0～7d 呈明显上升趋势，抽穗后 7～28d 过氧化氢酶活性轻微上下浮动。总体来看，在旋耕条件下，过氧化氢酶活性高于翻耕条件。

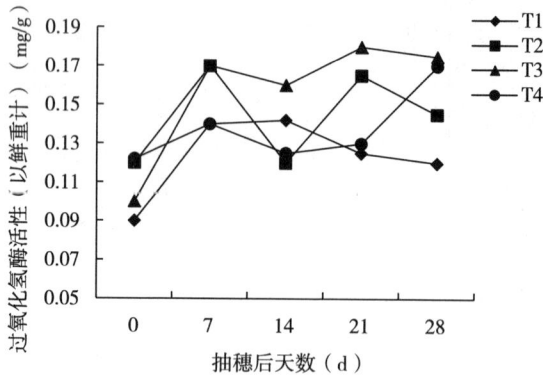

图 3-9　不同耕作方式下土壤过氧化氢酶活性

（三）不同耕作方式对土壤碱性磷酸酶活性的影响

在 4 种处理下，碱性磷酸酶活性的变化趋势大体一致（图 3-10），均在抽穗后 7d 达到最大值。抽穗后 0～7d 呈上升趋势，抽穗后 7～14d 下降，抽穗后 14d 再次上升。其中，各处理间磷酸酶活性表现：T2＞T4＞T1＞T3。

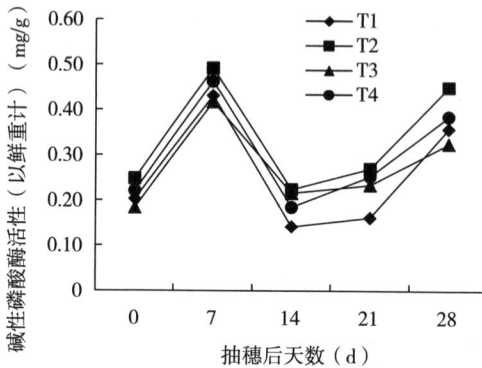

图 3-10　不同耕作方式下土壤碱性磷酸酶活性

（四）不同耕作方式对土壤脲酶活性的影响

图 3-11 表明，总体来看，脲酶的活性变化不大，且均在抽穗后 0～7d 呈上升趋势。在 4 种耕作方式下，抽穗后第 14 天和第 21 天各处理脲酶活性表现为：T1＞T3＞T2＞T4。脲酶活性在翻耕条件下高于旋耕条件，在无秸秆还田

条件下高于秸秆还田条件。

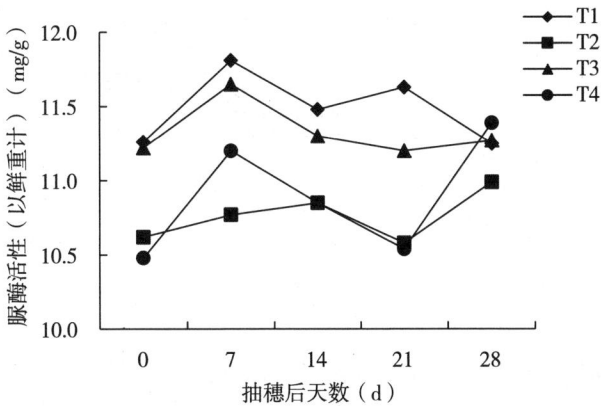

图 3-11　不同耕作方式下土壤脲酶活性

（五）不同耕作方式对土壤转化酶活性的影响

总体来看，转化酶活性大体呈现下降趋势（图 3-12）。在 T3、T4 条件下，转化酶一直呈现下降趋势；在 T1、T2 条件下，转化酶呈现先升后降再升再降的趋势。总体来看，各处理土壤转化酶活性均在抽穗后 7d 达到峰值。

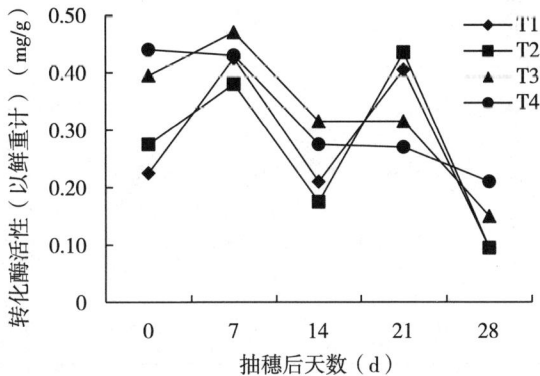

图 3-12　不同耕作方式下土壤转化酶活性

（六）不同耕作方式对土壤脱氢酶活性的影响

由图 3-13 可知，在 4 种处理下，脱氢酶的活性呈上升趋势，在抽穗后 0～14d 脱氢酶活性增幅较小，在抽穗后 14d 开始迅速增加，抽穗后 28d 达到峰值。其中，脱氢酶活性在翻耕条件下高于旋耕，但是其差距并不明显。

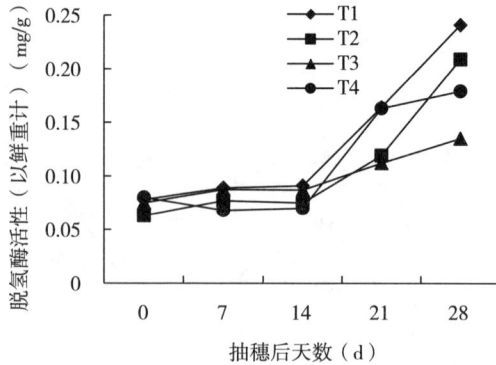

图 3 - 13　不同耕作方式下土壤脱氢酶活性

（七）不同耕作方式对水分利用效率的影响

由表 3 - 5 可以看出，4 种耕作方式水分利用效率存在较大差异，以免耕覆盖为最高，深松覆盖次之，传统耕作再次，一次深翻最低，经差异显著性分析，免耕覆盖和深松覆盖差异不显著，但均显著高于传统耕作。说明免耕覆盖和深松覆盖具有提高土壤水分利用效率的作用，分别比传统耕作水分利用效率提高了 15.57% 和 10.30%。

表 3 - 5　不同耕作方式对水分利用效率的影响

处理	播前土壤贮水（mm）	收获土壤贮水（mm）	生育期降水（mm）	总耗水（mm）	产量（kg/hm²）	水分利用效率［kg/（hm²·mm）］
一次深翻（RT）	310.93a	99.17a	104.50	316.26c	4 574.07a	14.46a
免耕覆盖（NT）	320.16c	129.99c	104.50	294.67a	5 291.67c	17.96b
深松覆盖（ST）	316.45b	114.83b	104.50	306.12b	5 245.37c	17.14b
传统耕作（CT）	312.64a	108.14ab	104.50	309.00b	4 800.93b	15.54a

第二节　不同耕作方式对小麦结实期生理特性的影响

一、不同耕作方式对小麦叶片渗透调节物质的影响

（一）不同耕作方式对小麦叶片可溶性糖含量的影响

从图 3 - 14 可以看出，小麦在抽穗后，4 种处理下的可溶性糖含量均呈先

上升后下降的趋势，可溶性糖含量在 0～14d 逐渐上升，在 14d 时含量达到最大，之后可溶性糖含量逐渐降低。同一测定时期，各处理的可溶性糖含量有所不同，以秸秆还田翻耕处理下的小麦叶片中的可溶性含量为最高，秸秆还田旋耕次之，无秸秆还田翻耕、无秸秆还田旋耕可溶性糖含量则较低。各处理在小麦抽穗 7～21d 内可溶性糖变化较大，21d 后变化不明显。

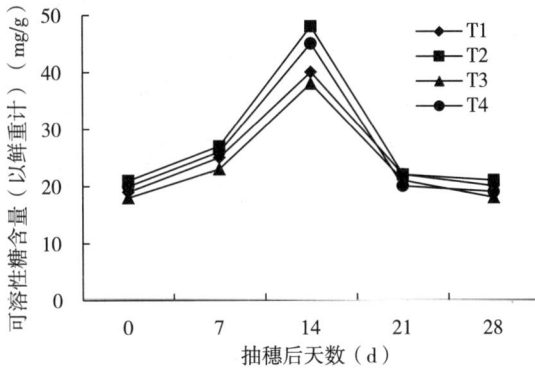

图 3-14　不同耕作方式下小麦叶片可溶性糖含量

（二）不同耕作方式对小麦叶片可溶性蛋白质含量的影响

图 3-15 表明，抽穗后，小麦叶片中的可溶性蛋白质含量均呈先升后降的趋势，各处理均在抽穗后第 7d 达到峰值，之后逐渐下降。在可溶性蛋白质含量变化过程中，小麦抽穗后 0～7d 可溶性蛋白质含量变化最大。其中，秸秆还田处理蛋白质含量明显高于无秸秆还田处理。小麦抽穗后，秸秆还田翻耕蛋白质含量变化较大，秸秆还田旋耕和无秸秆还田翻耕次之，无秸秆还田旋耕蛋白质含量变化则不明显。

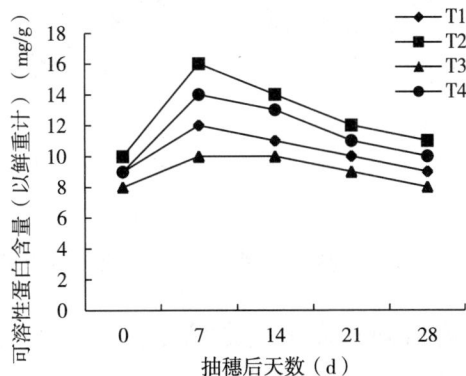

图 3-15　不同耕作方式下叶片可溶性蛋白质含量

（三）不同耕作方式对小麦叶片脯氨酸含量的影响

小麦抽穗后，在0～14d内随着小麦的生长发育，各处理下脯氨酸含量均呈现先升后降的趋势（图3-16），第14天达到峰值。处理间比较，秸秆还田翻耕和秸秆还田旋耕脯氨酸含量明显高于无秸秆还田翻耕和无秸秆还田旋耕。此对比结果表明脯氨酸对蛋白质的形成起着非常重要的促进作用，能延缓叶片的衰老。

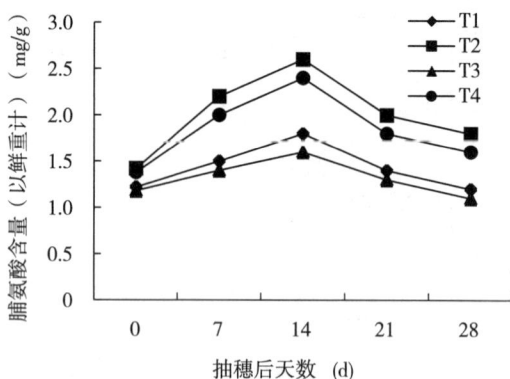

图 3-16 不同耕作方式下小麦叶片脯氨酸含量

（四）不同耕作方式对小麦叶片氨基酸含量的影响

从图3-17可以看出，小麦抽穗后0～14d叶片中的氨基酸含量逐渐上升，第14天达到峰值，此后持续下降。各处理下，秸秆还田翻耕、无秸秆还田翻耕和无秸秆还田旋耕氨基酸变化较为平缓。氨基酸含量高对增强植物对逆境的抵抗力以及提升植物的抗病虫害能力有重要作用。

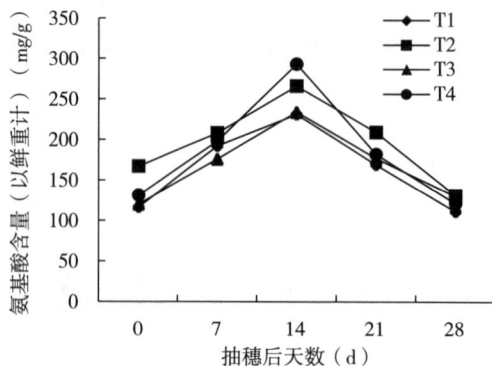

图 3-17 不同耕作方式下小麦叶片氨基酸含量

二、不同耕作方式对小麦叶片酶活性的影响

（一）不同耕作方式对小麦叶片超氧化物歧化酶（SOD）活性的影响

超氧化物歧化酶普遍存在于动植物体内，是一种清除超氧阴离子自由基的

酶，较高的超氧化物歧化酶活性是植物抵抗逆境胁迫的生理基础。由图 3-18 可看出，随着抽穗后天数的增加，不同处理间比较，小麦叶片的 SOD 活性均呈现先缓慢上升后急剧下降的趋势。同一测定时期，SOD 活性以 T2 为最大，T3 最小，总体表现为 T2>T4>T1>T3，各处理间差异不明显。从整体上来看，秸秆还田处理下 SOD 活性要高于无秸秆还田处理下的 SOD 活性，翻耕处理下的 SOD 活性大于旋耕处理下的 SOD 活性，即秸秆还田翻耕能提高小麦旗叶 SOD 酶活性，其抗氧化性要高于其他处理，更能缓解生物膜破坏程度。

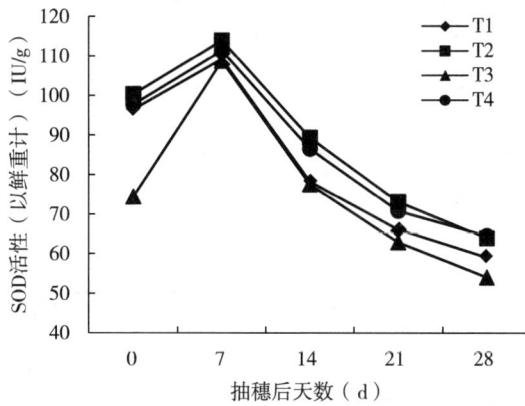

图 3-18　不同处理下 SOD 活性

（二）不同耕作方式对小麦叶片过氧化物酶（POD）活性的影响

由图 3-19 可以看出，随着抽穗后天数的增加，不同处理相比较，小麦叶片的 POD 活性均呈现先上升后下降的趋势，各测定时期均以 T2 为最大，总体表现为 T2>T4>T1>T3。从整体上来看，秸秆还田处理下 POD 活性要高于无秸秆还田处理下的 POD 活性，翻耕处理下的 POD 活性大于旋耕处理下

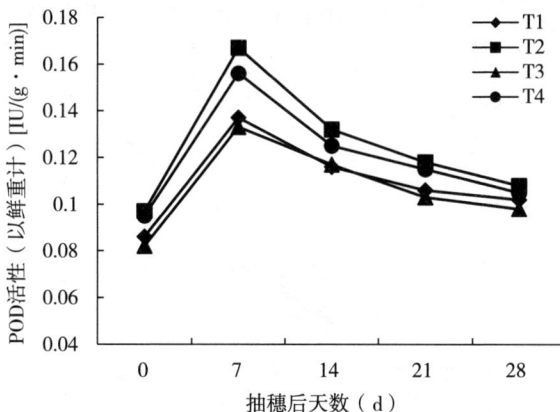

图 3-19　不同处理下 POD 活性

的 POD 活性，即秸秆还田翻耕时能提高小麦旗叶 POD 酶活性，更有利于清除 H_2O_2，增强小麦对逆境的适应。

（三）不同耕作方式对小麦叶片过氧化氢酶（CAT）活性的影响

过氧化氢酶属于血红蛋白酶，其作用机制是使 H_2O_2 分解转化为 H_2O 和 O_2 的过程加快。图 3-20 表明，随着抽穗后天数的增加，不同处理相比较，小麦叶片的 CAT 活性均呈现先上升后下降的趋势，各测定时期，总体表现为 T2＞T4＞T1＞T3。CAT 活性以 T2 为最高，从整体上来看，秸秆还田处理下 CAT 活性要高于无秸秆还田处理下的 CAT 活性，翻耕处理下的 CAT 活性大于旋耕处理下的 CAT 活性，即秸秆还田翻耕时更有利于提高小麦旗叶 CAT 酶活性，有利于清除 H_2O_2，缓解生物膜的过氧化作用，维持较强膜功能。

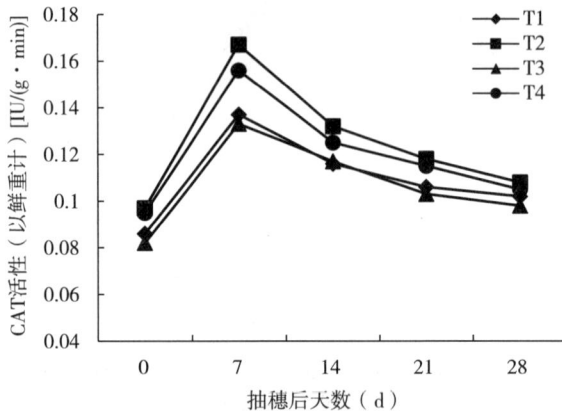

图 3-20　不同处理下 CAT 活性

（四）不同耕作方式对小麦叶片丙二醛（MDA）含量的影响

丙二醛是膜脂过氧化产物，植物体中 MDA 含量可以体现出植物遭受氧化的程度。从图 3-21 可以看出，随着抽穗后时间的增加，MDA 含量

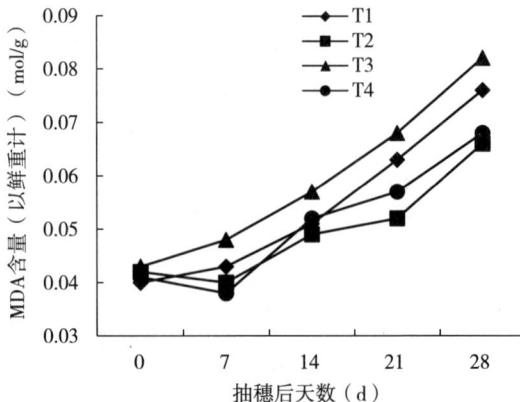

图 3-21　不同处理下 MDA 含量

呈现各种程度的增加。小麦叶片的 MDA 含量，各处理均以抽穗期为最低，总体表现为 T3＞T1＞T4＞T2。MDA 含量以 T3 为最高，从整体上来看，秸秆还田处理下，MDA 含量低于无秸秆还田，翻耕处理下的 MDA 含量低于旋耕处理，即秸秆还田翻耕处理下积累的活性氧较少，生物膜破坏程度较小。

三、不同耕作方式对小麦根系渗透调节物质的影响

（一）不同耕作方式对小麦根系可溶性糖含量的影响

由图 3‐22 可以看出，随着抽穗天数的增加小麦根系中可溶性糖含量均呈先升高后降低的趋势，在抽穗后 0～21d 增加，且在第 21 天达到峰值，然后迅速降低。各测定时期，可溶性糖含量总体表现为 T2＞T4＞T1＞T3。抽穗后 21d，秸秆还田条件下，翻耕和旋耕的可溶性糖含量差异显著（p＜0.05）；旋耕条件下，秸秆还田与无秸秆还田的可溶性糖含量差异显著（p＜0.05）。试验表明，可溶性糖含量翻耕高于旋耕，可能翻耕较旋耕更有利于蓄水保墒。

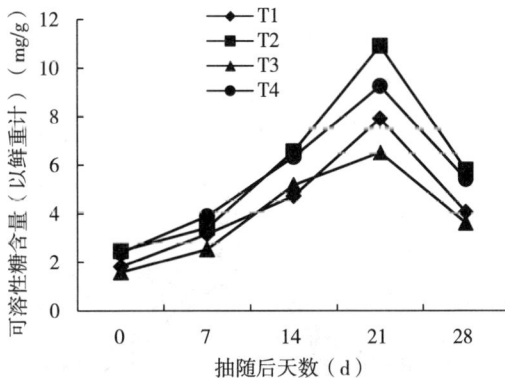

图 3‐22　不同处理下可溶性糖含量

（二）不同耕作方式对小麦根系可溶性蛋白质含量的影响

图 3‐23 表明，随着抽穗天数的增加小麦根系中可溶性蛋白质的含量均先升高后降低，秸秆还田处理增幅较大。可溶性蛋白质含量在小麦抽穗后 0～14d 升高，第 14 天达到峰值，之后逐渐下降。各测定时期，可溶性蛋白质含量总体表现为 T2＞T4＞T1＞T3。秸秆还田条件下，翻耕和旋耕的可溶性蛋白质含量差异显著（p＜0.05）；翻耕条件下，秸秆还田与无秸秆还田的可溶性蛋白质含量差异显著（p＜0.05）。结果表明，秸秆还田和翻耕可以有效提高小麦根系可溶性蛋白质含量。

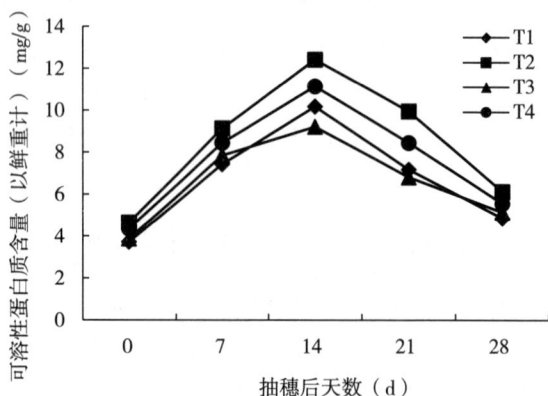

图 3-23　不同处理下可溶性蛋白质含量

（三）不同耕作方式对小麦根系氨基酸含量的影响

图 3-24 表明，随着抽穗天数的增加小麦根系中氨基酸含量均先升高后降低，而且其增加幅度随抽穗天数的增加而增加，在抽穗后 0～14d 迅速升高，在抽穗后第 14 天达到最高，之后又迅速下降。各测定时期，氨基酸含量总体表现为 T2＞T4＞T1＞T3。抽穗后 14d，秸秆还田条件下，翻耕和旋耕的氨基酸糖含量差异显著（$p<0.05$）；翻耕条件下，秸秆还田与无秸秆还田的氨基酸含量差异显著（$p<0.05$）。因此秸秆还田和翻耕可以提高小麦的氨基酸含量。

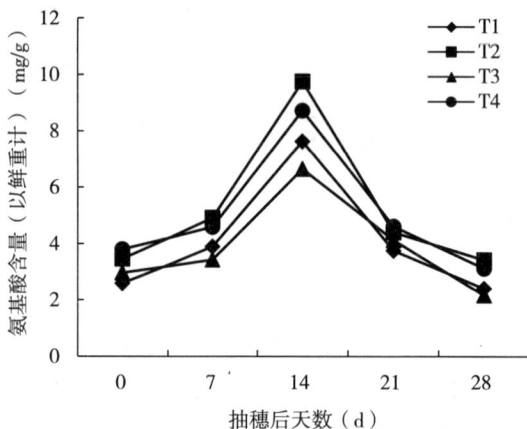

图 3-24　不同处理下氨基酸含量

（四）不同耕作方式对小麦根系脯氨酸含量的影响

由图 3-25 可知，各处理小麦根系脯氨酸含量随着抽穗天数的增加均呈先升后降趋势，上升速度随抽穗天数的增加而减慢，抽穗后第 21 天达到峰值，然后迅速降低。各测定时期，脯氨酸含量总体表现为 T2＞T4＞T1＞T3。除抽穗后第 28 天外，秸秆还田条件下，翻耕和旋耕的脯氨酸含量差异显著

（$p<0.05$）；翻耕条件下，秸秆还田与无秸秆还田的脯氨酸含量差异显著（$p<0.05$）。研究表明翻耕有蓄水保墒的效果，能够使小麦在旱地更好地生长发育。

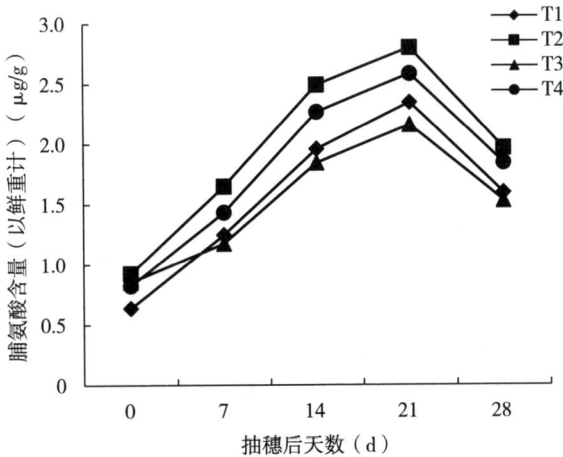

图 3-25　不同处理下脯氨酸含量

（五）不同耕作方式对小麦根系 MDA 含量的影响

图 3-26 表明，随着抽穗后天数的增加，小麦根系中的 MDA 含量都有不同程度的变化。抽穗初期，T4 小麦根系中 MDA 含量远高于其他处理。小麦抽穗后 0～7d，T1 的 MDA 含量上升明显，而其他处理的 MDA 均处于下降趋势。在小麦抽穗后 7～14d，T3 和 T1 的 MDA 含量上升，而 T4 和 T2 的 MDA 含量则呈下降趋势。在小麦生育后期，T4 和 T2 试验田的 MDA 含量处于上升趋势，而 T3 和 T1 的 MDA 含量持续下降。结果表明，秸秆还田处理根系中 MDA 的含量要高于非秸秆还田处理。

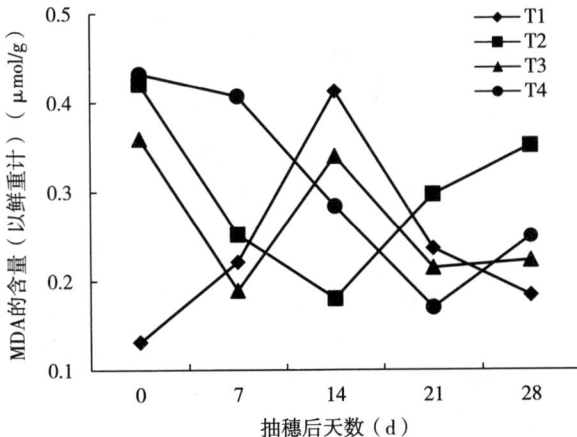

图 3-26　不同处理下的 MDA 含量

（六）不同耕作方式对小麦根系过氧化物酶（POD）活性的影响

小麦抽穗后 0～7d，各处理根系中 POD 活性均处于下降趋势（图 3 - 27）。小麦抽穗后 7～14d，T4 和 T2 的 POD 活性明显增加，而 T3 和 T1 的 POD 活性均呈下降趋势。抽穗后 14～28d，T4 的 POD 活性呈持续下降趋势，T2 的 POD 活性呈先下降后上升趋势，T3 和 T1 的 POD 活性呈持续上升趋势。结果表明，无秸秆还田翻耕处理根系的 POD 活性最低。

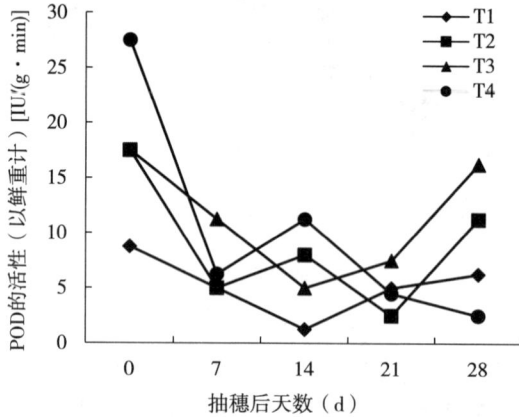

图 3 - 27　不同处理下 POD 活性

（七）不同耕作方式对小麦根系过氧化氢酶（CAT）活性的影响

从图 3 - 28 可以看出，T4 根系的 CAT 活性先上升后下降，T2 根系的 CAT 活性始终处于上升趋势，T3 的根系的 CAT 活性呈先上升后下降再上升的趋势，T1 的根系的 CAT 活性先上升然后缓慢下降。结果显示，秸秆还田处理的根系的 CAT 活性高于非秸秆还田，翻耕处理的根系 CAT 活性高于旋耕处理。

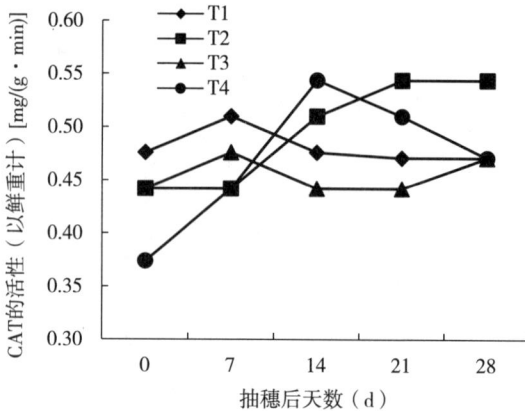

图 3 - 28　不同耕作方式下的 CAT 活性

（八）不同耕作方式对小麦根系超氧化物歧化酶（SOD）活性的影响

T1 的 SOD 活性呈先升后降的趋势（图 3-29），T2 和 T3 的 SOD 活性呈先上升后下降再上升再下降的趋势，T4 的 SOD 活性呈下降后上升再下降的趋势。结果表明，秸秆还田处理的根系 SOD 活力要比非秸秆还田的处理高，旋耕的根系 SOD 活力比翻耕变化幅度大。

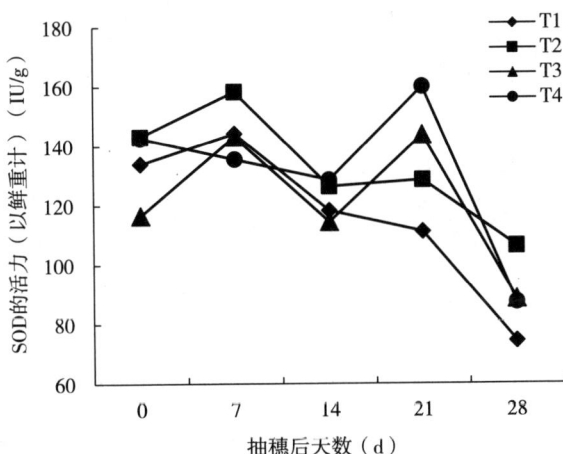

图 3-29　不同处理下 SOD 活性

第三节　不同耕作方式对小麦产量形成
及籽粒品质的影响

一、不同耕作方式对小麦光合性状的影响

（一）不同耕作方式对小麦叶面积指数的影响

由图 3-30 可以看出，不同耕作方式对冬小麦叶面积指数的影响不同，免耕覆盖和一次深翻处理叶面积系数呈双峰曲线，第一个峰值出现在越冬期，第二个峰值出现在拔节期；深松覆盖和传统耕作呈单峰曲线，峰值出现在拔节期。拔节期峰值的高低为传统耕作＞一次深翻＞免耕覆盖＞深松覆盖，传统耕作、一次深翻和免耕覆盖间差异不显著，但与深松覆盖差异均达到显著水平。

耕作方式间比较，冬前期至拔节期，深松覆盖叶面积指数一直低于其他耕作处理；挑旗期至灌浆中期，免耕覆盖能维持较高的叶面积指数，降低速度较缓慢，深松覆盖次之，传统耕作再次，一次深翻下降最快。经方差分析，开花期和灌浆中期深松覆盖叶面积指数显著高于一次深翻和传统耕作，低于免耕覆盖，但差异不显著。成熟期叶面积指数传统耕作＜一次深翻＜免耕覆盖＜深松覆盖，各处理间差异不显著。

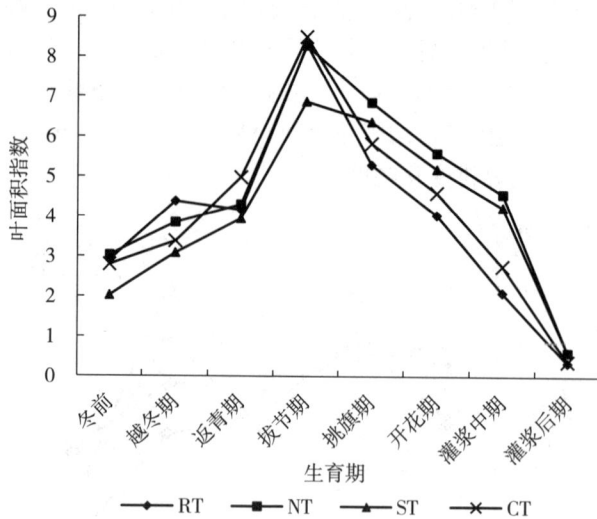

图 3-30　不同耕作方式对小麦叶面积指数的影响

注：RT，一次深翻（收获时保留 10～15cm 残茬并且打场后秸秆不还田，深翻并同时耙磨）；NT，免耕覆盖（收割时留 30cm 残茬，秸秆还田）；ST，深松覆盖（收获时保留 30cm 残茬，间隔 60cm 深松 30～35cm，秸秆还田）；CT，传统耕作（收获时保留 5～6cm 的残茬，秸秆和麦穗带走）。

（二）不同耕作方式对小麦旗叶叶绿素（chl）含量的影响

4 种耕作方式小麦花后叶绿素含量均随灌浆进程的推进呈先升后降的变化特征（图 3-31），灌浆前期维持较高的叶绿素含量水平，而花后 15d 急剧下降，至花后 30d 时叶绿素已基本完全降解。耕作方式间比较，一次深翻叶绿素含量前期上升最快，达到高峰时间早，花后 5d 开始下降，传统耕作次之，峰值出现在花后 10d，而深松覆盖和免耕覆盖在花后 15d 时才达到最大，且各处

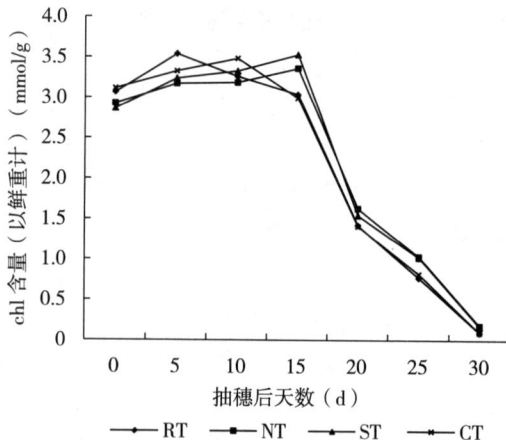

图 3-31　不同耕作方式对小麦旗叶叶绿素含量的影响

理峰值间差异不显著。深松覆盖和免耕覆盖叶绿素含量达到峰值前低于一次深翻和传统耕作，但达到峰值后能维持较高的叶绿素含量，一直高于一次深翻和传统耕作，说明深松覆盖和免耕覆盖能延缓叶绿素的降解，维持较高的叶绿素含量，从而保证其有较长的叶片功能持续期，为籽粒中积累更多的光合产物提供了源头保证。

（三）不同耕作方式对小麦旗叶光合特性的影响

Fv/Fo 代表 PSⅡ潜在活性；Fv/Fm 代表原初光能转化率与 PSⅡ潜在量子效率，又称为"PSⅡ最大光化学效率"，其值大小与光合电子传递活性成正比。φPSⅡ是 PSⅡ的实际光化学效率，反映叶片用于光合电子传递的能量占所吸收光能的比例，是 PSⅡ反应中心部分关闭时的光化学效率。光抑制程度（$1-qP/qN$）可作为可能发生光抑制的指标，其值越大，说明发生光抑制的可能性越大。由表 3-6 可以看出，灌浆中后期旗叶净光合速率深松覆盖显著高于一次深翻，高于传统耕作和免耕覆盖但差异不显著，分别比一次深翻、免耕覆盖和传统耕作提高了 13.54%、8.82% 和 5.48%。PSⅡ潜在活性深松覆盖、免耕覆盖、一次深翻间差异不显著，但均显著高于传统耕作，以深松覆盖效果为最好，比传统耕作提高了 26.72%。PSⅡ最大光化学效率深松覆盖显著高于免耕覆盖和传统耕作，分别比一次深翻、免耕覆盖和传统耕作提高了 0.55%、3.69% 和 4.88%。PSⅡ的实际光化学效率免耕覆盖最大，光抑制程度深松覆盖较强，但 PSⅡ的实际光化学效率和光抑制程度各处理间差异均不显著。

表 3-6　不同耕作方式对小麦灌浆中后期光合特性的影响

处理	Pn	Fv/Fo	Fv/Fm	φPSⅡ	$1-qP/qN$
一次深翻（RT）	11.52a	5.89b	0.85bc	0.16a	0.67a
免耕覆盖（NT）	12.02ab	5.61b	0.83ab	0.17a	0.64a
深松覆盖（ST）	13.08b	6.07b	0.86c	0.16a	0.68a
传统耕作（CT）	12.40ab	4.79a	0.82a	0.16a	0.65a

（四）不同耕作处理下小麦籽粒灌浆曲线模拟

从表 3-7 可知，不同耕作方式下小麦的灌浆系数均在 0.95 以上，配合度高。最终生长量在灌浆期间不同处理下均表现出增长趋势。主要表现为同一耕作方式下，秸秆不还田大于还田，同一秸秆还田处理下，旋耕处理大于翻耕处理。与还田处理相比，不还田处理下籽粒的生长量在灌浆期间均有所减少。从图 3-32 可知，在小麦抽穗后 5~10d 内，不同耕作方式下的小麦灌浆速率差异不大，粒重差距不明显。在 10~25d 内，随着灌浆速率增大，干物质积累不断增多，粒重差异逐渐趋于明显，不同处理下的小麦籽粒增长速率开始出现明显优势。25d后粒重增长缓慢。还田和翻耕处理下小麦籽粒的灌浆速率明显高于不还田和旋耕处理，还田对小麦籽粒的灌浆更加有利，翻耕下的小麦生长优势较旋耕明显。试验表明，在秸秆还田翻耕处理下的灌浆表现较好。

表 3 - 7　不同处理下小麦籽粒灌浆 Logistic 曲线参数

处理	A	B	K	R	R^2
T1	4.099	0.046	0.083	0.997	0.996
T2	4.219	0.053	0.082	0.996	0.994
T3	4.188	0.048	0.086	0.998	0.998
T4	4.278	0.051	0.084	0.995	0.992

注：秸秆还田翻耕（T1）、秸秆不还田翻耕（T2）、秸秆还田旋耕（T3）、秸秆不还田旋耕（T4），下同。

A，理论最大百粒重；B、K，方程参数；R，相关系数；R^2，决定系数。

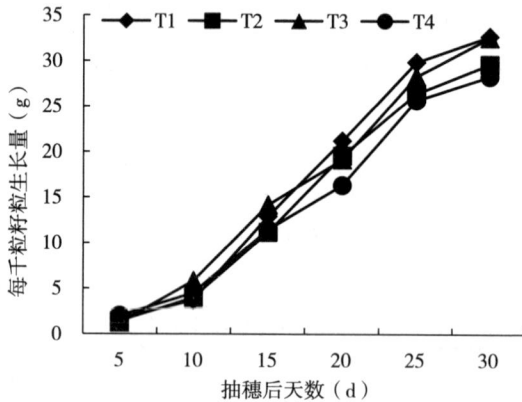

图 3 - 32　不同处理小麦籽粒生长量的增重过程

（五）不同耕作处理下小麦籽粒灌浆参数

由表 3 - 8 可知，最大灌浆速率出现的时间表现为秸秆还田翻耕出现最大灌浆速率所需时间最长，秸秆还田旋耕次之，最短的是秸秆不还田旋耕。秸秆不还田旋耕的最大灌浆速率出现时间最早，比秸秆还田翻耕早 3.37d，比秸秆还田旋耕早 1.92d，比秸秆不还田翻耕早 1.08d。秸秆还田翻耕比秸秆不还田翻耕晚 2.29d，秸秆还田旋耕比秸秆不还田旋耕晚 1.92d。即秸秆还田翻耕出现最大灌浆速率的时间比其他 3 种耕作方式都要晚。最大灌浆速率和平均灌浆速率均表现为秸秆不还田灌浆速率小于秸秆还田，旋耕灌浆速率比翻耕小，表现为秸秆不还田旋耕＜秸秆还田旋耕＜秸秆不还田翻耕＜秸秆还田翻耕。灌浆持续期表现为秸秆不还田旋耕灌浆持续时间短，约为 26.243d。秸秆还田翻耕灌浆持续时间最长，约为 39.332d。秸秆还田旋耕灌浆持续时间与秸秆不还田旋耕相差不大，约晚 0.414d，秸秆不还田翻耕灌浆速率持续时间约比秸秆还田翻耕早 8.603d。初始灌浆速率，秸秆不还田翻耕处理与秸秆不还田旋耕灌浆速率差别不大，秸秆还田翻耕处理与秸秆还田旋耕处理差别也非常小。但秸秆还田与不还田间，翻耕与旋耕间有较大差异。

表 3-8　不同处理小麦籽粒灌浆的特性参数

处理	T_{max}	G_{max}	$\bar{G}$	G_0	D
T1	23.01	0.389	0.098	11.978	39.332
T2	20.72	0.368	0.096	8.718	30.729
T3	21.56	0.363	0.090	11.520	26.657
T4	19.64	0.362	0.090	8.581	26.243

注：T_{max}，出现最大灌浆速率；G_{max}，最大灌浆速率；$\bar{G}$，平均灌浆速率；G_0，起始生长势；D，灌浆活跃期。

（六）小麦灌浆参数和籽粒千粒重相关性分析

由表 3-9 可以看出，灌浆速率与千粒重的曲线是一条成正比的曲线，即灌浆速率越大，千粒重越大，由此可知，灌浆速率与小麦籽粒的干物质积累量也呈正相关。并且经由 SPSS 软件分析处理不同的变量有着不同的相关性，上表几个变量之间的相关性都非常强，相关性的绝对值越接近 1，说明两个变量之间有着更亲密的一对一关系，一个的增重与另外 个息息相关。试验表明，最大灌浆速率是影响小麦最终千粒重的重要因素。

表 3-9　小麦灌浆参数与籽粒千粒重的相关性分析

项目	T_{max}	R_{max}	T	R_{mean}	D
T_{max}	1				
R_{max}	−0.973	1			
T	0.973	−0.965	1		
R_{mean}	−0.927	1	−0.965	1	
D	0.943	−0.994	0.952	−0.985	1
Y	−0.502	0.989 *	−0.504	−0.430	0.463

注：T_{max}，最大灌浆速率出现的时间；R_{max}，灌浆的最大速率；T，灌浆阶段持续的时间；R_{mean}，平均灌浆速率；D，灌浆活跃期；Y，最终的千粒重。

（七）不同耕作处理下小麦籽粒灌浆速率的变化

由图 3-33 可以看出，不同处理下的小麦灌浆速率变化趋势是先上升后迅速下降，呈现出"慢—快—慢"的曲线变化规律。灌浆初期灌浆速率变化不太明显。灌浆中期开始便显出差异。灌浆过程中各处理的灌浆速率都在增大，各播种方式下籽粒灌浆速率都在 20d 左右出现最大值，随后灌浆速率开始缓慢增长。从表中还可以清晰地看出，秸秆还田翻耕首先达到最大灌浆速率，且灌浆各个时期的速率均表现为最大，说明其具有更强的灌浆优势。

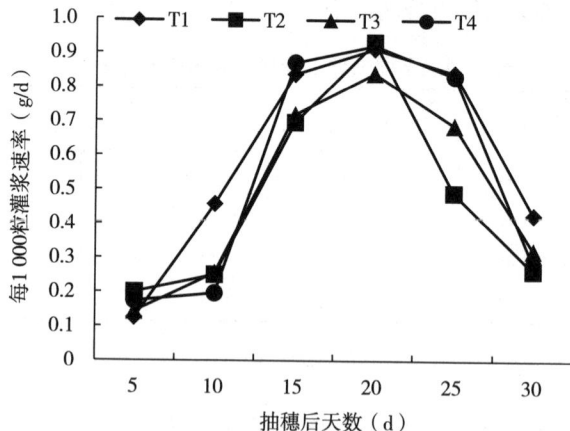

图 3-33　不同处理下小麦籽粒灌浆速率变化趋势

二、不同耕作方式对小麦干物质积累与分配的影响

（一）不同耕作方式对小麦干物质积累的影响

由图 3-34 可以看出，不同耕作方式小麦生物干重的变化均呈"慢—快—慢"的趋势，拔节前缓慢，之后迅速增长，尤其以深松覆盖和免耕覆盖效果最

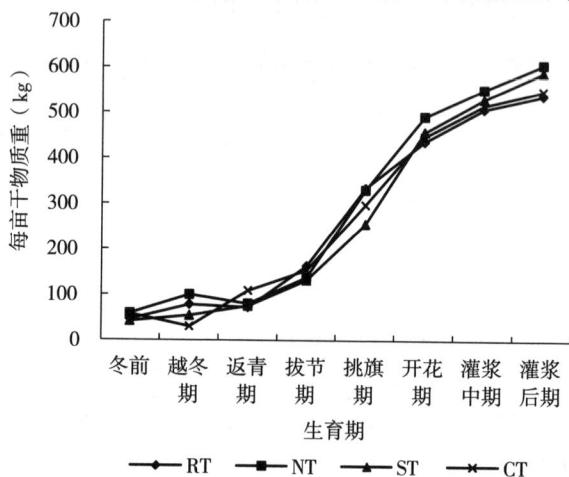

图 3-34　不同耕作方式对小麦干物质积累的影响

注：RT，一次深翻（收获时保留 10～15cm 残茬并且打场后秸秆不还田，深翻并同时耙磨）；NT，免耕覆盖（收割时留 30cm 残茬，秸秆还田）；ST，深松覆盖（收获时保留 30cm 残茬，间隔 60cm 深松 30～35cm，秸秆还田）；CT，传统耕作（收获时保留 5～6cm 的残茬，秸秆和麦穗带走）。

为明显，开花后变慢，但一直呈增长趋势。花前小麦生物干重深松覆盖小于其他耕作处理，挑旗期最明显，比传统耕作低16.5％，比免耕覆盖低29.4％，与其他处理间差异均达到显著水平。生物干重花后一直表现为免耕覆盖＞深松覆盖＞传统耕作＞一次深翻，成熟期免耕覆盖和深松覆盖分别比传统耕作高7.5％和7.3％，覆盖处理与未覆盖处理间差异达显著水平。说明深松覆盖和免耕覆盖能有效延缓小麦生育后期植株衰老，提高小麦干物质积累能力，增加小麦生物干重，起到了增源的作用。

（二）不同耕作方式对小麦籽粒干物质积累的影响

由图3-35可以看出，4种耕作方式中籽粒干重增长均呈"慢—快—慢"的变化特征，花后0～15d深松覆盖和免耕覆盖较低，但各处理间差异不大，之后深松覆盖和免耕覆盖增长速度较快，花后25d后籽粒干重一直高于传统耕作和一次深翻。花后35d时差异最大，以深松覆盖为最高，免耕覆盖次之，一次深翻再次，传统耕作最低，深松覆盖显著高于传统耕作，其他处理间差异不显著。

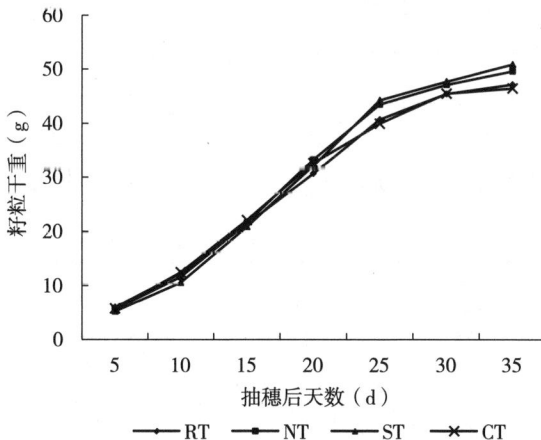

图3-35　不同耕作方式对小麦籽粒干物质积累的影响

（三）不同耕作方式对灌浆后期小麦干物质分配的影响

表3-10结果显示，4种耕作方式小麦成熟期各器官分配指数变化均表现为穗＞籽粒＞茎＞鞘＞穗轴＋颖壳＞叶。叶、茎中分配指数，以深松覆盖为最高，与一次深翻、传统耕作间差异显著；鞘的分配指数深松覆盖最低，免耕覆盖次之，一次深翻再次，传统耕作最高，各处理间差异不显著；免耕覆盖和深松覆盖穗轴＋颖壳分配指数较大，而籽粒分配指数较小；穗的分配指数深松覆盖显著低于传统耕作，传统耕作＜免耕覆盖＜一次深翻，经方差分析差异未达显著水平。

表 3-10 不同耕作方式对灌浆后期小麦干物质分配指数的影响（%）

处理	叶	茎	鞘	籽粒	穗轴＋颖壳	穗
一次深翻 （RT）	6.185a	21.379a	11.438a	53.321b	7.677a	60.998b
免耕覆盖 （NT）	6.685ab	21.476a	11.158a	50.839a	9.842b	60.681b
深松覆盖 （ST）	7.080b	23.599b	11.016a	49.870a	8.436ab	58.306a
传统耕作 （CT）	6.263a	21.499a	11.795a	52.278b	8.165a	60.443b

三、不同耕作方式对小麦籽粒产量及其构成因素的影响

由表 3-11 可以看出，不同耕作方式下产量表现为，秸秆还田翻耕＞秸秆还田旋耕＞秸秆不还田翻耕＞秸秆不还田旋耕。即洛旱 6 号在秸秆还田翻耕栽培模式下产量是最高的，在秸秆不还田旋耕条件下产量最低。秸秆还田翻耕比秸秆不还田翻耕产量高 541.9kg/hm²，比秸秆还田旋耕产量高 384.4kg/hm²，比秸秆不还田旋耕产量高 938.4kg/hm²。T1 千粒重大于 T2，T3 千粒重大于T4。T1 和 T3 的千粒重大于 T2 和 T4，即 T3＞T1＞T4＞T2。由此可以得出，采用秸秆还田的耕作方式可以提高小麦的产量，翻耕的栽培模式优势大于旋耕。

表 3-11 不同耕作方式下小麦产量及其构成因素

处理	穗数 （万穗/hm²）	穗粒数	千粒重（g）	产量（kg/hm²）
T1	452.6a	30.2a	40.1a	5 449.6a
T2	402.5c	30.4a	37.1b	4 907.7bc
T3	425.8bc	29.5a	40.4a	5 065.2b
T4	434.7b	28.7a	38.0b	4 511.2c

注：T1，秸秆还田翻耕；T2，秸秆不还田翻耕；T3，秸秆还田旋耕；T4，秸秆不还田旋耕。

由表 3-12 可知，不同耕作方式间产量及其构成因素存在明显差异，有效穗数免耕覆盖显著高于其他耕作处理，深松覆盖高于一次深翻和传统耕作，但差异不显著。穗粒数深松覆盖显著高于其他耕作处理，分别比一次深翻、免耕覆盖和传统耕作高 10.21%、6.05%、7.13%；千粒重深松覆盖显著高于传统耕作，比传统耕作高出 4.37%，差异达到显著水平，与一次深翻和免耕覆盖差异不显著。产量免耕覆盖和深松覆盖间差异不明显，分别比传统耕作高10.22%和 9.26%，差异达显著水平，传统耕作亦显著高于一次深翻。

表 3-12　不同耕作方式对产量构成因素的影响

处理	有效穗数 （万穗/hm²）	穗粒数	千粒重 （g）	产量 （kg/hm²）	比 CT 高 （%）
一次深翻（RT）	440.00a	34.00a	47.27ab	4 574.07a	−4.73
免耕覆盖（NT）	485.00b	35.35a	48.17ab	5 291.67c	10.22
深松覆盖（ST）	441.50a	37.48b	48.80b	5 245.37c	9.26
传统耕作（CT）	440.00a	34.99a	46.75a	4 800.93b	—

四、不同耕作方式对小麦籽粒中物质含量的影响

（一）不同耕作方式对小麦籽粒中可溶性糖含量的影响

由图 3-36 可以看出，不同耕作方式下小麦籽粒中可溶性糖含量存在明显差异，具体表现为 T3＞T1＞T4＞T2。无论秸秆是否还田，旋耕处理的籽粒可溶性糖含量均高于翻耕处理；与翻耕相比，秸秆还田和无还田条件下，旋耕处理的可溶性糖含量分别增加了 6.5% 和 4.6%。无论是翻耕还是旋耕，秸秆还田处理的可溶性糖含量均低于秸秆不还田处理；相比与秸秆还田，翻耕和旋耕条件下，无秸秆还田的可溶性糖含量分别增加了 15.4% 和 17.4%。表明，无秸秆还田和旋耕的耕作措施有利于小麦籽粒可溶性糖积累。

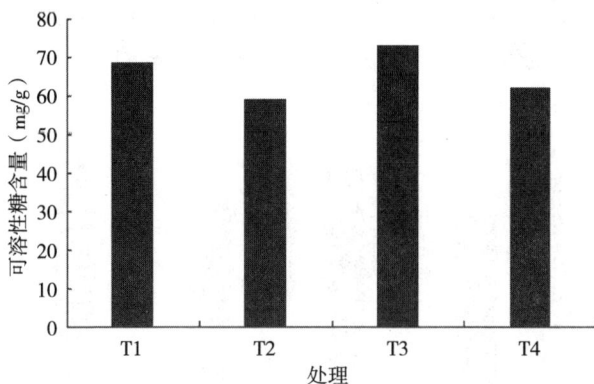

图 3-36　不同耕作方式下籽粒中可溶性糖含量

（二）不同耕作方式对小麦籽粒中氮素积累量的影响

图 3-37 表明，不同处理下小麦籽粒中氮素积累量存在明显差异，具体表现为 T4＞T2＞T3＞T1。不论是否秸秆还田，旋耕处理下的籽粒氮素积累量均高于翻耕处理。与翻耕处理作对比发现，秸秆还田和无秸秆还田条件下，旋耕处理下的氮素积累量均高于翻耕处理，分别高出 2.2% 和 7.7%。无论旋耕还是翻耕处理，秸秆还田处理下籽粒氮素积累量都要高出无秸秆还田处理，分别增加了 4.6% 和 10.3%。由此表明，秸秆还田相对于无秸秆还田、旋耕相对

于翻耕更有利于籽粒中氮素的积累。

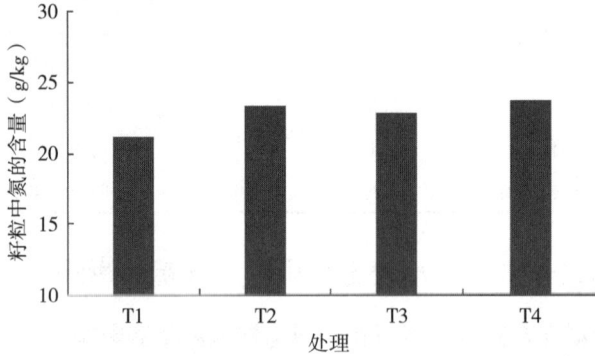

图 3-37　不同耕作方式下籽粒中氮含量

（三）不同耕作方式对小麦籽粒中钾素积累量的影响

处理间比较，小麦籽粒中钾素积累量与氮素积累量基本一致，表现为 T4、T2、T3、T1 依次减少（图 3-38）。不论有无秸秆还田，小麦籽粒中钾素的积累量均表现为旋耕大于翻耕，T3 处理比 T1 处理增加了 7.2%，T4 处理比 T2 处理增加了 13.1%。同样无论是旋耕还是翻耕处理，秸秆不还田条件下小麦籽粒中钾素积累量均低于秸秆还田条件，T2 处理比 T1 处理增加了 21.4%，T4 处理比 T3 处理增加了 28.1%。表明，在这 4 种耕作方式中，秸秆还田旋耕处理下的籽粒中的钾素积累量最高，最有利于钾素的积累。

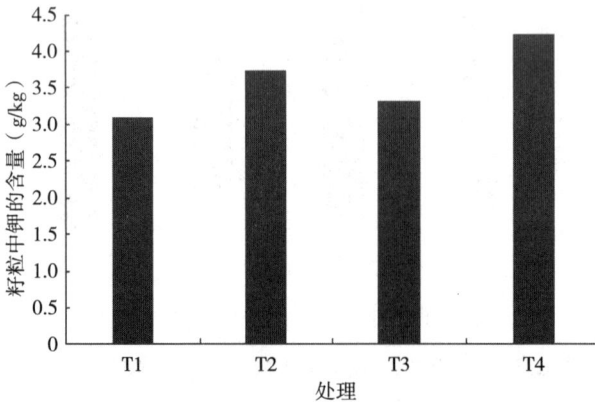

图 3-38　不同耕作方式下籽粒中钾含量

（四）不同耕作方式对小麦籽粒中磷素积累量的影响

由图 3-39 可知，无论秸秆还田还是无秸秆还田，旋耕处理下小麦籽粒中磷素积累量均高于翻耕处理，T3 处理比 T1 处理增加了 5.5%，T4 处理比 T2 处理增加了 10.9%。相对于无秸秆还田，无论是旋耕还是翻耕条件下，秸秆还田处理后籽粒中磷素的积累量 T2 处理比 T1 处理增加了 18.6%，T4 处理比 T3 处理增加了 24.6%。处理间比较，籽粒中磷素积累量以 T4 处理为最高，表明，T4 处理相对其他 3 种处理最有利于籽粒中磷素的积累。

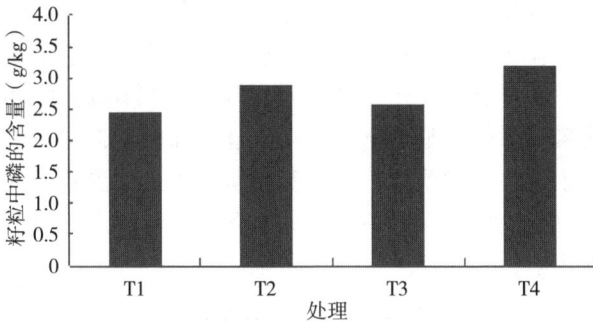

图 3 - 39　不同耕作方式下小麦籽粒中磷含量

（五）不同耕作方式对小麦籽粒中蛋白质含量的影响

小麦籽粒中蛋白质的含量与籽粒中氮的含量有着直接的联系。由图 3 - 40 可以看出，处理间比较，小麦籽粒中蛋白质含量和氮素积累量表现一致，即 T4＞T2＞T3＞T1。不论是秸秆还田还是无秸秆还田，旋耕处理下的籽粒中蛋白质积累量都要高于翻耕处理，在秸秆还田处理下高出 2.2%，无秸秆还田处理下高出 7.7%。表明旋耕比翻耕更利于籽粒中蛋白质的积累。无论是旋耕还是翻耕处理，秸秆还田处理下籽粒中蛋白质含量均高于无秸秆还田，T3 处理比 T1 处理增加了 10.3%，T4 处理比 T2 处理增加了 4.6%。表明，秸秆还田旋耕的耕作方式更有利于小麦籽粒中蛋白质的积累。

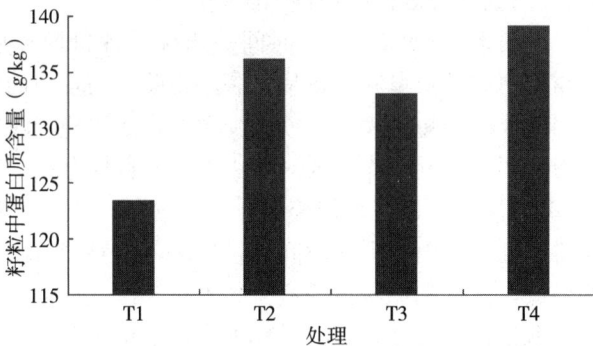

图 3 - 40　不同耕作方式下小麦籽粒中蛋白质的含量

五、不同耕作方式对小麦品质的影响

（一）不同耕作方式对小麦基础品质指标的影响

由表 3 - 13 可以看出，籽粒粒径深松覆盖＞免耕覆盖＞深耕＞传统耕作，各处理间差异不显著；籽粒硬度深耕和免耕覆盖间差异不显著，但与其他两处理差异显著，传统耕作又显著高于深松覆盖；出粉率与基础肥力高低状况相同，深松覆盖与免耕覆盖差异不显著，但显著高于深耕和传统耕作；灰分深松覆盖＜传统耕作＜免耕覆盖＜深耕，深松覆盖显著低于其他耕作方式；沉降值和湿面筋含量深松覆盖＜免耕覆盖＜传统耕作＜深耕，深松覆盖和免耕覆盖差异未达显著水平，但显著低于传统耕作和深耕，免耕覆盖和深耕间差异显著；干面筋含量免耕覆盖最低，显著低于其他处理，深松覆盖次之，和传统耕作水平相当，显著低于深耕。说明深松覆盖和免耕覆盖虽然提高了籽粒的粒径及出粉率，但降低了籽粒硬度、沉降值和湿面筋含量，对小麦籽粒蛋白质质量和含量产生了不利的影响。

表 3-13 不同耕作方式对冬小麦主要基础品质指标的影响

处理	粒径（mm）	硬度	出粉率（%）	灰分（%）	沉降值（s）	湿面筋（%）	干面筋（%）
深耕	3.28±0.4a	81.91±0.38a	73.4±0.12c	0.55±0.00a	550±10.0a	31.1±0.55a	11.4±0.20a
免耕覆盖	3.29±0.3a	80.89±0.36a	75.0±0.87ab	0.54±0.01a	527±12.0bc	30.0±0.45bc	10.4±0.06c
深松覆盖	3.30±0.1a	80.18±0.25c	75.4±1.00a	0.50±0.01b	520±10.5c	29.7±0.35c	11.0±0.25b
传统耕作	3.26±0.2a	81.60±0.1b	73.9±0.35bc	0.53±0.00a	543±4.05ab	30.6±0.40ab	11.0±0.30b

注：同列中不同小写字母表示处理间差异显著（$P<0.05$），下同。

（二）不同耕作方式对小麦粉质特性的影响

面粉吸水率、面团形成时间、稳定时间等指标是评价面粉质量的重要依据。吸水率不仅与蛋白质的数量和质量呈显著正相关，而且与面团的黏弹性有一定的关系，面团形成时间短，表示面筋量少质差，面团稳定时间代表面团的耐搅性和面筋筋力强弱。不同耕作方式对冬小麦粉质特性存在一定程度的影响（表 3-14）。吸水率以深耕为最高，传统耕作和深松覆盖次之，免耕覆盖最低且显著低于其他耕作处理；面团形成时间深耕最高，免耕覆盖次之，传统耕作再次，深松覆盖最低，深耕和免耕覆盖显著高于深松覆盖和传统耕作；稳定时间免耕覆盖最高，深松覆盖次之，传统耕作再次，深耕最低，免耕覆盖显著高于其他处理，深松覆盖与传统耕作无显著差异，但与深耕间差异达显著水平；弱化度深松覆盖＞传统耕作＞深耕＞免耕覆盖，深松覆盖与其他耕作方式差异均达显著水平，传统耕作显著高于深耕和免耕覆盖。说明免耕覆盖处理小麦面粉的吸水率低，面团的黏弹性差，但面团的面筋质量、面条揉搓性及面团网络的抗破坏性较好，深松覆盖虽然面团形成时间短，面筋含量少，但面团稳定时间较长，耐搅性和面筋筋力较强，表明免耕覆盖和深松覆盖能在一定程度上改善其品质。

表 3-14　不同耕作方式对冬小麦粉质特性的影响

处理	吸水率（%）	形成时间（min）	稳定时间（min）	弱化度（FU）
深耕	64.9±0.55a	3.4±0.15a	2.4±0.10c	102±3.5c
免耕覆盖	63.0±0.40b	3.3±0.10a	3.4±0.15a	100±4.5c
深松覆盖	64.3±0.45a	2.8±0.06b	2.7±0.15b	117±5.5a
传统耕作	64.3±0.20a	2.9±0.05b	2.5±0.06bc	110±4.0b

（三）不同耕作方式对小麦拉伸特性的影响

如表 3-15 所示，拉伸面积和最大拉伸阻力免耕覆盖＞传统耕作＞深耕＞深松覆盖，其中，免耕覆盖的拉伸面积除显著高于深松覆盖外，与其余处理间差异均不显著，最大拉伸阻力免耕覆盖显著高于其他耕作处理，其他处理间差异不显著；拉伸阻力免耕覆盖＞传统耕作＞深松覆盖＞深耕，除免耕覆盖显著高于其他耕作处理外，其余处理间差异不显著；延伸度深耕最好，免耕覆盖次之，传统耕作再次，深松覆盖最差，深松覆盖显著低于其他耕作处理；拉伸比例免耕覆盖＞深松覆盖＞传统耕作＞深耕，免耕覆盖与深松覆盖差异不显著，但显著高于传统耕作和深耕，深松覆盖与传统耕作间差异不显著，但显著高于深耕。说明免耕覆盖能够提高小麦拉伸面积、拉伸阻力和拉伸比例，有利于改善小麦拉伸特性，而深耕和深松覆盖对小麦拉伸特性不利。

表 3-15　不同耕作方式对小麦拉伸仪参数的影响

处理	拉伸面积（cm²）	拉伸阻力（BU）	延伸度（mm）	最大拉伸阻力（BU）	拉伸比例
深耕	40±4.0ab	158±8.5b	152±7.5a	173±8.0b	1.0±0.1c
免耕覆盖	45±3.5a	187±7.5a	148±8.0a	202±9.0a	1.3±0.06a
深松覆盖	35±2.0b	160±5.0b	132±3.5b	170±6.0b	1.2±0.00ab
传统耕作	41±2.5ab	165±3.5b	147±6.0a	180±5.0b	1.1±0.1bc

（四）不同耕作方式对小麦淀粉糊化特性的影响

峰值黏度与面条弹性、韧性和食用品质呈极显著正相关，做面条时，峰值黏度值高的较好，而峰值黏度值低对做面条的操作不利，制品品质差。最终黏度、稀懈值与面条的滑爽性呈极显著正相关，与面条的弹性、韧性呈显著负相关，糊化温度低则蒸煮容易。由表 3-16 可以看出，不同耕作方式对淀粉糊化特性具有一定的影响。糊化温度、峰值黏度和低谷黏度各处理间差异均未达显著水平；最终黏度和反弹值深耕＜传统耕作＜免耕覆盖＜深松覆盖，深耕显著低于其他耕作处理；稀懈值深耕最高，深松覆盖次之，传统耕作再次，免耕覆盖最低，深耕和深松覆盖与其他处理间差异显著，传统耕作和免耕覆盖间差异较小，未达显著水平。表明免耕覆盖和深松覆盖有利于提高淀粉糊化温度、峰值黏度、最终黏度和反弹值，在一定程度上降低了稀懈值，说明免耕覆盖和深松覆盖小麦面粉虽然不易蒸煮，但面条的口感较好，有利于面条品质的改善。

表 3-16 不同耕作方式对冬小麦糊化特性的影响

处理	糊化温度（℃）	峰值黏度（BU）**	低谷黏度（BU）	最终黏度（BU）	稀懈值*（BU）	反弹值（BU）
深耕	60.40± 0.35a	750.67± 15.63a	688.33± 17.39a	1 121.33± 21.22a	60.00± 9.67c	423.33± 36.50a
免耕覆盖	60.63± 0.51a	800.00± 22.91a	750.33± 28.68a	1 215.00± 38.69b	46.67± 7.09a	453.33± 37.11b
深松覆盖	60.53± 0.58a	775.00± 1.73a	718.00± 5.29a	1 217.00± 9.54b	55.33± 4.93b	487.33± 7.57c
传统耕作	60.80± 0.36a	771.33± 41.78a	720.00± 41.39a	1 182.67± 12.70b	48.67± 1.52a	451.33± 33.38b

注：* 稀懈值反映糊化过程中峰值黏度与开始降温黏度的差值；**BU 为测定仪器的标定单位。

（五）不同耕作方式对小麦淀粉产量的影响

由表 3-17 可以看出，籽粒淀粉含量深松覆盖最高，传统耕作最低，且深松覆盖和免耕覆盖间差异不显著，但显著高于深耕和传统耕作，深耕与传统耕作间差异亦不显著。不同耕作方式对淀粉产量的影响与籽粒淀粉含量呈相同规律，免耕覆盖和深松覆盖显著高于深耕和传统耕作。免耕覆盖、深松覆盖淀粉产量分别比传统耕作提高了 16.70％ 和 18.16％，但深耕则比传统耕作降低了 4.56％。说明深松覆盖和免耕覆盖有利于籽粒淀粉的形成，能显著提高籽粒淀粉含量。

表 3-17 不同耕作方式对小麦产量和淀粉产量的影响

处理	籽粒产量（kg/hm²）	淀粉含量（％）	淀粉产量（kg/hm²）	比传统耕作高（％）
深耕	4 574.07±20.52a	71.44±0.55a	3 267.94±12.51a	−4.56
免耕覆盖	5 291.67±38.25c	75.52±1.08b	3 996.19±39.67b	16.70
深松覆盖	5 245.37±39.49c	77.14±1.35b	4 046.04±48.48b	18.16
传统耕作	4 800.93±29.31b	71.32±0.95a	3 424.25±27.54a	—

第四节　耕作方式和秸秆覆盖对小麦氮素积累、分配和转运的影响

一、耕作方式和秸秆覆盖对小麦不同生育时期氮素积累的影响

耕作方式和秸秆覆盖对小麦氮素积累的调节效应在不同生育时期表现不同，但影响规律在两生长季表现一致（图3-41）。与翻耕相比，旋耕的氮素积累量开花前无显著变化，开花至成熟期却显著降低，前后2年分别降低68.2%和52.1%。与不覆盖相比，无论翻耕还是旋耕，秸秆覆盖后小麦的氮素积累量在各个生育时期均增加，特别是在出苗—拔节、开花—成熟期增幅均达到显著水平。就耕作与覆盖对小麦氮素积累量影响的综合效应而言，旋耕覆盖较翻耕覆盖、翻耕和旋耕，出苗—拔节期分别提高6.7%、21.5%和25.7%，拔节—开花期提高13.9%、32.9%和16.4%，除出苗—拔节期翻耕和旋耕间、拔节—开花期翻耕覆盖和旋耕间差异不显著外（$P>0.05$），同一时期其他处理间差异均达显著水平；开花—成熟期翻耕覆盖较旋耕覆盖、翻耕和旋耕分别提高32.7%、38.8%和241.9%，除翻耕和旋耕覆盖间差异不显著外，其他处理间差异均显著。说明秸秆覆盖有利于促进小麦地上部氮素的吸收积累，且与耕作具有较强的互作效应，小麦开花前以旋耕覆盖效果为最优，开花后以翻耕覆盖效果突出，但旋耕不利于小麦开花后的氮素积累。

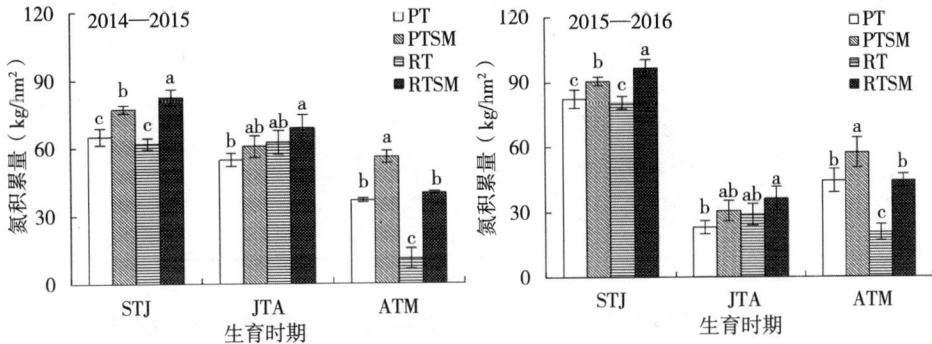

图3-41　耕作方式和秸秆覆盖对小麦不同生育时期氮素积累量的影响

注：PT，翻耕；PTSM，翻耕覆盖；RT，旋耕；RTSM，旋耕覆盖；STJ，出苗—拔节期；JTA，拔节—开花期；ATM，开花—成熟期。不同字母表示同一生育期内处理间差异显著（$P<0.05$）。

二、耕作方式和秸秆覆盖对小麦成熟期不同器官氮素分配的影响

虽然耕作方式和秸秆覆盖不影响小麦氮素在成熟期不同器官中的分配比例，但对氮素积累总量和不同器官氮素分配量具有显著调节作用，且2年规律

一致（表3-18）。2年总体来看，翻耕的小麦氮素积累总量及其在籽粒、颖壳、茎叶中的分配量较旋耕分别提高15.4%、15.0%、36.2%和9.6%，翻耕覆盖较翻耕提高21.4%、21.3%、39.9%和14.0%，旋耕覆盖较旋耕也提高了38.8%、38.6%、89.1%和19.8%，但2覆盖处理间差异不显著（$P >$0.05）。可见，旋耕降低了小麦成熟期籽粒氮素的分配量，而秸秆覆盖可有效提高地上部的氮素积累总量，从而在不影响籽粒氮素分配比例的同时使分配量显著增加，尤以旋耕覆盖增幅为最大。

表3-18 耕作方式和秸秆覆盖对小麦成熟期不同器官氮素分配的影响

年度	处理	总量 (kg/hm²)	籽粒		颖壳		茎叶	
			分配量 (kg/hm²)	分配比例 (%)	分配量 (kg/hm²)	分配比例 (%)	分配量 (kg/hm²)	分配比例 (%)
2014—2015	PT	156.6± 4.4b	126.6± 4.0b	80.8± 0.5a	10.3± 0.5b	6.6± 0.1a	19.7± 0.8b	12.6± 0.6a
	PTSM	193.7± 3.1a	157.3± 4.9a	81.2± 1.3a	14.3± 0.7a	7.4± 0.5a	22.2± 1.2a	11.5± 0.8a
	RT	135.2± 5.1c	110.1± 4.5c	81.4± 0.8a	7.3± 0.9c	5.4± 0.5a	17.8± 0.9c	13.2± 0.9a
	RTSM	191.2± 6.6a	155.5± 5.9a	81.3± 0.4a	14.3± 0.8a	7.5± 0.3a	21.4± 1.1a	11.2± 0.6a
2015—2016	PT	149.9± 7.3b	124.5± 6.8b	83.1± 0.5a	8.5± 0.7b	5.7± 0.2a	16.8± 0.4bc	11.2± 0.7a
	PTSM	178.5± 5.1a	147.2± 3.2a	82.5± 0.6a	12.0± 0.8a	6.7± 0.3a	19.4± 1.1a	10.9± 0.3a
	RT	130.3± 1.2c	108.3± 1.4c	83.1± 0.9a	6.5± 0.4c	5.0± 0.3a	15.5± 0.8c	11.9± 0.6a
	RTSM	177.3± 7.4a	147.1± 6.2a	83.0± 0.1a	11.8± 0.6a	6.7± 0.4a	18.5± 1.2ab	10.4± 0.4a

三、耕作方式和秸秆覆盖对小麦营养器官氮素转运的影响

耕作方式和秸秆覆盖对小麦营养器官氮素转运量及其对籽粒贡献率的影响规律在2年中表现一致（表3-19）。与翻耕相比，旋耕的营养器官氮素积累量开花期略有增加，成熟期显著降低。翻耕覆盖较旋耕覆盖，开花期显著降低，成熟期无显著差异。旋耕的两年平均氮素转运量、转运率及转运氮素对籽粒的贡献率较翻耕分别提高10.0%、5.8%和26.3%，而旋耕覆盖较翻耕覆盖提高14.1%、4.1%和14.7%。同一耕作方式下，秸秆覆盖的氮素转运量显著增加，而氮素转运率降低或显著降低，营养器官转运氮素对籽粒的贡献率也显著降低。

其中翻耕覆盖较翻耕，前后两年的氮素转运量分别增加 13.0% 和 12.2%，转运氮素对籽粒的贡献率降低 9.2% 和 5.1%；旋耕覆盖较旋耕，前后两年的转运量分别增加 16.4% 和 17.1%，贡献率降低 17.6% 和 13.7%。可见，麦豆轮作下小麦营养器官的氮素转运特性因耕作方式和秸秆覆盖而异，其中，旋耕较翻耕提高了氮素转运率，而秸秆覆盖在氮素转运率有所降低的情况下提高了转运量。

表 3-19　耕作方式和秸秆覆盖对小麦营养器官氮素转运及其对籽粒贡献的影响

年度	处理	营养器官氮素积累量（kg/hm²）		转运量（kg/hm²）	转运率（%）	贡献率（%）
		开花期	成熟期			
2014—2015	PT	119.7±3.6c	30.0±0.8b	89.7±3.3c	74.9±0.8bc	70.9±0.4b
	PTSM	137.8±3.4b	36.4±1.9a	101.4±4.5b	73.5±1.7c	64.4±1.6c
	RT	124.2±4.3c	25.1±1.3c	99.1±4.9b	79.7±1.5a	90.0±4.0a
	RTSM	151.2±6.5a	35.7±0.9a	115.4±5.8a	76.3±0.6b	74.2±1.0b
2015—2016	PT	105.5±3.3c	25.3±0.5b	80.1±2.8c	76.0±0.3bc	64.4±2.8c
	PTSM	121.2±3.1b	31.3±1.9a	89.9±4.4b	74.1±2.0c	61.1±3.9d
	RT	109.6±3.7c	21.9±1.2c	87.7±4.8b	79.9±1.8a	80.9±3.6a
	RTSM	132.9±5.6a	30.2±1.2a	102.7±4.6a	77.3±0.4ab	69.8±1.5b

四、耕作方式和秸秆覆盖对小麦氮素利用效率和籽粒蛋白质含量的影响

两年总体来看，与翻耕相比，旋耕的小麦氮素吸收效率、氮肥偏生产力、籽粒蛋白质含量和蛋白质产量分别降低 13.5%、5.4%、8.6% 和 13.0%，翻耕覆盖分别提高 21.8%、12.3%、7.4% 和 21.3%，旋耕覆盖分别提高 20.6%、17.8%、3.1% 和 20.5%。旋耕覆盖的上述指标较旋耕也分别提高 39.5%、24.6%、12.8% 和 38.5%。与深翻覆盖相比，旋耕覆盖的氮素吸收效率、氮肥偏生产力和蛋白质产量无显著差异，但在偏湿润的 2014—2015 年生长季籽粒蛋白质含量降低 5.2%（表 3-20）。说明旋耕对小麦的氮素吸收利用和籽粒蛋白质形成不利，而秸秆覆盖能显著提高小麦氮素吸收利用效率，利于提高籽粒蛋白质含量和蛋白质产量，特别是旋耕覆盖效果突出。

表 3-20　耕作方式和秸秆覆盖对小麦氮素利用效率和籽粒蛋白质含量的影响

年度	处理	氮素吸收效率（kg/kg）	氮肥偏生产力（kg/kg）	蛋白质含量（%）	蛋白质产量（kg/hm²）
2014—2015（湿润年）	PT	0.87±0.02b	36.9±0.9b	12.4±0.3c	721.5±23.1b
	PTSM	1.08±0.02a	42.0±1.4a	13.5±0.2a	896.4±28.1a
	RT	0.75±0.03c	35.3±0.9b	11.3±0.3d	627.7±25.8c
	RTSM	1.06±0.04a	44.6±0.6a	12.8±0.1b	886.1±33.6a

（续）

年度	处理	氮素吸收效率 （kg/kg）	氮肥偏生产力 （kg/kg）	蛋白质含量 （%）	蛋白质产量 （kg/hm²）
2015—2016 （干旱年）	PT	0.83±0.04b	34.5±0.8b	13.2±0.3b	709.7±39.0b
	PTSM	0.99±0.03a	38.2±0.7a	14.0±0.1a	839.0±18.0a
	RT	0.72±0.01c	32.3±0.2b	12.1±0.3c	617.5±8.1c
	RTSM	0.99±0.04a	39.6±0.7a	13.6±0.1ab	838.6±35.3a

五、耕作方式和秸秆覆盖对小麦成熟期土壤硝态氮残留的影响

2015—2016 年度小麦成熟期对土壤硝态氮含量的测定结果（图 3 - 42）表明，翻耕和旋耕 0～200cm 土层硝态氮残留量分别为 234kg/hm² 和 301kg/hm²，其中主要残留于 60～180cm 土层，且在 120～140cm 土层出现累积峰。与翻耕相比，旋耕 80～200cm 土层的硝态氮残留量较翻耕显著增加，其中 60～80cm、80～100cm、100～120cm、120～140cm、140～160cm、160～180cm 和 180～200cm 土层分别降低 13.7%、33.7%、31.8%、3.10%、60.7%、36.2%和 28.5%。秸秆覆盖对土壤硝态氮残留量具有显著的降低作用，从而使翻耕覆盖和旋耕覆盖均无明显的累积峰，总体表现为旋耕覆盖略低于翻耕覆盖，且二者在 160～180cm 土层差异显著。同一耕作方式下，与无秸秆覆盖相比，秸秆覆盖下 40～200cm 各测定土层的硝态氮残留量均显著降低，从而使翻耕覆盖 0～200cm 土层的硝态氮残留量较翻耕降低 30.3%，旋耕覆盖较旋耕也降低 51.4%。说明长期秸秆覆盖可降低土壤硝态氮残留，尤其以旋耕覆盖的效果更为明显。

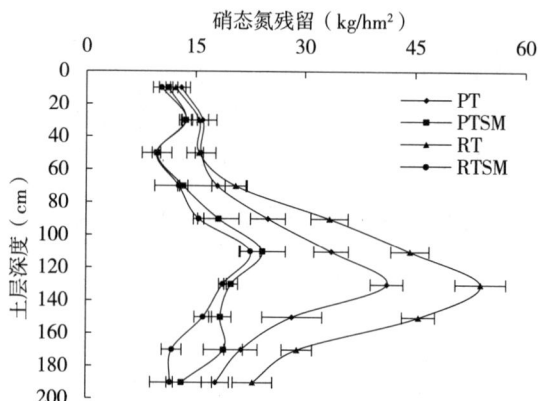

图 3 - 42　耕作方式和秸秆覆盖对小麦成熟期土壤硝态氮残留量的影响

六、耕作方式和秸秆覆盖对小麦产量和收获指数的影响

耕作方式和秸秆覆盖显著影响小麦籽粒产量及其构成因素和收获指数（表3-21）。产量表现为旋耕覆盖＞翻耕覆盖＞翻耕＞旋耕，但在相同覆盖条件下，耕作方式间差异不显著。与翻耕相比，旋耕的穗数、穗粒数、籽粒产量和收获指数无显著差异，但干旱年千粒重降低2.1％。两年总体来看，翻耕覆盖的穗数、穗粒数、千粒重、籽粒产量和收获指数较翻耕分别提高9.2％、5.8％、4.5％、11.5％和3.2％，旋耕覆盖较旋耕分别提高12.6％、10.8％、7.6％、23.0％和5.4％，旋耕覆盖的千粒重以及干旱年收获指数较翻耕覆盖也显著提高。说明秸秆覆盖能改善小麦产量构成因素、提高收获指数，从而显著提高籽粒产量，尤以旋耕覆盖效果为最优。

表3-21 耕作方式和秸秆覆盖对小麦籽粒产量及其构成因素和收获指数的影响

年度	处理	穗数 （万穗/hm²）	穗粒数 （个）	千粒重 （g）	籽粒产量 （kg/hm²）	收获指数 （％）
2014—2015	PT	563±22b	33.3±0.1c	44.5±0.2c	6 668±178b	48.9±0.4c
	PTSM	603±34a	34.6±0.4b	46.4±0.2b	7 413±293a	51.1±1.5ab
	RT	552±15b	32.8±0.2c	44.6±0.1c	6 341±161b	49.6±0.2bc
	RTSM	609±17a	35.9±0.7a	47.0±0.2a	7 937±259a	52.7±0.7a
2015—2016	PT	508±20b	32.3±0.4c	43.6±0.2c	6 144±209b	49.6±0.3c
	PTSM	566±33a	34.8±0.9b	45.7±0.4b	6 868±140a	50.6±0.3b
	RT	497±14b	31.8±0.2c	42.7±0.1d	5 840±90b	49.8±0.4c
	RTSM	572±16a	35.7±0.6a	46.9±0.2a	7 044+254a	52.1±0.3a

注：同年度同列数据后的不同小写字母表示处理间差异显著（P＜0.05），下同。

第四章

灌溉方式对旱地小麦生育特性的影响

第一节 灌溉方式对小麦生长发育和干物质积累的影响

一、不同灌溉方式对小麦生长的影响

（一）不同灌溉方式对小麦返青期形态特征的影响

返青期主要是根系生长，叶片长出和分蘖，促进弱苗升级，抑制小麦幼苗徒长，增加其有效生长，群体规模调控和决定成穗率的重要时期。如表4-1所示，3种灌溉处理下的各项测定指标相差不大，W1的株高、单株分蘖数及叶面积指数最低，W2居中，W3达到最大。但是根长存在差异，W2的根长最长，比其他两种处理的高1cm多，返青期的根系生长可能与众不同，即在小麦返青期成长指标中无显著性差异可循。

表4-1 不同处理对小麦返青期生长的影响

处理	株高（cm）	根长（cm）	单株分蘖数（个）	叶面积指数
W1	16.47	7.67	4.13	1.08
W2	17.23	8.72	4.78	1.19
W3	18.24	7.35	4.93	1.37

注：W1，拔节期灌水1次；W2，拔节期和孕穗期各灌水1次；W3，拔节期、孕穗期和灌浆期各灌水1次。

（二）不同灌溉方式对小麦拔节期形态特征的影响

当小麦进入拔节期之后，有效分蘖的茎、叶等器官生长和分化迅速，干物质的积累和增长快。由表4-2可见，相比表4-1，各项指标大幅度提高，也表现出这一时期的高速生长状态。此时，仍与返青期3种处理的情况相似，即3者之间各指标相差不大，株高、根长及叶面积指数数值接近。W3仍是各指标最大的，W1最小，但单株分蘖数却例外，不是返青期 W1＜W2＜W3，而是 W2＜W1＜W3。

表4-2　不同处理对小麦拔节期生长的影响

处理	株高（cm）	根长（cm）	单株分蘖数（个）	叶面积指数
W1	53.55	13.67	2.12	3.23
W2	55.76	13.98	1.85	3.44
W3	56.47	14.08	2.36	3.62

（三）不同灌溉方式对小麦成熟期形态特征的影响

小麦的成熟程度主要是在收获期的基础上确定的，成熟期小麦进入乳熟期、蜡熟期和完熟期。株高、穗长趋于稳定，颜色由淡黄转为鲜黄。籽粒饱满，生长速率趋于缓和。从表4-3可知，小麦成熟期时，W2的株高、穗长及穗下节长最大，W3次之，W1最小，但3者之间仍无明显差异，与拔节期相比，可以发现株高增长仍旧很大，但小于拔节期。

表4-3　不同灌溉方式对小麦成熟期形态特征的影响

处理	株高（cm）	穗长（cm）	穗下节长（cm）
W1	82.45	9.45	26.42
W2	87.42	9.92	29.44
W3	85.36	9.78	28.57

二、不同灌溉方式对小麦光合作用的影响

（一）不同灌溉方式对小麦叶绿素含量的影响

1. 小麦叶绿素 a 含量

叶绿素 a 是光合作用的重要传递物质之一，图4-1是W1、W2、W3处理

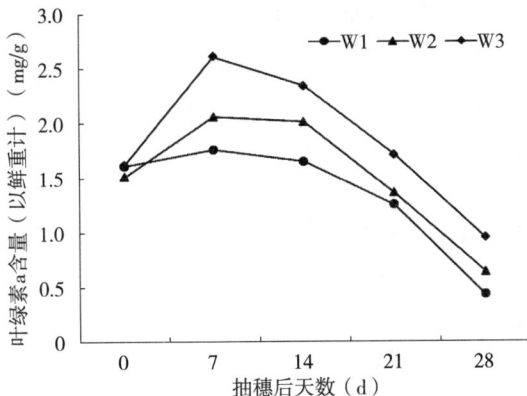

图4-1　W1、W2、W3处理下叶绿素 a 与时间的关系

下叶绿素 a 与时间的关系，从图中可发现，W3 整个时期的叶绿素 a 含量高于 W1、W2。W1 在多数时期叶绿素 a 含量最低。且 3 者之间的整体趋势是相同的，即叶绿素 a 含量先增加，再略微减少，最后大幅下降。W2、W3 在 7d 后均达到最大值，之后 W2、W3 下降趋势略为平缓，在 14d 时 W2、W3 随时间下降速率增大，一直持续至 28d，而 W1 在 7d 时增大至最大值，然后在第 21 天下降速率显著增大。

2. 小麦叶绿素 b 含量

叶绿素 b 同样作为小麦叶片的光合作用重要色素之一，其与叶绿素 a 一起，影响小麦的光合作用。两者对于小麦相关能量合成、物质积累很重要，对小麦产量和品质形成也有一定的影响。图 4-2 数据表明，整体上 W1、W2、W3 大致处于下降趋势，三者之间初始叶绿素 b 含量 W1＞W2＞W3，但到第 28 天三者基本相同。W1 是呈线性下降的，即整体下降速率保持一致，而 W2、W3 在灌水后 7d 内各自下降，在 7～14d 下降趋势减缓，之后至第 28 天下降趋势增大。

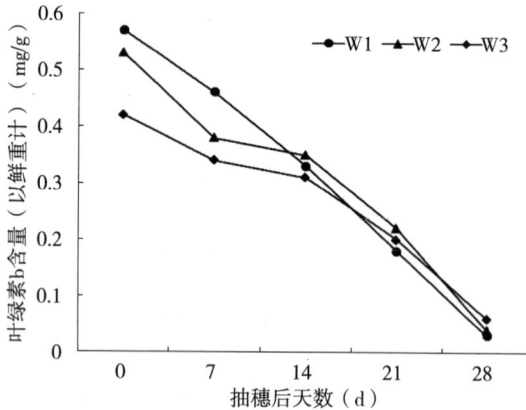

图 4-2　不同处理对小麦叶绿素 b 含量的影响

（二）不同灌溉方式对小麦光合速率的影响

小麦光合作用的强弱，也称作"光合强度"，其大小说明小麦生长发育中所遇到的某些抑制阻碍，并对某些障碍的解除具有指导意义。光合作用可以为小麦积累同化物质，因此在生产上具有重要意义。图 4-3 表明，W1、W2、W3 的光合速率随时间的变化趋势是相同的，大体上都随时间下降。初始光合速率基本相同的 W1、W2、W3 在第 14 天之内的速率降低趋势比较平稳，但 14d 后，三者光合速率下降的趋势增大，且 3 者之间的差异在 21d 时达到最大。整个时期的光合速率，W3＞W2＞W1。

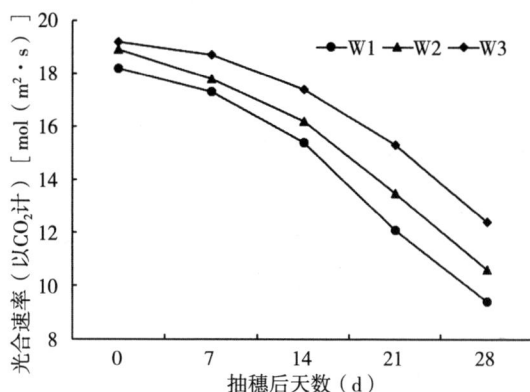

图 4 - 3　不同处理对小麦光合速率的影响

三、不同灌溉方式对小麦干物质积累和转运的影响

（一）不同灌溉方式对小麦干物质积累的影响

表 4 - 4 表明，同一品种在不同水分处理下小麦各个器官的干物质积累量存在差异，郑麦 7698 和洛旱 6 号同一测定时期均表现为 W3＞W2＞W1，且 W3 与其他 2 处理存在显著差异。不同品种间比较，同一水分处理各器官均表现为洛旱 6 号干物质积累量大于郑麦 7698 干物质积累量。表明 3 种处理中，W3 更有利于小麦各器官干物质积累；同一水分处理下，洛旱 6 号干物质积累量较高。

表 4 - 4　不同处理对小麦各器官开花期和成熟期干物质积累的影响

品种	处理	开花期				成熟期				籽粒
		植株	叶片	茎鞘	穗轴+颖壳	植株	叶片	茎鞘	穗轴+颖壳	
郑麦 7698	W1	2.202c	0.286c	1.434b	0.482c	3.365b	0.193c	0.902c	0.673c	1.403b
	W2	2.452b	0.294b	1.629ab	0.527b	3.413b	0.217b	0.999b	0.769b	1.507a
	W3	2.766a	0.388a	1.781a	0.599a	3.744a	0.24a	1.158a	0.827a	1.519a
洛旱 6 号	W1	2.42b	0.324c	1.612c	0.484c	3.091c	0.164c	0.918c	0.593c	1.416c
	W2	2.526b	0.356b	1.653b	0.517b	3.501b	0.201b	0.979b	0.685b	1.636b
	W3	2.708a	0.419a	1.751a	0.538a	3.71a	0.229a	1.021a	0.754a	1.706a

注：各列数据后相同字母表示在 0.05 水平差异不显著。

（二）不同灌溉方式对小麦干物质转运的影响

表 4 - 5 表明，同一品种在不同水分处理下小麦的营养器官中的干物质向籽粒的转运量和贡献率存在差异，郑麦 7698 和洛旱 6 号的各个器官均表现为 W3＞W2＞W1，且 W3 与另外两处理存在显著差异。不同品种之间相互比较，

同一水分处理下郑麦 7698 各个器官的转运量和转运率均小于洛旱 6 号。表明
3 种处理中，W3 更加有利于小麦营养器官中的干物质转运；同一水分处理下，
洛旱 6 号的干物质转运量和转运率更高。

表 4-5　不同处理下小麦营养器官中的干物质转运量和贡献率

品种	处理	穗轴＋颖壳		茎鞘		叶		对籽粒的贡献率（%）
		转运量（g）	转运率（%）	转运量（g）	转运率（%）	转运量（g）	转运率（%）	
郑麦 7698	W1	0.06c	13.34c	0.38b	27.61b	0.12b	36.48c	36.52c
	W2	0.11b	23.47b	0.43a	26.95b	0.15ab	40.92b	39.27b
	W3	0.15a	30.63a	0.44a	31.28a	0.17a	48.59a	42.38a
洛旱 6 号	W1	0.14b	34.65c	0.31c	24.56b	0.11b	42.32c	41.15c
	W2	0.15a	37.43b	0.34b	25.78ab	0.12ab	48.76b	43.28b
	W3	0.16a	40.53a	0.37a	27.31a	0.14a	60.58a	45.73a

（三）不同灌溉方式对小麦干物质分配的影响

表 4-6 表明，同一品种在不同水分处理下小麦各个器官干物质分配比存
在差异，郑麦 7698 和洛旱 6 号同一测定时期穗的干物质分配比均表现为 W3＞
W2＞W1，且 W3 与另外 2 处理之间存在显著差异。表明 3 种处理中，W3 对
小麦穗的干物质分配更加有利；同一水分处理下，洛旱 6 号穗的干物质分配比
更高。

表 4-6　不同处理对小麦各器官干物质分配比（%）

品种	器官	开花期			成熟期		
		W1	W2	W3	W1	W2	W3
郑麦 7698	叶	19.4a	19.2a	17.7b	6a	6.3a	6.2a
	茎鞘	59.1c	58.8b	58.2a	24.7a	24.1a	21.5b
	穗	21.5a	21.6b	24.1a	69.3b	69.6b	72.3a
洛旱 6 号	叶	13.6a	12.9b	11.8c	7.6a	6.1b	3.8c
	茎鞘	62.9a	62.1b	62b	30.6a	26.1b	17.7c
	穗	23.5c	25b	26.2a	61.8c	67.8b	78.5a

四、不同灌溉方式对小麦产量及其构成因素的影响

表 4-7 表明，同一品种在不同水分处理下小麦的穗粒数、千粒重、亩穗
数和亩产量存在差异，郑麦 7698 和洛旱 6 号均表现为 W3＞W2＞W1，且 W3
和另外 2 处理存在显著差异。不同品种之间比较，在 W1 处理下，郑麦 7698

产量要小于洛旱 6 号；在 W3 处理下，郑麦 7698 的产量要大于洛旱 6 号。表明 3 种处理中，W3 更加有利于提高小麦的产量；同一水分处理下，洛旱 6 号的抗旱性更好。

表 4-7 不同处理下小麦产量及其构成因素

品种	处理	穗粒数（粒）	千粒重（g）	亩穗数（万穗）	亩产量（kg）
郑麦 7698	W1	27.9c	51.19c	28.674b	387.46c
	W2	31.2b	53.39b	29.134ab	448.54b
	W3	34.3a	56.82a	30.126a	497.63a
洛旱 6 号	W1	28.7c	55.19b	28.378c	397.58c
	W2	29.6b	52.23c	30.091b	456.41b
	W3	30.4a	57.76a	31.211a	489.27a

五、不同灌溉方式对小麦籽粒灌浆的影响

（一）不同灌溉方式下小麦籽粒灌浆过程曲线模拟

由表 4-8 可以看出，各处理拟合方程的相关系数均在 0.977 以上，决定系数均在 0.947 以上，说明拟合结果良好。其中 A 值是灌浆过程中的终极生长量，A 值的变化与灌浆结束时籽粒重量的变化基本保持一致。表 4-8 反映出，各处理理论千粒重 A 是洛旱 6 号的 W3 处理最高，并且从起始生长势 K 值大小即籽粒灌浆起始的生长势大小能看出各品种不同处理下的籽房生长潜力，K 值越大，表明胚乳细胞分裂速度越快，分裂周期越短，籽粒灌浆启动也会相对较早，光合产物会优先向籽粒转运积累。反之，K 值小则籽粒灌浆启动晚，进入灌浆盛期会有所延迟。K 值过小的话，说明胚乳细胞发育不良，籽粒灌浆过程不能顺利进行。

从图 4-4 可看出，两个品种不同处理下的籽粒增重过程都呈现出 "S" 形曲线，即开始时灌浆速率小，籽粒增重缓慢，之后进入快速增长阶段，灌浆速率增大，粒重变化明显，灌浆即将结束阶段，粒重变化很小，直至灌浆结束。灌浆起始时，两个小麦品种各水分条件下的粒重差距不明显，表现为各处理洛旱 6 号的粒重大于郑麦 7698 的粒重。随着灌浆过程的不断进行，籽粒干物质的积累量不断增多，各品种在不同处理下的粒重变化折线图趋于分散，说明不同品种间的差异以及不同水分条件下的差异也随着灌浆的进行越来越明显，各处理粒重拉开差距。洛旱 6 号在 3 个水分处理下差异相对较小，说明其抗旱性强，在水分逆境下其植株通过一系列生理过程减少水分亏缺对干物质产生和积累造成的影响，而抗旱性较弱的郑麦 7698 在各处理下差异越来越明显。但总

体上两个品种还是在水分相对充足条件下灌浆过程表现较好，只是水分亏缺对郑麦 7698 的影响较洛旱 6 号更大。到干物质积累的后期，各个处理的粒重都趋于稳定，最终的千粒重也能反映出洛旱 6 号更适合在一些农业用水比较缺乏的地区进行种植，以减少缺水造成的小麦减产。

表 4-8   不同处理下籽粒灌浆的 Logistic 曲线参数

品种	处理	A	B	K	R	R^2
洛旱 6 号	W1	42.633	33.547	0.313	0.998	0.996
	W2	43.463	34.783	0.363	0.994	0.988
	W3	44.452	35.674	0.397	0.997	0.994
郑麦 7698	W1	40.784	34.337	0.277	0.977	0.955
	W2	41.116	35.436	0.289	0.997	0.994
	W3	41.489	36.776	0.304	0.988	0.976

注：A，理论最大千粒重；B、K，方程参数；R，相关系数；R^2，决定系数。

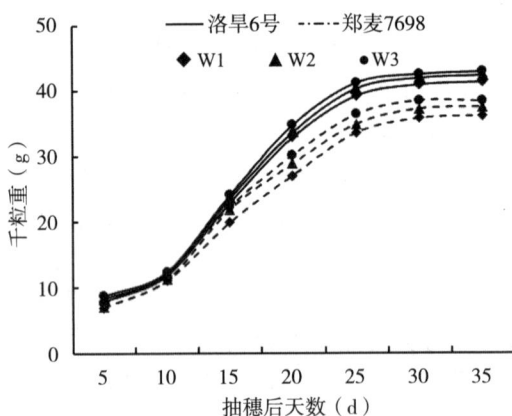

图 4-4   不同处理下籽粒千粒重增重过程

（二）不同灌溉方式下小麦灌浆特性参数

由表 4-9 可以看出，各处理小麦灌浆速率达到最大值的时间 T_{max} 的变化范围是花后 11.226~12.323d，洛旱 6 号在 W3 处理下的最大灌浆速率 R_{max} 值最大，总体表现为，W3 洛旱 6 号＞W2 洛旱 6 号＞W1 洛旱 6 号＞W3 郑麦 7698＞W2 郑麦 7698＞W1 郑麦 7698。从表中还可以看出，W3 处理下洛旱 6 号的平均灌浆速率也是最大的，并且洛旱 6 号的灌浆持续天数整体上都比郑麦 7698 长，品种内各处理间水分都有明显影响，各处理下郑麦 7698 的平均灌浆速率差异明显，说明郑麦 7698 对水分亏缺更加敏感。同时也发现，不同水分处理下两个品种的灌浆活跃生长期明显不同，水分亏缺延缓了小麦灌浆活跃期。总体来说，洛旱 6 号在各处理下的各项参数表现更优，对水分逆境具有更好的抗逆性，更适合在干旱地区种植。

表 4 - 9　不同处理下的小麦籽粒灌浆特性参数

品种	处理	T_{max}	R_{max}	T	R_{mean}	D
洛旱 6 号	W1	11.481	3.174	25.929	2.224	19.169
	W2	11.664	3.217	26.877	2.629	16.529
	W3	11.913	3.269	27.337	2.941	15.113
郑麦 7698	W1	12.323	2.968	25.233	1.883	21.661
	W2	11.847	3.015	25.347	1.98	20.761
	W3	11.226	3.144	25.664	2.102	19.737

注：T_{max}，最大灌浆速率出现的时间；R_{max}，灌浆的最大速率；T，灌浆阶段持续的时间；R_{mean}，平均灌浆速率；D，灌浆活跃期。

（三）不同灌溉方式下小麦籽粒灌浆速率

由图 4 - 5 可以看出，两个品种各处理籽粒灌浆速率都呈先快速增大、达到最大值后平缓下降、最后急速下降的变化趋势。开花后籽粒灌浆速率逐渐增大，在达到最大灌浆速率之前，所有处理的灌浆速率都是一直在增加，灌浆速率达到最大值之后各个小麦的籽粒灌浆速率又开始逐渐下降，直到最后灌浆速率趋于零。从整体上看，各处理下洛旱 6 号的灌浆速率都要大于郑麦 7698，说明在小麦的整个灌浆阶段，洛旱 6 号的植株生产光合产物的能力更强，籽粒干物质积累量增加得更快，籽粒得到了更加充分的灌充，更有利于粒重的提高，直接利于最终产量形成。在 3 种水分处理下，洛旱 6 号表现出的差异并没有郑麦 7698 明显，说明在籽粒灌浆阶段，水分逆境对郑麦 7698 影响更大，其抗旱性较差，植株对水分逆境做出的反馈有限。

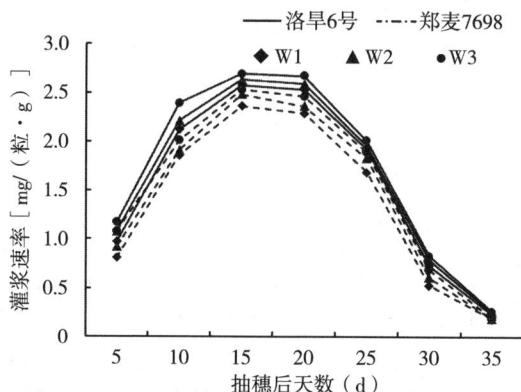

图 4 - 5　不同处理下小麦的灌浆速率

（四）灌浆参数与籽粒千粒重的相关性

从表 4 - 10 可以看出，在各个灌浆参数中，只有最大灌浆速率 R_{max} 和籽粒的千粒重呈显著正相关，最大灌浆速率 R_{max} 与整个灌浆过程中的平均灌浆速率 R_{mean} 呈极显著正相关，而达到最大灌浆速率的时间 T_{max} 和整个灌浆阶段持续时间 T 呈显著正相关，说明最大灌浆速率出现得越迟，整个灌浆阶段持续的时间就越长。

表 4 - 10　灌浆参数与粒重的相关分析

项目	T_{max}	R_{max}	T	R_{mean}	D
T_{max}	1				
R_{max}	$-0.790\,6$	1			
T	$0.941\,7$	$-0.858\,4$	1		
R_{mean}	$-0.790\,6$	1	$-0.858\,4$	1	
D	$0.861\,5$	$-0.853\,1$	$0.982\,1$	$-0.853\,1$	1
Y	-0.501	$0.865\,9^{*}$	$-0.503\,7$	$-0.479\,8$	$0.489\,4$

注：T_{max}，达到最大灌浆速率的时间；R_{max}，最大灌浆速率；T，整个灌浆持续时间；R_{mean}，平均灌浆速率；D，灌浆活跃生长期；Y，最终千粒重。

表 4 - 11 表明，小麦籽粒在灌浆的前期、中期、后期其平均灌浆速率与其千粒重呈现显著正相关，前期、中期、后期各期的持续时间与各期的灌浆速率呈显著负相关。这说明小麦的灌浆速率是影响千粒重的一个重要因素，但是跟 3 个阶段的灌浆持续时间并没有明显的相关性。

表 4 - 11　各阶段灌浆参数与粒重的相关分析

项目	T_1	R_1	T_2	R_2	T_3	R_3
T_1	1					
R_1	$-0.800\,3^{*}$	1				
T_2	$0.567\,2$	$-0.607\,9$	1			
R_2	$-0.574\,1$	$0.868\,5$	$-0.853\,1^{*}$	1		
T_3	$0.567\,2$	$-0.607\,9$	1	$-0.853\,1$	1	
R_3	$-0.574\,1$	$0.868\,5$	$-0.853\,1$	1	$-0.853\,1^{*}$	1
Y	$-0.414\,2$	$0.876\,4^{*}$	$-0.479\,8$	$0.865\,9^{*}$	$-0.478\,9$	$0.865\,9^{*}$

注：T_1、T_2、T_3 分别为 3 个阶段的灌浆持续时间；R_1、R_2、R_3 分别为 3 个阶段的平均灌浆速率；Y 为最终千粒重。

第二节　灌溉方式对小麦结实期生理特性的影响

一、不同灌溉方式对小麦旗叶可溶性糖含量的影响

由图 4-6 分析可知，在相同的灌水处理条件下，旗叶中可溶性糖的含量随着处理天数的增加呈现先增加后减少的趋势。在第 21 天，旗叶中可溶性糖含量达到最大值。在 0 处理天数时，3 个处理下旗叶可溶性糖含量基本相同，而接下来几天的含量对比，W3 大于 W1 和 W2，在第 21 天时，旗叶中可溶性糖含量为 W1＞W3＞W2。在第 28 天，W2 含量最多，W1 次之，W3 最少。旗叶可溶性糖随着生育期的进行会有积累，而在生育期内，特别是孕穗期有明显的消耗。旗叶可溶性糖的积累量随着灌水次数的增加而增加，但是消耗量也明显较多。

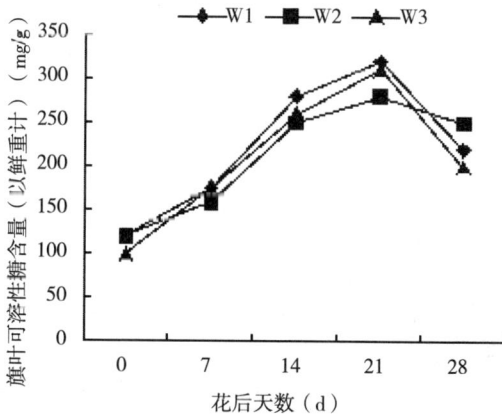

图 4-6　不同处理对小麦旗叶可溶性糖含量的影响

二、不同灌溉方式对小麦旗叶脯氨酸含量的影响

由表 4-12 可知，随着花后天数的增加，小麦旗叶脯氨酸含量呈现先增加后减少的趋势。而在不同的灌水处理下，花后 14d 以前，W2、W3 处理下的旗叶脯氨酸含量基本相同并大于 W1。花后 14d 以后，旗叶脯氨酸含量有了明显的差异，即 W2＞W1＞W3。旗叶脯氨酸在花后 0～7d 含量增幅较大。生育期内灌水比不灌水的脯氨酸含量要多，但是灌水次数的多少对脯氨酸含量的积累影响不大，但对脯氨酸含量的消耗有影响，灌水次数越多，脯氨酸的消耗量就越大。

表 4-12　不同灌溉方式对小麦花后旗叶脯氨酸
含量（以鲜重计）的影响（mg/kg）

处理	花后天数（d）				
	0	7	14	21	28
W1	111.72	802.62	943.12	376.58	430.06
W2	312.30	1 057.65	625.61	658.56	520.17
W3	312.30	1 057.65	625.61	279.68	225.60

三、不同灌溉方式对小麦旗叶蔗糖含量及 SS 和 SPS 活性的影响

图 4-7 表明，旗叶蔗糖含量、蔗糖合酶（SS）活性和蔗糖磷酸合酶（SPS）活性均呈单峰曲线变化，旗叶蔗糖含量峰值出现在花后 18d，旗叶 SPS活性 W1 和 W2 花后 18d 达到峰值，W3 处理花后 24d 达到峰值，SS 活性花后

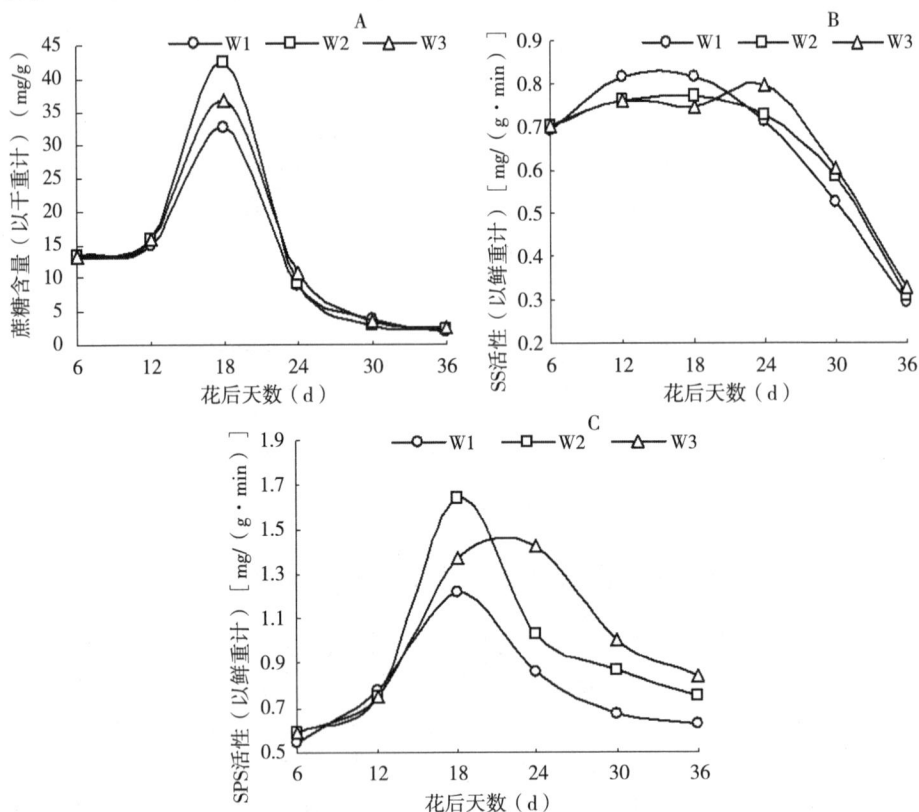

图 4-7　不同灌溉处理对小麦旗叶蔗糖含量及 SS 和 SPS 活性的影响
注：SS 活性、SPS 活性均以小麦旗叶鲜叶中蔗糖的合成量计，下同。

6～24d一直保持较高活性，之后急剧下降。旗叶蔗糖含量花后6～12d W1较高，处理间差异未达显著水平，花后18d表现为W2＞W3＞W1，各处理间差异显著，之后W3＞W2＞W1，处理间差异不显著（图4-7A）。旗叶SS活性花后12～18d W1显著高于其他处理，之后迅速下降，花后24～36d表现为W3＞W2＞W1。开花24d之后差异不显著（图4-7B）。旗叶SPS活性花后18d表现为W2＞W3＞W1，之后表现为W3＞W2＞W1，花后18～36d各处理间差异均达显著水平（图4-7C）。表明增加灌水有利于提高灌浆中后期旗叶蔗糖含量、SS活性和SPS活性，有利于源器官（旗叶）中蔗糖的合成，为籽粒淀粉的合成提供较多的源物质。

四、不同灌溉方式对小麦旗叶 MDA 含量的影响

由表4-13可知，旗叶MDA含量的变化趋势与旗叶脯氨酸含量变化趋势基本相同，即随着花后天数的增加，W1表现为先增后减，W2表现为先增后减再增再减，W3表现为先增后减再增。而在不同灌水处理下，MDA含量变化不明显。但W2处理下的含量变化相对于W1、W3较明显。说明花后旗叶MDA的含量变化不明显。

表 4-13 不同灌溉方式对小麦花后旗叶 MDA 含量
（以鲜重计）的影响 （mg/kg）

处理	花后天数（d）				
	0	7	14	21	28
W1	112.58	120.78	124.22	134.88	104.6
W2	122.84	135.74	119.4	147.96	122.04
W3	122.84	135.74	119.4	97.72	101.16

五、不同灌溉方式对小麦籽粒品质及其相关酶活性的影响

（一）不同灌溉方式对小麦籽粒可溶性糖含量的影响

由图4-8知，在相同的灌水处理下，籽粒可溶性糖含量随着天数的增加逐渐减少。而在不同的处理方式下，籽粒可溶性糖含量表现为W1＞W2＞W3，在14～21d发生改变，籽粒可溶性含量变为W3＞W2＞W1，而最终籽粒中可溶性糖含量趋于相同。说明，在小麦整个生育期内，籽粒可溶性糖含量随着灌水次数的增多而减少。

（二）不同灌溉方式对小麦籽粒淀粉积累量及其积累速率的影响

由图4-9可以看出，弱筋小麦籽粒直链淀粉、支链淀粉和总淀粉积累量在灌浆期均呈上升趋势，而积累速率呈单峰曲线变化，峰值出现在花后24d。

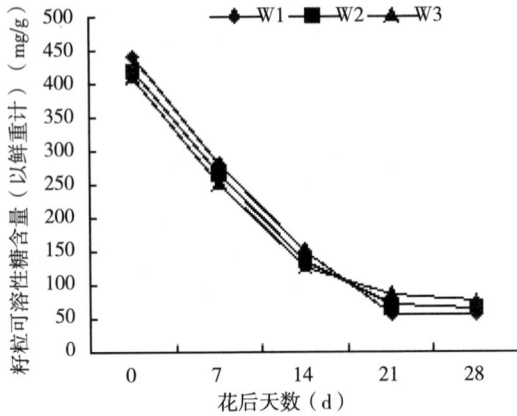

图 4-8　不同处理对小麦籽粒可溶性糖含量的影响

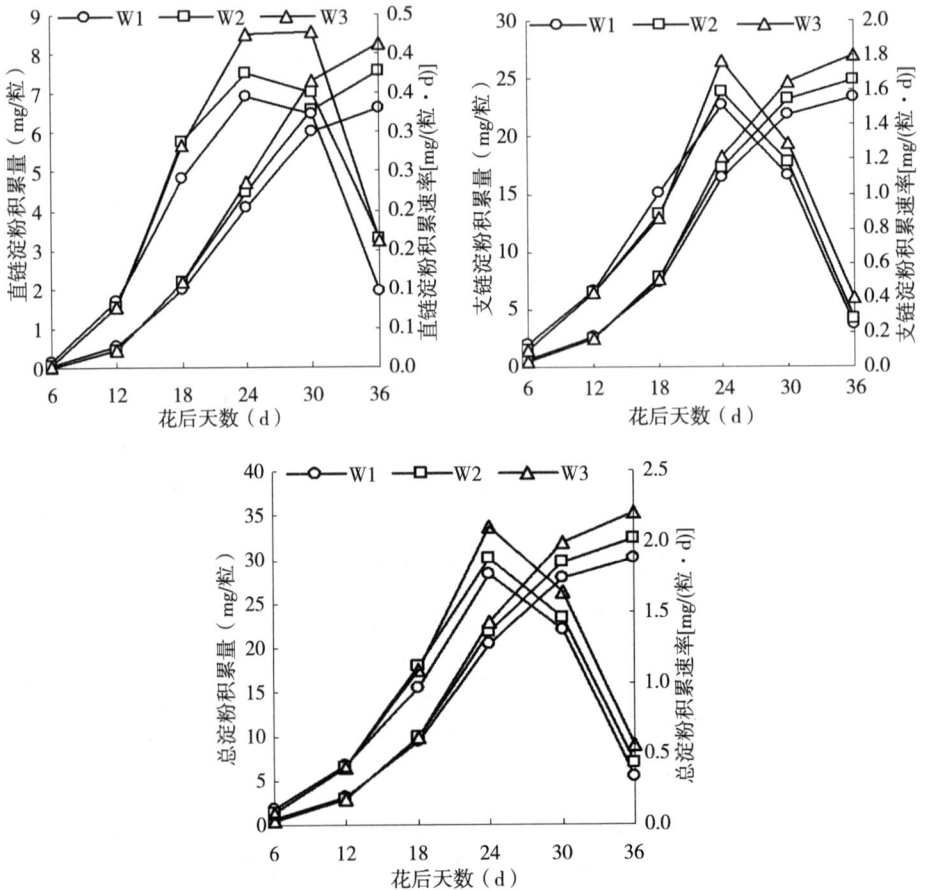

图 4-9　不同处理对小麦籽粒总淀粉及组分积累量及积累速率的影响

不同灌溉处理对弱筋小麦直链淀粉积累量和积累速率、支链淀粉积累量和积累速率、总淀粉积累量和积累速率的影响呈现明显规律。花后12d前W1高于其他处理，但处理间差异不显著；花后18dW2最高，W3次之，W1最低，处理间差异不显著；花后18～36dW3最高，W2次之，W1最低。直链淀粉积累量花后24d后3处理间差异显著，直链淀粉积累速率花后24～30d3处理间差异显著，花后36dW3和W2处理间差异不显著，但显著高于W1。不同处理对小麦花后24～36d支链淀粉和总淀粉的积累量、积累速率的变化动态基本一致，花后24～36d的积累量和积累速率3处理间差异显著，花后36d的积累速率W3显著高于其他处理。说明可以通过灌溉有效调节弱筋小麦籽粒淀粉积累量及其积累速率，增加灌水有利于提高灌浆中后期籽粒淀粉积累速率，从而获得较高的淀粉积累量。

（三）不同灌溉方式对小麦籽粒淀粉及其组分含量的影响

由表4-14可知，弱筋小麦总淀粉含量、直链淀粉含量和支链淀粉含量均表现为W3＞W2＞W1。经差异显著性分析，总淀粉含量和支链淀粉含量处理间差异均达到显著水平；直链淀粉含量W3和W1处理间差异显著，其他处理间差异不显著。支/直比W1＞W2＞W3，W1显著高于W2和W3，但W2和W3处理间差异不显著。表明增加灌水有利于提高弱筋小麦成熟期籽粒总淀粉、直链淀粉和支链淀粉含量，但降低了淀粉支/直比例。

表4-14　不同灌溉方式对小麦籽粒淀粉及组分含量的影响

处理	总淀粉含量（%）	直链淀粉含量（%）	支链淀粉含量（%）	淀粉支/直比例
W1	69.15c	15.19b	53.96c	3.55a
W2	72.10b	16.79ab	55.31b	3.29b
W3	75.34a	17.62a	57.72a	3.28b

注：同列中不同小写字母表示处理间差异显著（$P<0.05$），下同。

（四）不同灌溉方式对小麦籽粒蔗糖含量及SS活性的影响

图4-10表明，籽粒灌浆过程中，籽粒蔗糖含量和SS活性随着灌浆进程的推进逐渐降低。籽粒蔗糖含量花后6～18d下降快，之后下降速度减缓，灌浆前期W1较高，灌浆后期W3较高，花后18dW2＞W3＞W1，除花后18d3处理间差异达显著水平外，处理间差异不显著（图4-10A）。籽粒SS活性花后12～36dW1低于W2和W3，花后24～36dW3显著高于其他处理（图4-10B）。表明增加灌水有利于花后籽粒中蔗糖的积累，提高了籽粒中SS酶活性，有利于籽粒淀粉的积累。

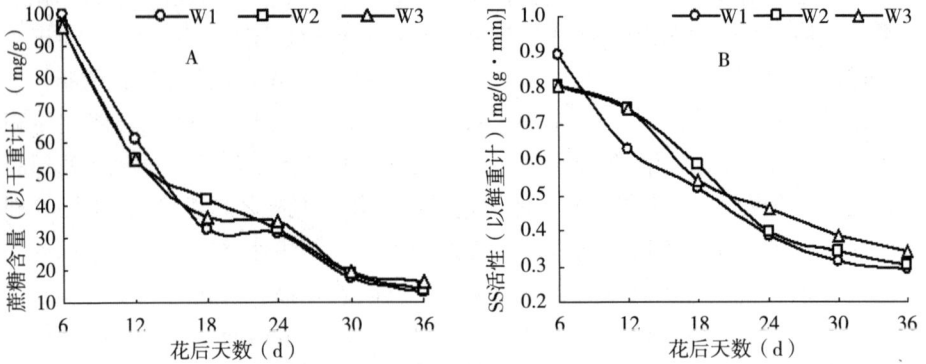

图 4-10　不同处理对小麦籽粒蔗糖含量及 SS 活性的影响

注：SS 活性以籽粒鲜重中蔗糖的合成量计。

（五）不同灌溉方式对小麦籽粒淀粉合成酶（SSS 和 GBSS）活性的影响

图 4-11A 表明，灌浆过程中籽粒 SSS 活性呈先升后降的趋势，花后 24d 达峰值，之后下降。不同处理之间比较，SSS 活性花后 6～12d W1 显著高于其他处理，花后 24～36d 表现为 W3＞W2＞W1，处理间差异达显著水平。由图 4-11B 可以看出，灌浆过程中籽粒 GBSS 活性呈单峰曲线变化，花后 18d 达峰值，GBSS 活性花后 6～12d 表现为 W1＞W2＝W3，花后 18～36d 表现为 W3＞W2＞W1，W2、W3 间差异不显著，但均显著高于 W1。表明增加灌水提高了 SSS 活性和 GBSS 活性，对籽粒直链淀粉和直链淀粉的合成均有利。

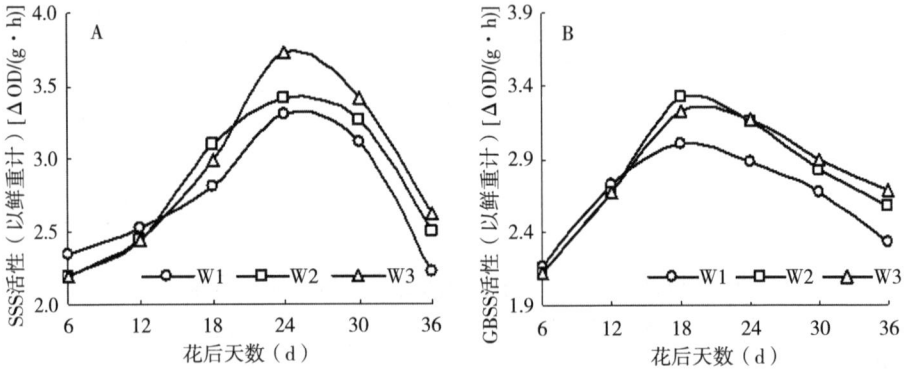

图 4-11　不同处理对小麦籽粒 SSS 和 GBSS 活性的影响

注：ΔOD 表示两次测定吸光度的差值。这种表示方法已获专业内认可，下同。——编者注

（六）不同灌溉方式对小麦籽粒淀粉糊化特性的影响

由表 4-15 可以看出，不同灌水次数对小麦淀粉糊化特性的影响不同，峰值黏度和低谷黏度均以 W1 为最高，W3 次之，W2 最低，其中低谷黏度的 W1 显著高于 W2 和 W3；最终黏度和反弹值均随着灌水次数的增加呈降低趋势，

但差异均不显著；稀懈值随着灌水次数的增加而增加，且 W3 显著高于 W1 和 W2；糊化时间以 W3 处理为最高，W1 次之，W2 最低，处理间差异不显著。综合以上分析表明，就灌水次数对弱筋小麦豫麦 50 籽粒淀粉糊化特性影响而言，拔节期灌 1 水有利于提高主要黏度参数值，而灌 2 水和灌 3 水降低其主要黏度参数值，这说明小麦生育后期水分过多对黏度性状不利，可见，淀粉糊化特性对灌水次数的反应存在一定的阈值，适量适时的灌水对改善弱筋小麦淀粉品质有重要意义。

表 4-15　不同处理对小麦籽粒淀粉糊化特性的影响

处理	糊化时间 (min)	峰值黏度 (BU)**	低谷黏度 (BU)	最终黏度 (BU)	稀懈值* (BU)	反弹值 (BU)
W1	4.33± 0.04aA	622.89± 45.88aA	470.11± 59.49bB	882.33± 78.77aA	149.78± 30.28aA	401.56± 27.68aA
W2	4.24+ 0.34aA	586.11± 27.80aA	421.00± 17.23aA	830.00± 27.19aA	162.22± 15.71aAB	388.89± 10.18aA
W3	4.42± 0.12aA	618.00± 53.42aA	428.67± 80.71aAB	820.78± 93.84aA	187.78± 52.29bB	381.67± 22.75aA

注：*稀懈值反映的糊化过程中峰值黏度与开始降温黏度的差值；**BU（Brabender unit）为测定仪器的标定单位。

第五章

秸秆覆盖量对旱地小麦生育特性
和产量的影响

第一节 秸秆覆盖量对小麦结实期
生理特性的影响

一、秸秆覆盖量对叶绿素含量和光合速率的影响

从图 5 - 1A 可以看出，抽穗后各处理旗叶叶绿素含量呈下降趋势，且表现为抽穗后 0～10d 下降幅度小，10～20d 下降幅度大。处理间比较，各测定时期均以处理Ⅳ叶绿素含量为最高，对照处理最低。方差分析表明，除抽穗期外，其他测定时期秸秆覆盖处理均显著高于对照，而处理Ⅳ叶绿素含量又显著高于其他覆盖处理（$P<0.05$）。在秸秆覆盖下，各测定时期叶绿素含量均比对照下降幅度小。抽穗后 20d 叶绿素含量与抽穗期相比，降幅最大的为对照，下降了 11.3%，降幅最小的为处理Ⅳ，下降了 7.3%。表明，秸秆覆盖在一定程度上能延缓小麦旗叶的衰老过程。

抽穗 0～20d，小麦旗叶光合速率与叶绿素含量表现基本一致（图 5 - 1B），均呈下降趋势，不同处理降幅不同，其中处理Ⅳ降幅最小，为 20.9%，其次

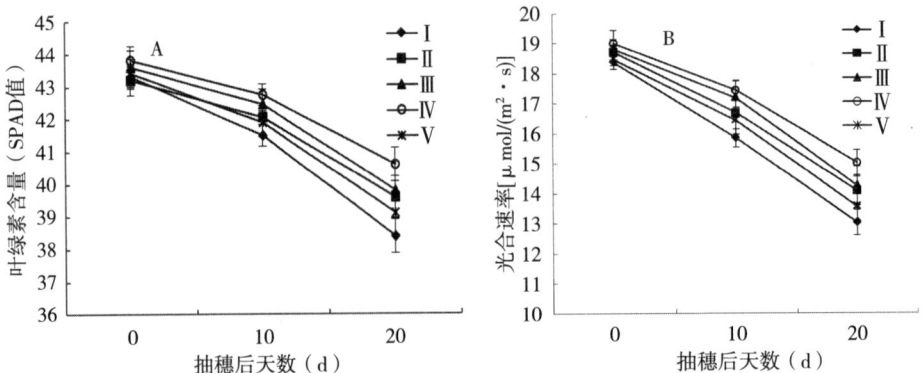

图 5 - 1　不同秸秆覆盖量对小麦旗叶叶绿素含量（A）和光合速率（B）的影响

为处理Ⅱ，为 24.2%，处理Ⅲ和Ⅴ降幅分别为 24.7%和 26.7%，对照降幅最大，为 29.1%。抽穗后 20d 光合速率大小表现为Ⅳ＞Ⅲ＞Ⅱ＞Ⅴ＞Ⅰ。除抽穗期外，各测定时期覆盖处理光合速率均与对照差异显著，处理Ⅳ与其他覆盖处理差异显著（P＜0.05）。表明，合理的秸秆覆盖量能显著提高小麦旗叶光合速率，有利于小麦光合产物积累。

二、秸秆覆盖量对可溶性糖、脯氨酸和可溶性蛋白质含量的影响

抽穗后，可溶性糖、脯氨酸和可溶性蛋白质含量均呈先升后降的变化趋势，抽穗后 0～10d 上升，第 10 天达到峰值，之后下降（图 5-2A、图 5-2B、图 5-2C）。在同一测定时期，不同处理可溶性糖含量表现为Ⅳ＞Ⅲ＞Ⅴ＞Ⅱ＞Ⅰ，脯氨酸含量大小表现为Ⅳ＞Ⅲ＞Ⅴ＞Ⅱ＞Ⅰ，可溶性蛋白质含量也表现为Ⅳ＞Ⅲ＞Ⅴ＞Ⅱ＞Ⅰ。各物质含量均以Ⅳ处理为最高，对照最低。处理间比较，除脯氨酸含量在抽穗期处理Ⅳ与处理Ⅲ差异不显著外，各物质含量在各测定时期均表现为处理Ⅳ与其他各处理差异显著（P＜0.05），而覆盖处理均与对照差异显著（P＜0.05）。结果表明，适宜的秸秆覆盖量能促进可溶性糖

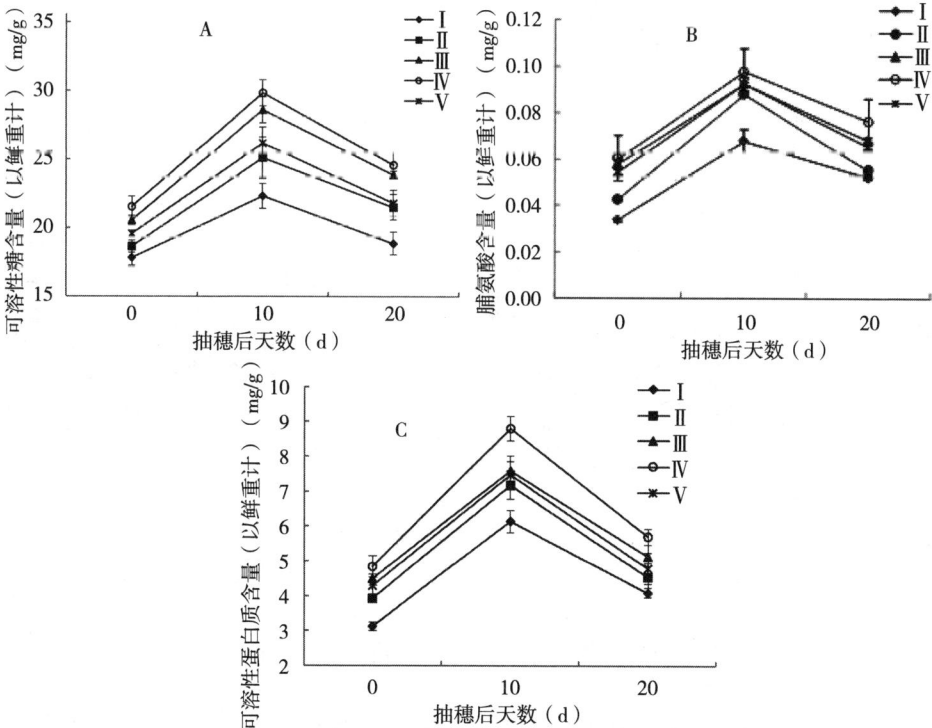

图 5-2　不同秸秆覆盖量对小麦旗叶可溶性糖（A）、脯氨酸（B）和可溶性蛋白质含量（C）的影响

和脯氨酸积累，利于蛋白质的形成，对减缓叶片衰老和植株的抗旱性均有重要作用。

三、秸秆覆盖量对 MDA 含量和 SOD、CAT、POD 活性的影响

MDA 是膜脂过氧化产物，其含量的高低与叶片衰老速度密切相关。图 5-3A 表明，抽穗期后随生育进程，不同处理 MDA 含量不同，总体表现为 Ⅰ＞Ⅱ＞Ⅲ＞Ⅴ＞Ⅳ。抽穗后 0～10d MDA 含量增幅较小，抽穗 10d 后，MDA 含量增加迅速。与抽穗期相比，抽穗后 20d MDA 含量增幅最大的为对照处理，增加了 6.9 倍，增幅最小的为处理Ⅳ，增加了 5.3 倍。处理间比较，除抽穗期外，其他各测定时期，MDA 含量均以对照为最高，与各覆盖处理差异显著（$P < 0.05$）。

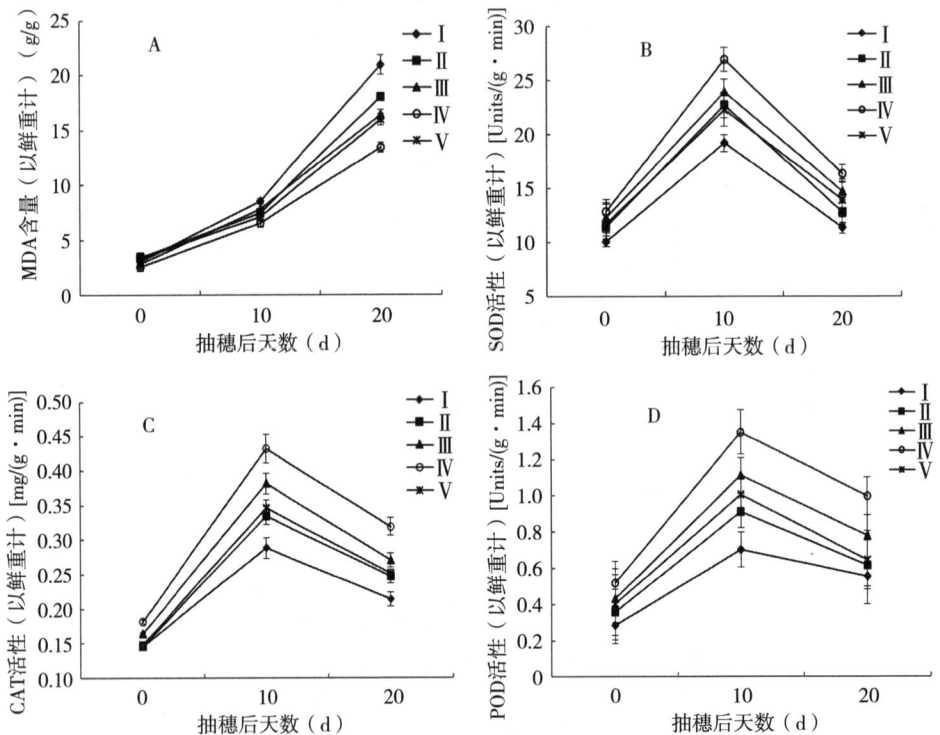

图 5-3　不同秸秆覆盖量对小麦旗叶 MDA 含量（A）和 SOD（B）、
CAT（C）、POD（D）活性的影响
注：Units 的计算方法。

SOD、CAT 和 POD 是生物防御活性氧伤害的重要保护酶，其活性大小是植株衰老和抗性的指标之一。试验结果表明（图 5-3B、图 5-3C、图 5-3D），随生育期延长，各处理 3 种酶活性均呈先升后降的变化趋势，抽穗期酶活性最

低，之后迅速增加，第10d达到峰值。不同处理间比较，各测定时期均以处理Ⅳ酶活性为最高，且显著高于其他各处理（$P<0.05$），对照处理活性最低，表现为Ⅳ＞Ⅲ＞Ⅴ＞Ⅱ＞Ⅰ。抽穗后10d，酶活性与抽穗期相比，POD、CAT、POD酶活性增幅最大的为处理Ⅳ，分别增加了109.6%、137.3%、161.3%，增幅最小的为对照，分别增加了89.8%、97.8%、141.6%。表明，秸秆覆盖处理能不同程度提高旗叶酶活性。

第二节　秸秆覆盖量对旱地麦田土壤酶活性的影响

一、秸秆覆盖量对土壤脲酶活性的影响

脲酶是对尿素转化起关键作用的酶，它的酶促反应产物是可供植物利用的氮源，它的活性可以用来表示土壤供氮能力的大小。图5-4表明，小麦抽穗后，各处理脲酶活性呈先升高后下降趋势，抽穗后20d达到峰值。处理间比较，总体表现为Ⅳ＞Ⅲ＞Ⅱ＞Ⅴ＞Ⅰ，处理Ⅳ在各测定时期的脲酶活性均高于其他处理，且差异显著。表明，秸秆覆盖处理脲酶活性均高于对照，但过高的覆盖量在灌浆初期对脲酶活性是不利的。

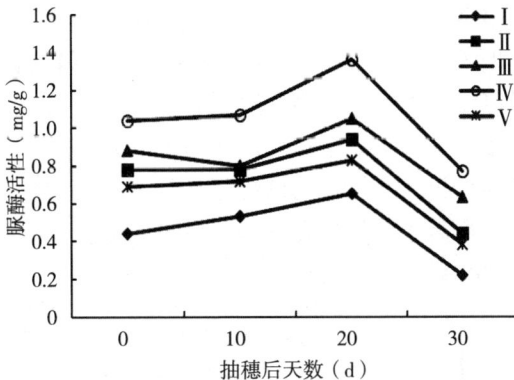

图5-4　不同秸秆覆盖量对土壤脲酶活性的影响

二、秸秆覆盖量对土壤过氧化氢酶活性的影响

过氧化氢酶可促使H_2O_2分解为分子氧和水，清除体内的过氧化氢，从而使细胞免于遭受H_2O_2的毒害，是生物防御体系的关键酶之一。土壤中过氧化氢酶的活性越高，作物的抗H_2O_2能力就越强。图5-5表明，小麦抽穗后0~20d，土壤过氧化氢酶活性持续升高，抽穗后20d达到峰值，之后下降。处理间标记，各测定时期，秸秆覆盖处理均高于对照处理，处理Ⅱ、Ⅲ、Ⅳ比较，

随秸秆覆盖量增加，酶活性增加，但处理Ⅴ低于处理Ⅲ，覆盖处理间比较均以处理Ⅳ酶活性为最高，且与其他处理差异显著。表明，秸秆覆盖有利于提高土壤过氧化氢酶活性，但过量覆盖对酶活性提高不利。

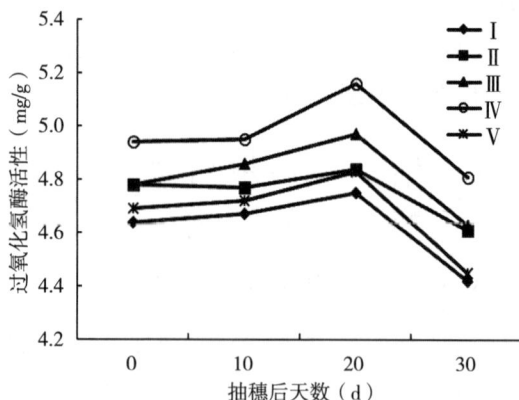

图 5-5　不同秸秆覆盖量对土壤过氧化氢酶活性的影响

三、秸秆覆盖量对土壤脱氢酶活性的影响

脱氢酶是一类催化物质发生氧化还原反应的酶。脱氢酶能使氧化有机物的氢原子活化并传递给特定的受氢体，因此，脱氢酶的活性可以反映处理体系内微生物的量以及其对有机物的降解活性。从图 5-6 可以看出，小麦抽穗后，随生育进程土壤脱氢酶活性呈先升高后降低趋势，抽穗后 20d 达到峰值。各测定时期，处理间比较，秸秆覆盖处理均高于对照，且差异显著；秸秆覆盖处理间比较，表现为随秸秆覆盖量增加酶活性呈增加趋势，但处理Ⅴ酶活性低于处理Ⅳ，处理Ⅳ酶活性均高于其他覆盖处理，且差异显著。表明，秸秆覆盖对脱

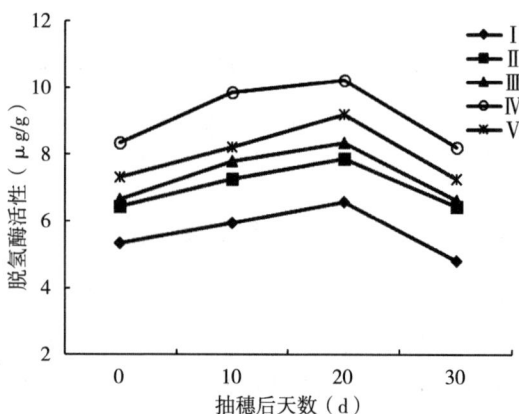

图 5-6　不同秸秆覆盖量对土壤脱氢酶活性的影响

氢酶活性的提高是有利的，而超过一定的覆盖量则不利于酶活性提高。

四、秸秆覆盖量对土壤转化酶活性的影响

土壤转化酶可水解蔗糖生成葡萄糖和果糖，使得植物和微生物更易于吸收利用。土壤转化酶活性高，则更有利于植物的生长发育和产量的形成。图5-7表明，小麦抽穗后0~20d，土壤转化酶活性持续升高，第20天达到峰值，之后迅速下降。处理间比较，各测定时期，总体表现为Ⅳ＞Ⅴ＞Ⅲ＞Ⅱ＞Ⅰ，均以处理Ⅳ为最高，且与其他处理差异显著。试验表明，秸秆覆盖处理土壤转化酶活性均高于不覆盖处理。

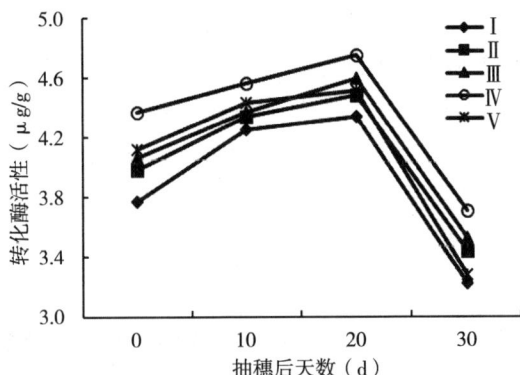

图5-7 不同秸秆覆盖量对土壤转化酶活性的影响

五、秸秆覆盖量对土壤蛋白酶活性的影响

蛋白酶就是催化蛋白质中肽键水解的酶，有助于降解土壤中的有机质供作物生长发育利用。小麦抽穗后0~20d土壤蛋白酶活性持续升高，第20天达到峰值，之后下降（图5-8）。处理间比较，各测定时期，秸秆覆盖处理酶活性

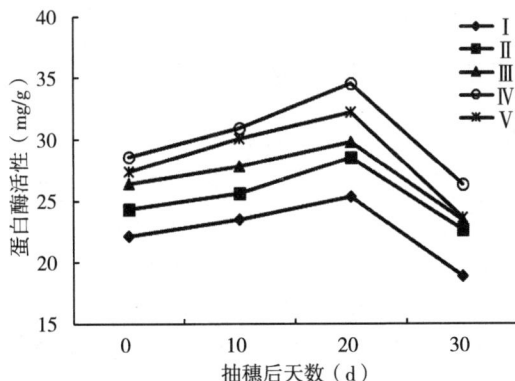

图5-8 不同秸秆覆盖量对土壤蛋白酶活性的影响

均高于对照，且差异显著。秸秆覆盖处理间比较，均以处理Ⅳ的蛋白酶活性为最高，且与其他处理差异显著。

第三节 秸秆覆盖量对小麦产量和品质的影响

一、秸秆覆盖量对小麦产量及其构成因素的影响

从表5-1可以看出，秸秆覆盖处理的小麦产量基本均高于对照，除处理Ⅴ与对照差异不显著外，其余处理均与对照差异显著。与对照相比，处理Ⅱ的小麦产量提高19.6%，处理Ⅲ提高了19.8%，处理Ⅳ提高了33.2%，而处理Ⅴ却比对照处理下降了1.5%，表明，适宜秸秆覆盖量对增加小麦产量有显著的促进作用，但秸秆覆盖量过大促进效应并不明显，甚至对产量提高产生负面影响。从产量构成因素看，除穗数外，覆盖处理下穗粒数、千粒重均比对照有所增加；处理Ⅳ的穗数显著高于其他各处理，而穗粒数显著高于对照和处理Ⅴ，千粒重除与处理Ⅱ差异不显著外，与其他处理均差异显著。

表5-1 不同秸秆覆盖量对小麦产量及其构成因素的影响

处理	穗数（万穗/hm²）	穗粒数	千粒重（g）	产量（kg/hm²）
Ⅰ	484.5±25.36c	30.8±2.12b	42.1±1.22b	5 186.6±547.12c
Ⅱ	548.1±17.65b	33.6±1.64a	43.1±1.21ab	6 203.8±585.24b
Ⅲ	539.4±21.31b	33.4±1.26a	42.7±1.08b	6 215.2±643.23b
Ⅳ	573.7±18.84a	34.5±1.65a	44.4±1.24a	6 908.1±679.51a
Ⅴ	478.6±21.02c	31.4±1.57b	42.8±1.26b	5 108.1±581.13c

二、秸秆覆盖量对籽粒中直链淀粉和支链淀粉的影响

淀粉是面粉的主要成分，占小麦籽粒干重的65%～70%，与小麦产量显著相关。淀粉主要有两种存在形式即直链淀粉和支链淀粉，其中直链淀粉占20%～30%，支链淀粉占70%～80%，糯性小麦直链淀粉含量极低。从图5-9可以看出，秸秆覆盖可以增加小麦籽粒中的直链淀粉和支链淀粉含量，且都随覆盖量的增加呈上升趋势。其原因可能是秸秆覆盖显著改善了0～20cm土层的土壤贮水量和含水量，提高了水分利用率，延长了小麦的灌浆期，从而提高了小麦籽粒中淀粉的含量。

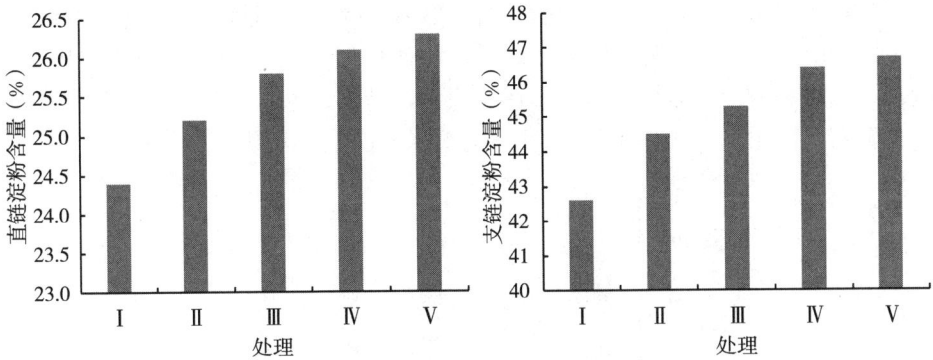

图 5-9　不同秸秆覆盖量对小麦籽粒直链淀粉和支链淀粉含量的影响

三、秸秆覆盖量对小麦籽粒中蔗糖含量的影响

叶片中合成的光合产物主要以蔗糖的形式通过韧皮部运输到籽粒，并在籽粒中降解为合成淀粉的原料，旗叶中蔗糖的合成反映了此阶段"源"器官同化物的供应能力。从图 5-10 可以看出，秸秆覆盖能增加小麦籽粒中的蔗糖含量，当秸秆覆盖量为 2 000kg/hm² 时，蔗糖含量最高，显著高于对照，但随着秸秆覆盖量的增加，蔗糖含量呈下降趋势，当秸秆覆盖量为 8 000kg/hm² 时，蔗糖含量小于对照。

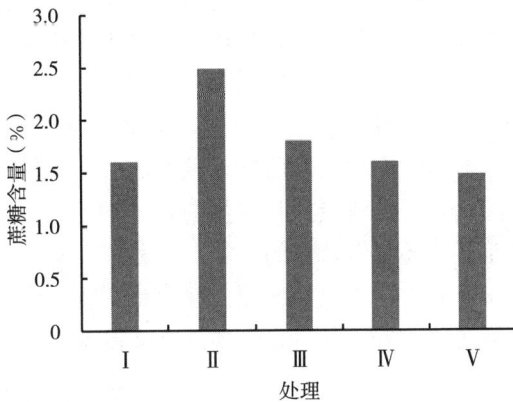

图 5-10　不同秸秆覆盖量对小麦籽粒中蔗糖含量的影响

四、秸秆覆盖量对小麦籽粒中游离氨基酸的影响

无论是新同化氮还是再分配氮，氨基酸都是植株体内氮化物的主要存在方式和运输形式，它不但把氮素的吸收同化与器官中蛋白质的合成和降解联系在一起，也是源库间实现氮素分配转移再分配的主要方式。从图 5-11 中可以看出，随秸秆覆盖量的增加冬小麦籽粒中的游离氨基酸含量呈先升高后下降趋

势，秸秆覆盖量为 4 000kg/hm² 时，游离氨基酸含量达到最大，秸秆覆盖量为 8 000kg/hm² 时，游离氨基酸的含量最低。秸秆覆盖增加了土壤中的有机质，提高了土壤中的全氮含量，从而提高了氮源，游离氨基酸含量会增加，但随着秸秆覆盖量的增加，土壤中的 C/N 比会下降反而影响氨基酸的合成。

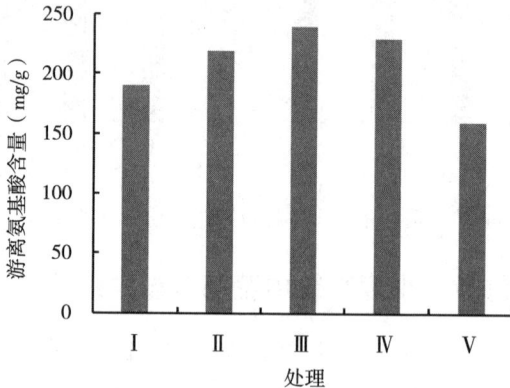

图 5-11　不同秸秆覆盖量对小麦籽粒中游离氨基酸的影响

五、秸秆覆盖量对小麦籽粒中蛋白质及其组分的影响

从图 5-12 可以看出，秸秆覆盖降低了冬小麦籽粒中清蛋白和球蛋白的含量，且覆盖量越大，清蛋白和球蛋白含量越低。试验表明，秸秆覆盖增加了冬小麦籽粒中醇溶蛋白和谷蛋白的含量，且覆盖量越大，醇溶蛋白和谷蛋白含量越高。秸秆覆盖处埋使冬小麦籽粒蛋白质含量有所增加。可能是因为秸秆覆盖增加了土壤含水量，微生物种类和数量增多，活动旺盛，促进了秸秆的分解，增加了土壤有机质，提高了土壤肥力所致。试验表明秸秆覆盖还影响了籽粒蛋白质组分含量及其比例，籽粒清蛋白和球蛋白含量均比无覆盖要低，醇溶蛋白和谷蛋白均比无覆盖高，随着覆盖量的增加，秸秆覆盖对籽粒蛋白质组分比例也有影响，秸秆覆盖降低了清蛋白和球蛋白在总蛋白含量中的比例，增加了醇溶蛋白和谷蛋白含量比例，有利于冬小麦加工品质的改善。

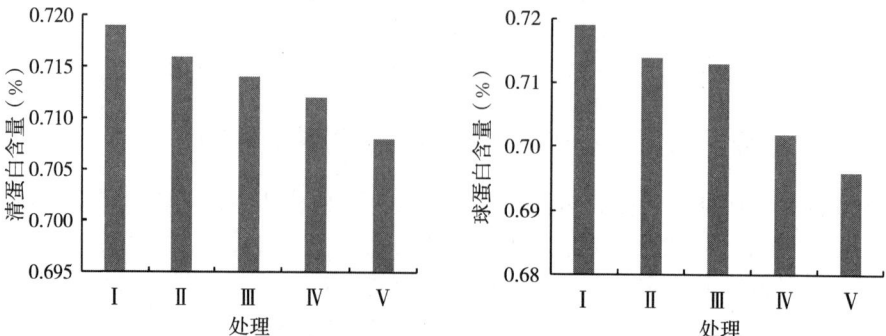

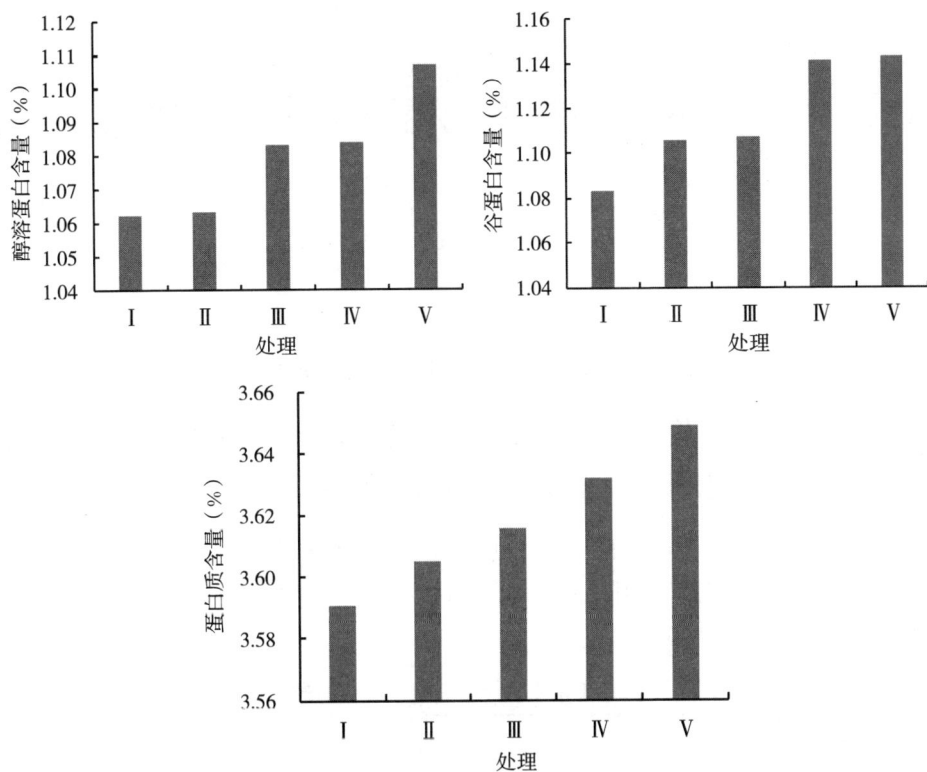

图 5-12 不同秸秆覆盖量对小麦籽粒蛋白质组分的影响

第六章

氮磷钾肥对旱地小麦的调控效应

第一节　施氮量对旱地麦田土壤特性及小麦生长发育的调控效应

一、不同氮素水平对土壤有机质含量的影响

由表 6-1 可以看出，不同氮肥处理随小麦生育进程的推进，土壤有机质含量呈先升后降的趋势，开花期达到最高。不同施氮量之间比较，在整个生育期各处理之间差异不显著。

表 6-1　不同氮素水平对土壤有机质含量的影响（g/kg）

生育时期	土层深度（cm）	N1	N2	N3	N4
拔节期	0～20	14.67a	14.88a	15.24a	15.44a
	20～40	11.36a	10.51a	10.78a	11.09a
开花期	0～20	15.66a	16.13a	16.45a	16.65a
	20～40	11.06a	11.46a	11.78a	12.01a
成熟期	0～20	14.89a	14.67a	14.88a	14.91a
	20～40	11.04a	11.38a	11.51a	11.87a

注：N1、N2、N3、N4 分别表示施氮量为 120kg/hm²、180kg/hm²、240kg/hm²、300kg/hm²。小写字母不同表示处理间差异达 5% 显著水平，下同。

二、不同氮素水平对土壤氮、磷、钾含量的影响

（一）不同氮素水平对土壤全氮和碱解氮的影响

1. 土壤全氮

从表 6-2 可以看出，土壤全氮含量随生育进程的推进呈现先减后增的变化趋势，拔节后由于小麦对土壤中的氮素吸收量增加，土壤全氮含量拔节至开花期减少，开花至成熟期又表现为增加趋势。土壤全氮含量在各个生育时期均以 0～20cm 土层为最高，随着深度增加土壤全氮含量均减少。不同氮素处理

之间比较，土壤全氮含量均以 N1 处理为最低。说明增施氮肥可以在一定程度上改变土壤全氮含量，进而调控土壤肥力。

表 6‑2　不同氮素水平对土壤全氮含量的影响（g/kg）

生育时期	土层深度（cm）	N1	N2	N3	N4
拔节期	0～20	0.81b	0.84b	0.88a	0.89a
	20～40	0.51c	0.57b	0.63a	0.65a
开花期	0～20	0.75b	0.77b	0.82a	0.85a
	20～40	0.54b	0.56ab	0.58a	0.57a
成熟期	0～20	0.84b	0.87b	0.91a	0.89a
	20～40	0.32b	0.35a	0.37a	0.39a

2. 土壤碱解氮

碱解氮是一类容易分解的氮素，极易被植物体吸收利用，它反映了土壤有效氮的含量，是土壤肥力最具指示性的指标之一。表 6‑3 表明，随着不同氮素处理冬小麦生育进程的推进，土壤碱解氮含量呈增加的变化趋势。不同氮素形态之间比较，0～20cm 土壤碱解氮含量以 N4 处理为最高，N1 处理最低，20～40cm 土层碱解氮与 0～20cm 土层表现一致。表明随施氮量增加，土壤碱解氮含量增加。

表 6‑3　不同氮素水平对土壤碱解氮含量的影响（mg/kg）

生育时期	土层深度（cm）	N1	N2	N3	N4
拔节期	0～20	63.13b	65.24ab	67.67a	68.81a
	20～40	22.62b	24.64b	28.52a	29.13a
开花期	0～20	66.12b	67.32b	77.14a	78.73a
	20～40	21.43b	22.44b	27.67a	28.54a
成熟期	0～20	71.12b	73.47b	78.9a	80.01a
	20～40	23.14a	24.32b	29.47a	30.33a

3. 0～40cm 土层土壤全氮和碱解氮平均含量

由表 6‑4 可以看出，不同氮素处理对 0～40cm 土层土壤全氮平均含量各生育时期均表现为随施氮量增加呈上升趋势，以 N4 处理为最高，N1 处理最低，N3 和 N4 差异不显著，但与 N3、N4 与 N1、N2 差异显著。不同氮素处理对 0～40cm 土层土壤碱解氮平均含量的影响与土层土壤全氮平均含量影响表现一致。

表 6-4　不同氮素水平对 0～40cm 土层土壤全氮和碱解氮平均含量的影响

处理	土壤全氮含量（g/kg）			土壤碱解氮含量（mg/kg）		
	拔节期	开花期	成熟期	拔节期	开花期	成熟期
N1	0.66c	0.65b	0.58b	42.88b	43.78b	47.13b
N2	0.71b	0.67b	0.61ab	44.94b	44.88b	48.90b
N3	0.76a	0.70a	0.64a	48.10a	52.41a	54.19a
N4	0.77a	0.71a	0.64a	48.97a	53.64a	55.17a

（二）不同氮素水平对土壤全磷和有效磷的影响

1. 土壤全磷

由表 6-5 可知，0～40cm 土层土壤全磷含量在拔节后呈下降的趋势。相同生育时期，不同处理间比较，均随施氮量增加而增加，以 N4 处理为最高，但与 N3 差异不显著，N1 最低，且与 N4 差异显著。

表 6-5　不同氮素水平对土壤全磷含量的影响（mg/kg）

生育时期	土层深度（cm）	N1	N2	N3	N4
拔节期	0～20	0.69a	0.71a	0.77b	0.78
	20～40	0.64a	0.62b	0.68b	0.71
开花期	0～20	0.65a	0.67a	0.74b	0.73
	20～40	0.59a	0.60a	0.67b	0.68
成熟期	0～20	0.62a	0.64a	0.66b	0.67
	20～40	0.51a	0.53a	0.60b	0.63

2. 土壤有效磷

有效磷作为土壤肥力高低指标之一，土壤中其含量的多寡直接关系到作物的生长发育。由表 6-6 中可以看出，在各生育期中，0～20cm 和 20～40cm 土层土壤有效磷含量 N3 和 N4 处理显著高于比 N1 和 N2 处理；不同生育期比较，均表现为随生育期的延长而下降。

表 6-6　不同氮素水平对土壤有效磷含量的影响（mg/kg）

生育时期	土层深度（cm）	N1	N2	N3	N4
拔节期	0～20	18.2a	18.4a	19.8b	19.8
	20～40	17.2a	17.5a	18.4b	18.7
开花期	0～20	18.2a	18.5a	19.1b	19.3
	20～40	16.5a	16.9a	17.1b	17.6
成熟期	0～20	17.4a	17.9a	17.8a	18.1
	20～40	15.4a	15.7a	16.4a	16.6

（三）不同氮素水平对土壤钾素的影响

1. 土壤全钾

从表 6-7 中看出，拔节期土壤中全钾含量低于生育开花期和成熟期，浅土层中全钾含量高于深土层中全钾含量。不同氮素处理间比较，表现为随施氮量的增加而增加，以 N4 为最高，N3 和 N4 间差异不显著，但与 N1 和 N2 差异显著。

表 6-7　不同氮素水平对土壤全钾含量的影响（mg/kg）

生育时期	土层深度（cm）	N1	N2	N3	N4
拔节期	0～20	11.2	12.3	15.1	15.8
	20～40	10.3	10.8	12.2	12.7
开花期	0～20	12.4	12.9	14.2	14.3
	20～40	10.1	10.9	11.7	11.7
成熟期	0～20	12.7	13.2	15.2	15.5
	20～40	11.6	12.4	14.3	15.1

2. 土壤速效钾

由表 6-8 可以看出，拔节后土壤中速效钾的含量随生育期的推进呈现先降低后增加的趋势，浅土层中速效钾含量高于深土层中速效钾含量。不同处理之间比较，随施氮量增加速效钾含量呈增加趋势，以 N4 处理为最高，且与 N3 差异不显著，与 N1 和 N2 处理差异显著。

表 6-8　不同氮素水平对土壤速效钾含量的影响（mg/kg）

生育时期	土层深度（cm）	N1	N2	N3	N4
拔节期	0～20	122.2	124.5	141.1	145.8
	20～40	116.1	118.4	139.6	140.5
开花期	0～20	120.5	125.1	134.8	136.3
	20～40	118.7	116.7	126.8	129.7
成熟期	0～20	125.1	128.5	138.1	141.4
	20～40	121.3	125.3	131.2	135.1

三、不同氮素水平对土壤酶活性的影响

（一）不同氮素水平对土壤脲酶活性的影响

脲酶是对尿素转化起关键作用的酶，它的酶促反应产物是可供植物利用的氮源，它的活性可以用来表示土壤供氮能力的大小。图 6-1 表明，随生育期进程，各处理脲酶活性均呈下降趋势，总体上看，开花后 0～14d 降幅较小，14d 后降幅增大。不同处理比较，同一测定时期，脲酶活性均表现为 N3＞

N4＞N2＞N1。

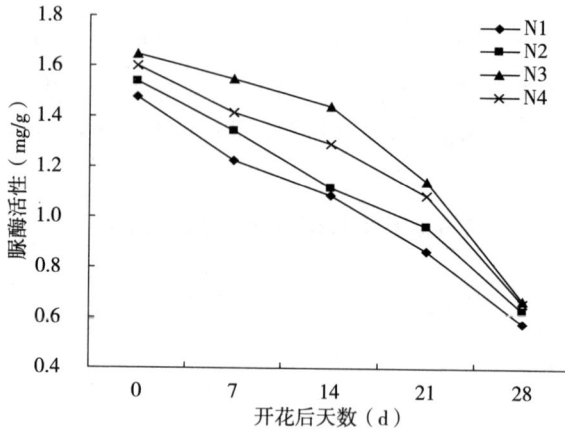

图 6-1 不同氮素水平对土壤脲酶活性的影响

注：N1、N2、N3、N4 分别表示施氮量为 120kg/hm²、180kg/hm²、240kg/hm²、300kg/hm²，下同。

（二）不同氮素水平对土壤过氧化氢酶活性的影响

过氧化氢酶可促使 H_2O_2 分解为分子氧和水，清除体内的过氧化氢，从而使细胞免于遭受 H_2O_2 的毒害，是生物防御体系的关键酶之一。土壤中过氧化氢酶的活性越高，作物的抗 H_2O_2 能力就越强。图 6-2 表明，过氧化氢酶活性随施氮量的增加而增加；开花后随生育期进行，不同处理的过氧化氢酶活性均呈上升趋势；不同处理间比较，N3 处理酶活性最高，N1 处理酶活性最低。

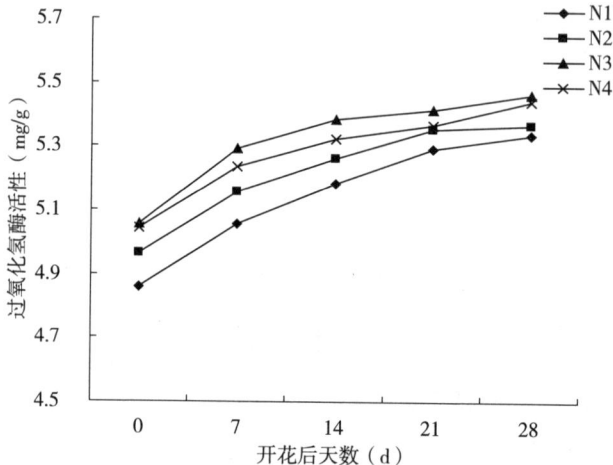

图 6-2 不同氮素水平对土壤过氧化氢酶活性的影响

（三）不同氮素水平对土壤脱氢酶活性的影响

脱氢酶是一类催化物质发生氧化还原反应的酶。脱氢酶能使氧化有机物的氢原子活化并传递给特定的受氢体，因此脱氢酶的活性可反映处理体系内微生物的量及其对有机物的降解活性。从图6-3可以看出，开花后随生育期进程土壤脱氢酶活性呈下降趋势，在各测定时期，不同处理间比较，表现为N3＞N2＞N4＞N1。

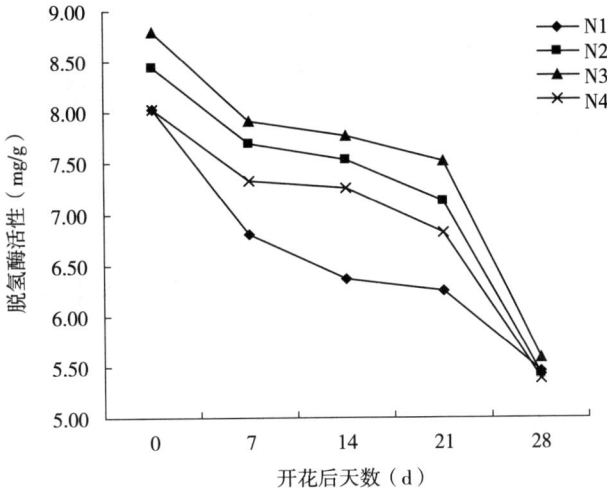

图6-3　不同氮素水平对土壤脱氢酶活性的影响

（四）不同氮素水平对土壤转化酶活性的影响

土壤转化酶可水解蔗糖生成葡萄糖和果糖，使得植物和微生物更易于吸收利用。土壤转化酶活性高，则更有利于植物的生长发育和产量的形成。图6-4表明，开花后随生育期进程，土壤转化酶活性迅速下降；在各测定时期，土壤转化酶活性均随施氮量增加而下降，表现为N3＞N4＞N2＞N1。

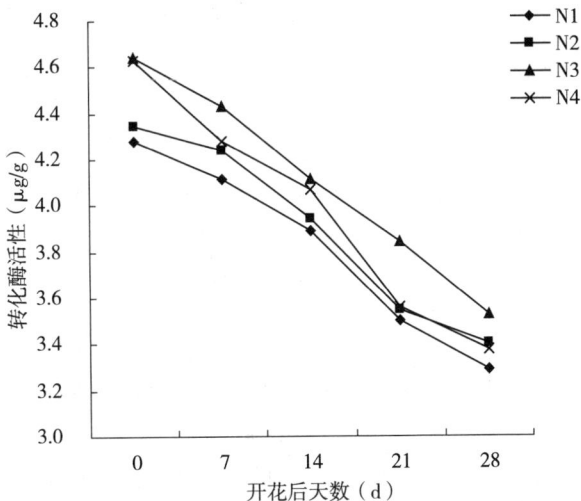

图6-4　不同氮素水平对土壤转化酶活性的影响

（五）不同氮素水平对土壤蛋白酶活性的影响

蛋白酶就是催化蛋白质中肽键水解的酶，有助于降解土壤中的有机质供作物生长发育利用。开花后，各处理蛋白酶活性都呈下降趋势（图6-5），在各测定时期，土壤转化酶活性均随施氮量增加而下降，表现为N3＞N4＞N2＞N1。

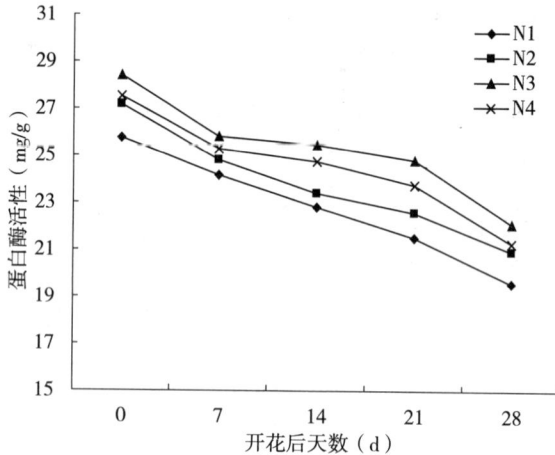

图6-5 不同氮素水平对土壤蛋白酶活性的影响

四、不同氮素水平对旱地小麦干物质积累与转运的调控效应

（一）不同氮素水平对小麦叶面积系数的影响

从图6-6可以看出，增加氮素的施用量可以提高小麦叶片叶面积系数，表现为N4＞N3＞N2＞N1。但是不同处理的小麦叶面积系数的增幅不一样。

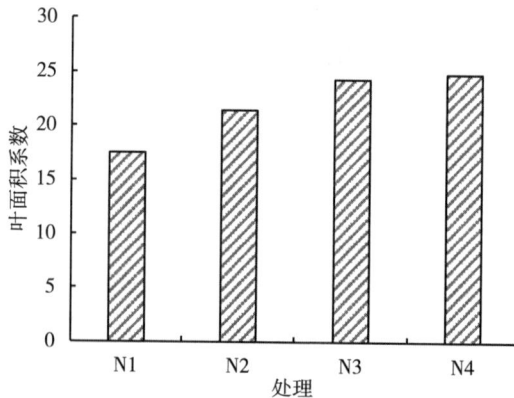

图6-6 不同氮素水平对小麦叶面积系数的影响

注：N1、N2、N3、N4分别表示施氮量为120kg/hm²、180kg/hm²、240kg/hm²、300kg/hm²，下同。

与 N1 处理相比，N2、N3、N4 处理增幅分别为 26.40%、14.40%、1.50%。由此可知，施氮水平在 180kg/hm² 、240kg/hm² 时，叶面积系数增幅较大，而施氮水平达到 300kg/hm² 时，叶面积系数增加不明显。因此施氮水平在 240kg/hm² 时，对增加小麦光合产物最经济有效。

（二）不同氮素水平对小麦叶片、茎鞘鲜重和干重的影响

从表 6-9 可以看出，增加氮素的施用量可以增加小麦叶片与茎鞘的鲜、干重。但是在施氮量达到一定程度时，小麦叶片与茎鞘的干重增幅不明显。

表 6-9　不同氮素水平对小麦叶片、茎鞘鲜重和干重的影响（g）

项目		N1	N2	N3	N4
叶片	鲜重	3.68	5.90	4.86	8.74
	干重	1.24	1.66	1.67	1.68
茎鞘	鲜重	12.44	15.51	18.59	19.56
	干重	2.98	3.09	3.13	3.16

注：N1、N2、N3、N4 分别表示施氮量为 120kg/hm²、180kg/hm²、240kg/hm²、300kg/hm²。小写字母不同表示处理间差异达 5% 显著水平，下同。

（三）不同氮素水平对小麦根鲜重和干重的影响

增加氮素的施用水平可以显著增加小麦根的鲜、干重（表 6-10），在施氮量为 180kg/hm² 时，比施氮量为 120kg/hm² 时分别高出 0.154g、0.057g；施氮量为 240kg/hm² 时比施氮水平为 180kg/hm² 时根鲜、干重分别减少了 0.205g、0.094g；施氮量提高至 300kg/hm² 时，比施氮量为 240kg/hm² 时根鲜、干重分别增加 0.593g、0.112g。可以看出，施氮量达到一定程度时，小麦根鲜、干重增幅不明显。

表 6-10　不同氮素水平对小麦根鲜重和干重的影响（g）

项目	N1	N2	N3	N4
鲜重	0.469	0.623	0.418	1.011
干重	0.288	0.345	0.251	0.363

（四）不同氮素水平对小麦根体积的影响

从图 6-7 可以看出，增加氮素的施用水平可以增加小麦根的体积。但是在施氮量达到一定程度时，小麦根的体积增幅不明显。施氮水平在 180kg/hm² 时比施氮水平 120kg/hm² 时增加 0.44cm³，施氮水平在 240kg/hm² 时比 180kg/hm² 增加 0.36cm³，施氮水平在 300kg/hm² 时比施氮水平在 240kg/hm² 时增加 0.03cm³。

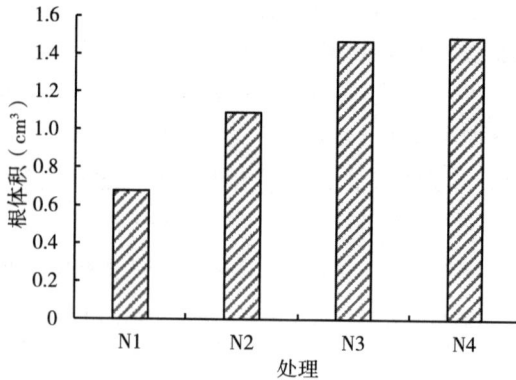

图 6-7　不同氮素水平对小麦根体积的影响

（五）不同氮素水平对小麦茎鞘干物质积累和运转的影响

1. 茎鞘物质运转

由表 6-11 可知，N1～N3 处理中，随施氮水平的增加，抽穗期和成熟期茎鞘干物重、抽穗后茎鞘物质输出量、输出率、转化率均增加，开花前茎鞘贮藏同化物向籽粒的输出量、输出率、转化率均为 N3 最高，N2 次之，N1 最低，且 N3 处理均显著高于其他各处理，各指标总体表现为 N3＞N2＞N4＞N1。表明 N3 处理促进了营养器官开花前贮藏同化物向籽粒的再分配，增强了小麦花前各器官干物质向籽粒的运转，有效地促进营养器官光合同化物向籽粒的运转，增加其占籽粒重的比例，从而提高籽粒产量，而过量氮肥并不能显著提高营养器官物质向籽粒的运转。

表 6-11　不同氮素水平下茎鞘物质运转

处理	抽穗期茎鞘干重（kg/hm²）	成熟期茎鞘干重（kg/hm²）	茎鞘物质输出量（mg）	茎鞘物质输出率（%）	茎鞘物质转化率（%）
N1	3 925.5± 272.44c	3 399.8± 182.56c	525.7± 19.22c	13.4± 2.25c	9.9± 0.12c
N2	4 722.9± 321.35b	3 886.4± 282.34ab	836.5± 28.16b	17.7± 0.71b	12.6± 0.09b
N3	5 290.3± 235.12a	4 118.4± 167.64a	1 171.9± 58.77a	22.2± 1.51a	16.3± 0.46a
N4	4 325.3± 175.06b	3 679.1± 277.80b	646.2± 24.65c	14.9± 1.84c	11.8± 0.21b

2. 籽粒产量与茎鞘物质运转参数的相关性

经相关分析表明，抽穗期茎鞘干物重、抽穗后茎鞘物质输出量和输出率均与籽粒产量呈显著或极显著正相关（表 6-12）。可见，提高抽穗期茎鞘干重以及抽穗后茎鞘物质的积累和运转，有利于籽粒灌浆，提高小麦产量。

表 6-12　抽穗期茎鞘干物重、抽穗后茎鞘物质输出量、
输出率和转化率与籽粒产量的相关系数

	抽穗期茎鞘 干重（kg/hm²）	成熟期茎鞘 干重（kg/hm²）	茎鞘物质输 出量（mg）	茎鞘物质输 出率（%）	茎鞘物质转 化率（%）
产量	0.967*	0.951*	0.977**	0.983*	0.923

注：* 表示在 0.05 水平上差异显著，** 表示在 0.01 水平上差异显著。

3. 茎鞘非结构性碳水化合物（NSC）的积累和运转

从表 6-13 可以看出，抽穗后茎鞘可溶性糖和淀粉含量表现一致，均表现为 N3 处理含量最高，N1 处理含量最低，且 N3 处理显著高于其他各处理。成熟期茎鞘可溶性糖含量表现为 N2＞N3＞N1＞N4，淀粉含量表现为 N2＞N3＞N4＞N1。抽穗后茎鞘中的 NSC 的运转率以 N3 处理为最高，且显著高于其他处理，总体表现为 N3＞N4＞N2＞N1。抽穗后茎鞘中的 NSC 对籽粒的贡献率以 N2 为最高，但各处理间差异不显著。虽然 N4 处理的茎鞘中的 NSC 的运转率明显高于 N1、N2 处理，但由于总干重的降低，最终仍会导致产量相对较低。

表 6-13　不同氮素水平下茎鞘非结构性碳水化合物（NSC）的积累和运转

处理	抽穗期		成熟期		运转率 NSC（%）	贡献率（%）
	可溶性糖 （mg/g）	淀粉 （mg/g）	可溶性糖 （mg/g）	淀粉 （mg/g）		
N1	113.23c	209.56b	79.68b	47.87c	69.55b	13.46c
N2	138.65b	228.78b	94.55a	79.74a	69.88b	15.11a
N3	186.26a	288.84a	82.45a	61.34ab	75.62a	14.76ab
N4	124.43b	218.66b	70.12b	59.13b	70.20b	14.48b

注：运转率=（抽穗期茎鞘 NSC−成熟期 NSC）/抽穗期 NSC×100；贡献率=（抽穗期 NSC−成熟期 NSC）/粒重×100。

（六）不同氮素水平对小麦籽粒灌浆特性的影响

齐穗后的籽粒灌浆特征，用 Richards 方程 $W=A/（1+Be−kt）1/N$ 进行拟合。结果表明，各方程的决定系数（R^2）均在 0.90 以上，配合度高（表 6-14）。说明不同氮肥处理下籽粒灌浆过程均可用 Richards 模型描述。最终生长量 A，以 N3 处理为最大，表现为 N3＞N2＞N4＞N1。与 N1 处理相比，N2、N3 和 N4 处理籽粒每百粒重分别增加了 0.298、0.449 和 0.178g。

表 6-14　不同氮素水平下籽粒灌浆过程的 Richards 方程参数估计

处理	A	B	K	N	R^2
N1	4.023	586.334	0.406	1.004	0.997

（续）

处理	A	B	K	N	R^2
N2	4.321	689.508	0.443	1.014	0.986
N3	4.472	776.089	0.502	1.006	0.995
N4	4.201	626.264	0.416	1.273	0.987

注：A，籽粒最大重量；B、K、N，方程参数；R^2，方程决定系数。

起始生长势 R_0 反映的是受精子房的生长潜势，与籽粒生长初期的生长速率有密切关系。表 6-15 表明，随着施氮量的增加 R_0 有增加趋势，但过量施氮（N4）反而降低。可见，过量施氮降低了籽粒生长潜势，可能是籽粒灌浆充实差的原因。各处理最大灌浆速率（GR_{max}）和平均灌浆速率（GR_{mean}）与 R_0 表现一致，均为 N3 处理最大，N4 处理最小。随着施氮量的增加，达到最大灌浆速率的时间（T_{max}）有提前趋势，以 N3 处理为最短，与 N1 处理相比，N2、N3 和 N4 处理分别提前了 0.966d、2.445d 和 0.789d。籽粒生长活跃期 D 以 N3 为最短，表现为 N4＞N1＞N2＞N3。N4 处理的 D 值相对较大，从而可弥补因灌浆速率较低而造成的损失。

表 6-15　不同氮素水平下小麦籽粒灌浆特征参数

处理	R_0	每 100 粒 GR_{max}（g/d）	T_{max}（d）	D（d）	每 100 粒 GR_{mean}（g/d）
N1	0.404	0.406	15.689	14.798	0.272
N2	0.437	0.470	14.723	13.607	0.318
N3	0.499	0.557	13.244	11.976	0.373
N4	0.327	0.334	14.900	15.736	0.267

注：R_0，起始生长势；GR_{max}，最大灌浆速率；T_{max}，达到最大灌浆速率的时间；D，活跃灌浆期；GR_{mean}，平均灌浆速率。

灌浆速率曲线具有两个拐点，根据朱庆森等的方法，求得两个拐点在 t 坐标上的 t_1 和 t_2，依 Richards 方程求得 t_3，由此确定灌浆阶段，分别为前期（$0\sim t_1$）、中期（$t_1\sim t_2$）和后期（$t_2\sim t_3$）。由表 6-16 可知，不同处理在籽粒灌浆各阶段持续天数、平均灌浆速率和贡献率上有着较大差异。各处理籽粒前期灌浆时间缩短，中、后期则延长，平均灌浆速率和贡献率以中期为最大。处理间比较，平均灌浆速率前期表现为 N4＞N3＞N2＞N1，中后期表现为 N3＞N2＞N1＞N4；贡献率前期表现为 N4＞N1＞N3＞N2，中后期表现为 N2＞N3＞N1＞N4；处理间变化差异不大。但从总体上看，N3 处理的灌浆速率大于其他处理，但灌浆持续天数要比其他处理短。表明灌浆速率大能有效地弥补因灌浆持续期相对较短而造成的损失，灌浆速率小也可以通过延长相对灌浆时间而减少损失。

表 6-16　不同氮素水平下小麦籽粒灌浆前、中、后期持续天数、
平均速率及贡献率

处理	前期			中期			后期		
	天数 (d)	每 100 粒平均速率 (g/d)	贡献率 (%)	天数 (d)	每 100 粒平均速率 (g/d)	贡献率 (%)	天数 (d)	每 100 粒平均速率 (g/d)	贡献率 (%)
N1	12.44	0.017	22.7	6.49	0.089	57.8	8.07	0.025	19.5
N2	11.74	0.018	21.4	5.96	0.097	58.3	7.39	0.027	20.3
N3	10.62	0.020	22.0	5.25	0.110	58.0	6.53	0.031	20.0
N4	11.55	0.021	24.3	6.69	0.084	57.1	7.70	0.024	18.6

五、不同氮素水平对旱地小麦生理生化特性的调控效应

（一）不同氮素水平对小麦光合速率的影响

试验结果表明，抽穗后，随着生育期延长，各处理小麦旗叶光合速率均呈下降趋势（图 6-8），抽穗后 0~20d，不同处理下降幅度不同，其中 N3 处理降幅最小，为 19.4%，其次为 N2 处理，为 20.9%，N1 处理降幅为 22.9%，N4 处理降幅最大，为 31.4%。至抽穗后 20d 光合速率大小为表现为 N3>N2>N1>N4。表明合理的施氮量能提高叶片的光合速率，延长光合时间，有利于小麦籽粒灌浆期间的光合同化物积累和供应。

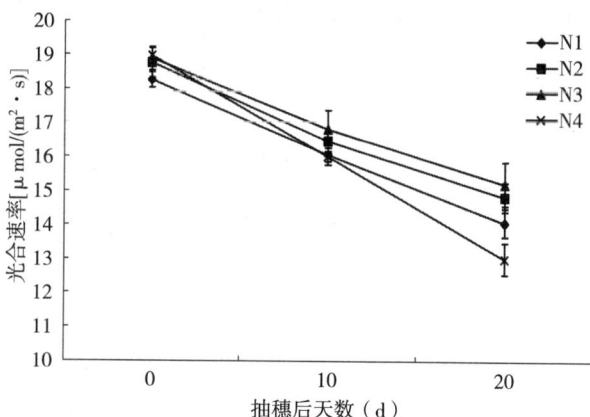

图 6-8　不同氮素水平对小麦旗叶光合速率的影响

注：N1、N2、N3、N4 分别表示施氮量为 120kg/hm²、180kg/hm²、240kg/hm²、300kg/hm²，下同。

（二）不同氮素水平对小麦脯氨酸含量的影响

由图 6-9 可以看出，抽穗后随着生育进程的推进，各处理小麦叶片中脯氨酸含量呈先升后降趋势，抽穗后 14d 达到峰值。在同一个时期，脯氨酸的含

量表现为 N3＞N2＞N4＞N1。脯氨酸含量高，有利于蛋白质的形成，同时脯氨酸含量升高，增强了蛋白质对水的束缚能力，对增加籽粒灌浆和增强植株的抗逆性、减缓叶片衰老有重要作用。

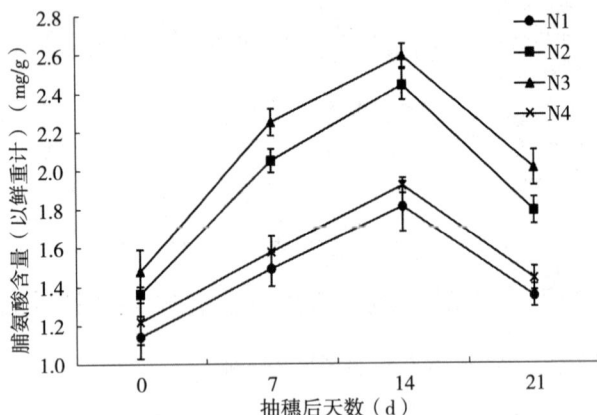

图 6-9　不同氮素水平对小麦旗叶中脯氨酸含量的影响

（三）不同氮素水平对小麦可溶性糖含量的影响

图 6-10 表明，抽穗后，各处理可溶性糖含量均呈先升后降的单峰变化趋势，抽穗后 0～14d 迅速上升，第 14d 达到峰值，之后迅速下降。在同一时期，不同处理可溶性糖含量不同，表现为 N3 处理含量最高，N4 处理含量最低。结果表明，合理的施氮水平有利于可溶性糖的积累，对促进籽粒碳水化合物的形成和积累有重要影响。

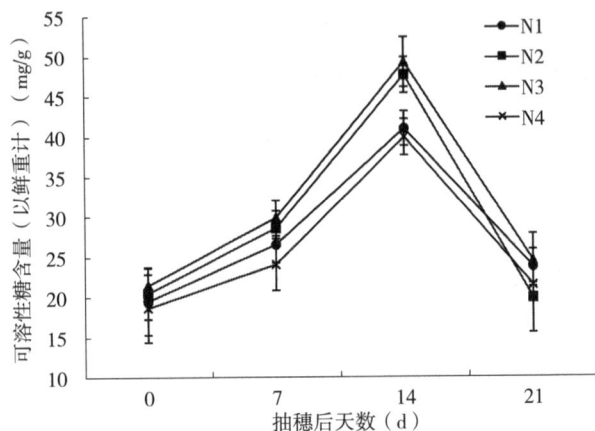

图 6-10　不同氮素水平对小麦旗叶中可溶性糖含量的影响

（四）不同氮素水平对小麦可溶性蛋白质含量的影响

抽穗后，旗叶可溶性蛋白质含量均表现为随着施氮量的增加呈先升后降趋势（图 6-11），各处理均在抽穗后 7d 可溶性蛋白质含量最高，之后下降。每个生育时期 N1 处理叶片可溶性蛋白质含量均低于其他 3 个处理，表明增施氮肥能明显提高叶片可溶性蛋白质含量。不同施氮量在不同时期可溶性蛋白质含量均表现为 N3＞N2＞N4＞N1。上述结果表明，在一定范围内增施氮肥有利于提高叶片可溶性蛋白质含量，但超过一定施用量，可溶性蛋白质下降，氮肥效果不明显。

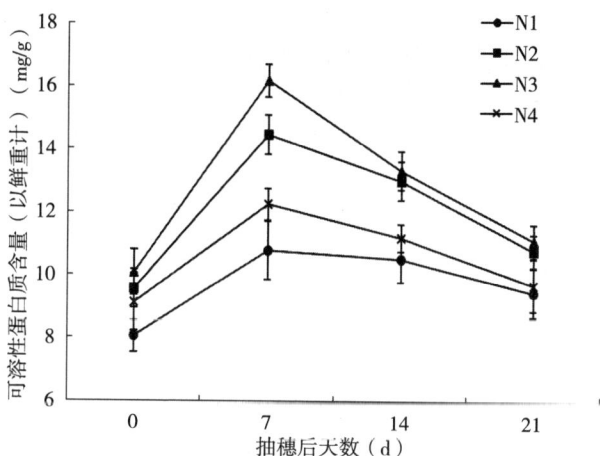

图 6-11　不同氮素水平对小麦旗叶中可溶性蛋白质含量的影响

（五）不同氮素水平对小麦丙二醛含量的影响

从图 6-12 可知，内二醛（MDA）随着生育期进程推进，其含量逐渐增加。不同氮素处理 MDA 含量不同，总体表现为 N4＞N1＞N2＞N3。MDA 是膜脂过氧化的产物，其含量的高低反映了细胞膜脂过氧化水平，与叶片衰老速度密切相关。结果表明，抽穗后 0～7d MDA 含量增幅较小，可能是此阶段小

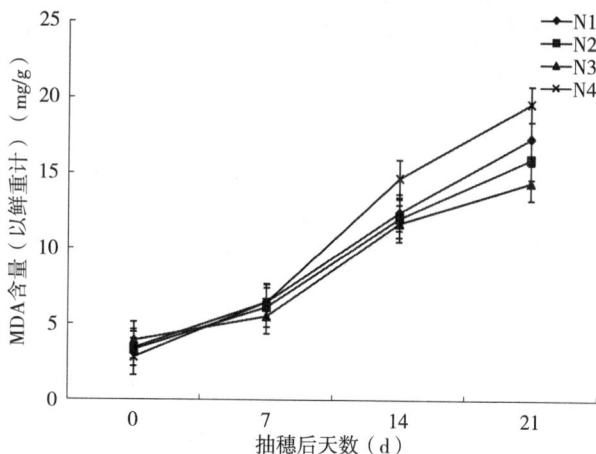

图 6-12　不同氮素水平下小麦旗叶中丙二醛含量的变化

麦生长旺盛，是抗衰老能力较强的一种表现。抽穗 7d 后，MDA 含量迅速增加，与抽穗后 7d 相比，至抽穗后 21d，增幅最大的为 N4 处理，增加了 2.0 倍，增幅最小的为 N3 处理，增加了 1.6 倍。表明 N3 处理脂膜受损伤程度最低，叶片衰老最慢。

（六）不同氮素水平对小麦 O_2^- 含量的影响

从图 6-13 可以看出，小麦抽穗后各测定时期，不同氮素处理叶片 O_2^- 的含量都有明显增加。抽穗后 N3 处理 O_2^- 增加较为平缓，N4 处理 O_2^- 含量增加较为迅速。不同处理 O_2^- 含量的变化存在差异，总趋势是 N1～N3 处理增加相对较慢，增幅较小，而 N4 处理增加较快，增幅较大。

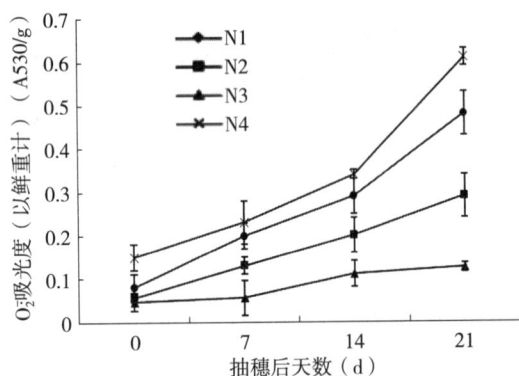

图 6-13　不同氮素水平下小麦旗叶中 O_2^- 吸光度的变化

注：A530 为 530nm 处的吸光度。

（七）不同氮素水平对小麦 H_2O_2 含量的影响

不同氮素处理下，抽穗后各测定时期小麦叶片中 H_2O_2 的含量均有不同程度的增加，处理不同其增加的幅度不同（图 6-14）。N3 处理增幅最大是在开

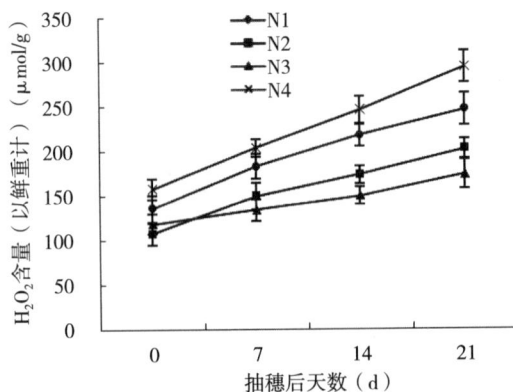

图 6-14　不同氮素水平下小麦旗叶中 H_2O_2 含量的变化

花后 14d 为 5.9%，而 N4 处理在抽穗后 14d 增幅为 6.4%，其最大增加幅度在抽穗后 21d 为 6.9%。随着时间的延长，N4 增加更为迅速。

(八) 不同氮素水平对小麦 SOD 活性的影响

SOD 是植物体内清除活性氧自由基的关键酶，能催化生物体内分子氧活化的第一中间产物——超氧自由基（O_2^-）发生歧化反应，生成 O_2 和 H_2O，其活性大小是植株衰老和抗性的良好指标。在整个测定时期，SOD 活性呈单峰曲线变化（图 6-15），抽穗期活性最低，之后迅速升高，至抽穗后 14d 达到峰值。在同一测定时期，各处理间 SOD 活性差异明显，各测定时期均以 N3 处理活性最高，N4 处理活性最低，总体表现为 N3＞N2＞N1＞N4。抽穗后 14d SOD 活性与抽穗期相比，N1、N2、N3 和 N4 处理分别增加了 1.08 倍、1.14 倍、1.17 倍和 1.05 倍，表明适量增施氮肥有利于快速提高 SOD 活性，增强植株抗氧化能力。

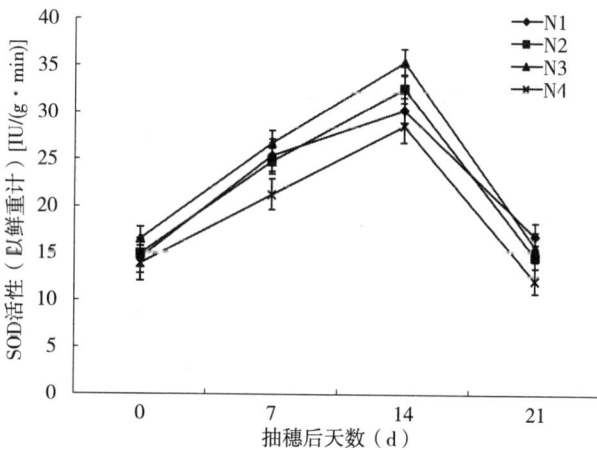

图 6-15　不同氮素水平对小麦旗叶中 SOD 活性的影响

(九) 不同氮素水平对小麦 CAT 活性的影响

CAT 能够催化 H_2O_2 分解为 H_2O 与 O_2，使得 H_2O_2 不至于与 O_2 在铁螯合作用下反应生成非常有害的—OH，是植物体内主要的保护酶之一。在整个测定时期，CAT 活性的变化趋势与 SOD 基本相同，呈单峰曲线变化（图 6-16），抽穗后 14d 活性最高。不同处理间 CAT 活性差异明显，均以 N3 处理活性为最高，N4 处理活性为最低，表现为 N3＞N2＞N1＞N4。抽穗后 14d CAT 活性与抽穗期相比，N1、N2、N3 和 N4 处理分别增加了 0.92 倍、1.17 倍、1.21 倍和 0.75 倍。

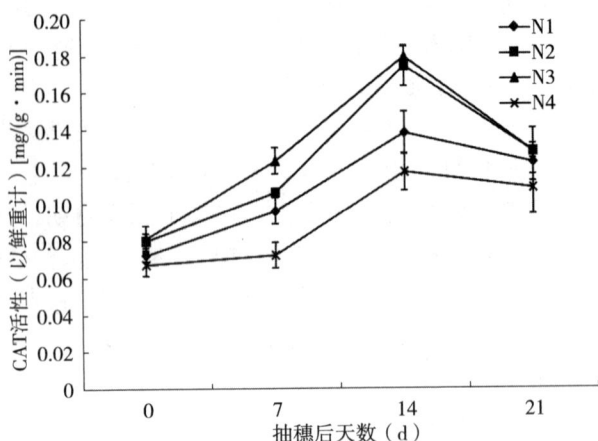

图 6-16　不同氮素水平对小麦旗叶中 CAT 活性的影响

（十）不同氮素水平对小麦 POD 活性的影响

POD 是细胞防御活性氧毒害酶系统的成员之一，能催化 H_2O_2 氧化其他底物以清除 H_2O_2。各测定时期小麦 POD 活性存在明显差异（图 6-17），并呈先上升后下降的趋势。不同处理间均以 N3 处理活性为最高，N4 处理活性最低，表现为 N3＞N2＞N1＞N4。抽穗后 14d POD 活性，与抽穗期相比，N1、N2、N3 和 N4 处理分别增加了 2.41 倍、2.47 倍、2.68 倍和 2.11 倍。

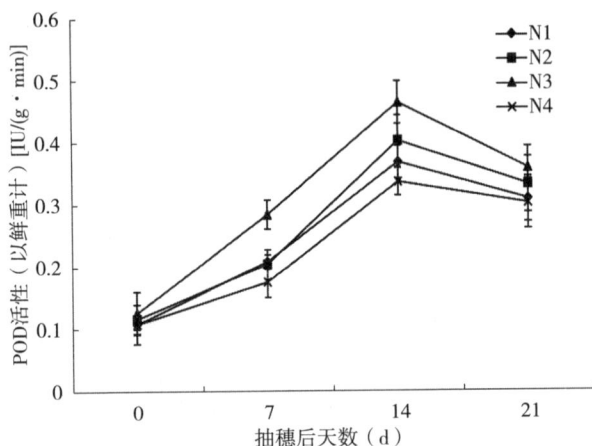

图 6-17　不同氮素水平对小麦旗叶中 POD 活性的影响

（十一）不同氮素水平对小麦籽粒淀粉合成相关酶活性的影响

在小麦抽穗后 5、10、15、20、25 和 30d 分别测定与籽粒淀粉积累有密切关系的 3 种酶活性变化曲线（图 6-18A、图 6-18B，图 6-18C）。从图 6-18可以看出，灌浆期籽粒中可溶性淀粉合成酶（SSS）、腺苷二磷酸葡萄糖焦磷酸化酶（ADPG 焦磷酸化酶）和淀粉分支酶（Q 酶）活性变化一致，均呈单峰曲线变化，开始灌浆时酶的活性较低，随灌浆进程，酶活性提高，达到峰值后迅速下降。SSS 和 Q 酶活性在小麦抽穗后 20d 达到峰值，ADPG 焦磷酸化酶活性在抽穗后 15d 达到峰值。处理之间比较，N1～N3 处理下，3 种酶活性表现为酶活性随施氮量的增加而提高，而 N4 处理 3 个酶的活性均表现最低，总趋势为 N3＞N2＞N1＞N4。表明适量施用氮肥有利于提高小麦籽粒淀粉合成相关酶的活性，促进籽粒中淀粉的合成和积累，而过量施氮则起相反的作用。

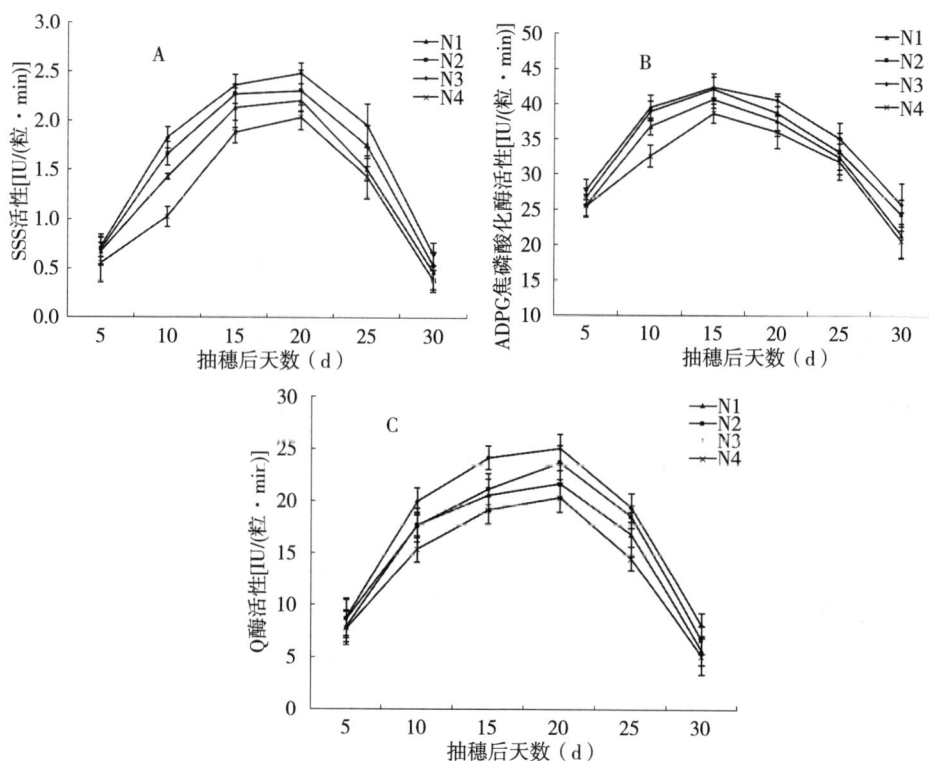

图 6-18　不同氮肥水平下小麦籽粒中 SSS、Q 酶和 ADPG 焦磷酸化酶活性变化

六、不同氮素水平对旱地小麦产量、品质的调控效应

（一）不同氮素水平对小麦产量及其构成因素的影响

从表 6-17 可知，随施氮量的增加，小麦产量呈增加趋势。与 N1 相比，小麦平均产量 N2 提高 24.6%，N3 提高 36.3%，N4 提高 3.4%，而 N4 处理却比 N3 处理下降了 24.1%，说明施氮量超过 N3 水平后增施氮肥带来的增产效应并不显著，甚至有减产趋势。就产量构成因素看，氮肥处理对穗数、穗粒

数和千粒重均有明显影响。施氮量在 $120 \sim 240 \text{kg/hm}^2$ 的水平下，随施氮量的增加，穗粒数、亩穗数、千粒重均增加，N3 处理的穗数显著高于其他各处理，而穗粒数和千粒重除与 N2 处理差异不显著外，均显著高于 N1 和 N4 处理。

表 6-17　不同氮素水平对小麦产量及其构成因素的影响

处理	穗数（万穗/hm²）	穗粒数（粒）	千粒重（g）	产量（kg/hm²）
N1	492.6±25.35c	31.2±2.19b	43.3±1.01b	5 289.1±512.34c
N2	554.3±18.12b	33.5±1.73a	44.3±0.92ab	6 645.2±671.54b
N3	575.3±27.34a	34.8±2.03a	45.2±1.22a	7 207.4±689.56a
N4	515.2±17.47c	30.9±1.43b	43.1±0.72b	5 470.3±601.23c

注：N1、N2、N3、N4 分别表示施氮量为 120kg/hm^2、180kg/hm^2、240kg/hm^2、300kg/hm^2。小写字母不同表示处理间差异达 5% 显著水平，下同。

（二）不同氮素水平对小麦籽粒品质的影响

1. 籽粒淀粉及其组分含量

由图 6-19 可以看出，直链淀粉含量在前期积累较慢，在花后 $10 \sim 35 \text{d}$ 一直呈上升趋势，不同氮素水平之间比较，总体表现为 N3＞N2＞N4＞N1。花后 35d 时，直链淀粉含量 N3 分别比 N1、N2、N4 增加了 18.5%、6.6% 和 12.1%。支链淀粉的积累在整个籽粒灌浆期总的变化趋势近似 S 形，花后 $5 \sim$

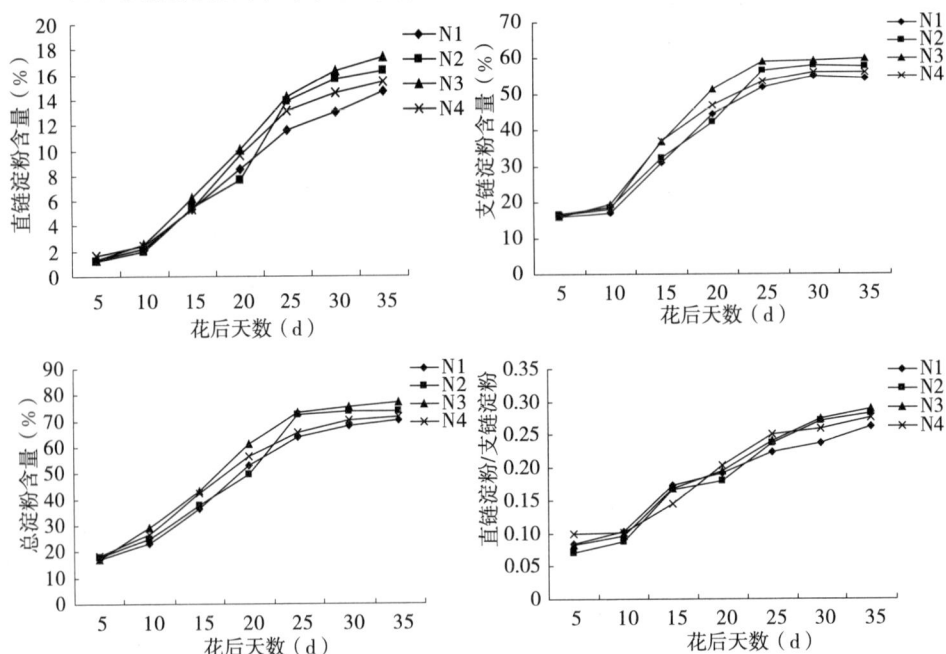

图 6-19　不同氮素水平对小麦籽粒淀粉及其组分含量的影响

注：N1、N2、N3、N4 分别表示施氮量为 120kg/hm^2、180kg/hm^2、240kg/hm^2、300kg/hm^2。下同。

10d 增加不太明显，花后 10～25d 进入快速合成期，之后支链淀粉含量增速减缓。不同处理间变化趋势基本和直链淀粉相同，花后 35d 时，N3 分别比 N1、N2、N4 增加了 10.1%、4.0% 和 7.0%。

总淀粉含量的变化趋势基本和支链淀粉相同，亦呈近似 S 形变化趋势。不同处理间比较，总体表现为 N3＞N2＞N4＞N1。籽粒中淀粉的直/支比影响淀粉的质量，进而影响馒头、面条和面包等食品的品质。不同处理下小麦籽粒中淀粉的直/支比均呈上升趋势，总体表现为 N3＞N2＞N4＞N1。表明在一定范围内增施氮肥不仅能够提高小麦籽粒中直链、支链和总淀粉含量，而且能够提高直/支比例，从而改善籽粒淀粉品质。

2. 籽粒蛋白质及其组分含量

由表 6-18 可知，不同氮肥用量对小麦成熟期籽粒蛋白质及组分含量有明显影响。N3 处理的清蛋白含量最高，谷蛋白含量最高，均与其他处理差异显著。N2 处理的球蛋白含量最高，与 N1 处理差异显著，与 N4 处理差异不显著。相比于 N2 处理，其他各处理的醇溶蛋白含量均降低。各处理的谷醇比值具体表现为 N3＞N2＞N4＞N1，且 N3 处理显著高于其他处理。比较各处理蛋白质含量，以 N3 处理为最高，且显著高于其他处理。

表 6-18 不同氮素水平对小麦籽粒蛋白质及其组分含量的影响

处理	清蛋白（%）	球蛋白（%）	醇溶蛋白（%）	谷蛋白（%）	谷醇比	蛋白质（%）
N1	1.37b	1.28b	3.46b	5.22b	1.51b	13.32b
N2	1.43a	1.42a	3.57a	5.56a	1.56a	13.58a
N3	1.51a	1.24b	3.42b	5.63a	1.64a	13.65a
N4	1.41ab	1.35a	3.48ab	5.32b	1.52b	13.47b

3. 籽粒淀粉糊化特性

表 6-19 表明，N1～N3 范围内糊化温度随施氮量的增加有增加趋势，但过量施氮（N4）反而降低，各处理间表现为 N3＞N2＞N4＞N1；峰值黏度和开始糊化温度呈现相同规律；低谷黏度表现为 N2＞N3＞N4＞N1，处理间差异不显著；最后黏度 N1 最低，显著低于其他处理；稀懈值 N1 最高，且显著高于其他各处理；反弹值表现为 N3 显著高于其他各处理，N1 最低，且与其他处理差异显著。

表 6-19 不同氮素水平对小麦籽粒淀粉糊化特性的影响

处理	糊化温度（℃）	峰值黏度（BU）	低谷黏度（BU）	最后黏度（BU）	稀懈值（BU）	反弹值（BU）
N1	62.23±0.23a	766.66±14.53a	667.35±19.89a	1 071.73±11.22a	61.21±2.27c	428.09±34.52a

（续）

处理	糊化温度 （℃）	峰值黏度 （BU）	低谷黏度 （BU）	最后黏度 （BU）	稀懈值 （BU）	反弹值 （BU）
N2	62.53± 0.41a	802.40± 12.31a	745.63± 18.18a	1 257.04± 27.29b	48.88± 6.19a	463.63± 38.18b
N3	62.81± 0.54a	847.12± 10.74a	743.43± 15.09a	1 267.34± 29.34b	57.32± 4.23b	489.93± 27.27c
N4	62.50± 0.33a	781.65± 11.45a	732.12± 11.19a	1 112.37± 22.43b	49.67± 1.02a	459.36± 30.07b

（三）不同氮素水平对小麦籽粒面粉品质、面筋含量及降落值的影响

由表 6-20 可以看出，籽粒硬度 N3 和 N4 处理间差异不显著，但显著高于 N1 和 N2 处理；籽粒出粉率 N3＞N4＞N2＞N1，N3 与 N4 差异不显著，但显著高于 N1 和 N2；籽粒灰分各处理间的含量差异不显著；籽粒降落值和湿面筋含量表现为 N4＞N3＞N2＞N1，N3 与 N4 差异不显著，但显著高于 N1 和 N2，N1 和 N2 间差异不显著；籽粒干面筋含量表现与湿面筋相同。说明在一定范围内增施氮肥可以提高小麦籽粒的出粉率和面筋含量，对提高小麦蛋白质含量有重要的影响。

表 6-20　不同氮素水平对小麦籽粒面粉品质、面筋含量及降落值的影响

处理	硬度	出粉率 （％）	灰分 （％）	降落值 （s）	湿面筋 （％）	干面筋 （％）
N1	80.21±0.31b	74.2±0.11b	0.51±0.02a	525±7.01b	30.1±0.15b	10.1±0.21b
N2	80.89±0.12b	74.6±0.32b	0.50±0.01a	532±10.12b	30.4±0.445b	10.4±0.12b
N3	81.38±0.21a	75.4±0.23a	0.51±0.01a	539±10.15a	32.7±0.12a	11.3±0.11a
N4	81.50±0.11a	75.1±0.31a	0.52±0.02a	544±5.15a	32.9±0.22a	11.5±0.23a

（四）不同氮素水平对小麦籽粒粉质特性和拉伸特性的影响

1. 籽粒粉质特性

表 6-21 表明，不同氮素处理对小麦籽粒粉质特性存在一定程度的影响。籽粒吸水率、籽粒面团形成时间、稳定时间特性表现一致，总体表现为 N4＞N3＞N2＞N1，N3 与 N4 差异不显著，但显著高于 N1 和 N2，N1 和 N2 间差异不显著；面团弱化度则表现为 N1＞N2＞N3＞N4，N3 与 N4 差异不显著，但显著低于 N1 和 N2，N1 和 N2 间差异不显著；表明适量增施氮肥对提高面团的面筋质量、面条揉搓性及面团网络的抗破坏性较好，能在一定程度上改善其品质。

表 6‑21　不同氮肥水平对小麦籽粒粉质特性的影响

处理	吸水率 （%）	形成时间 （min）	稳定时间 （min）	弱化度 （FU）
N1	63.9±0.22b	3.2±0.05a	2.4±0.11c	117±4.4a
N2	64.2±0.41a	3.3±0.11a	3.4±0.12b	112±3.5a
N3	64.3±0.42a	3.8±0.16b	3.7±0.05a	106±6.2b
N4	64.3±0.31a	3.9±0.25b	3.8±0.06a	104±4.1b

2. 籽粒拉伸特性

如表 6‑22 所示，小麦籽粒拉伸面积、拉伸阻力、延伸度和最大拉伸阻力均随着施氮量的增加而增加，表现为 N4＞N3＞N2＞N1，N3 与 N4 差异不显著，但显著高于 N1 和 N2，N1 和 N2 间差异不显著。

表 6‑22　不同氮素水平对小麦籽粒拉伸特性的影响

处理	拉伸面积 （cm²）	拉伸阻力 （BU）	延伸度 （mm）	最大拉伸阻力 （BU）	拉伸比例
N1	38±5.1b	158±9.8b	152±6.5b	170±7.5b	1.12±0.01a
N2	40±5.5b	157±6.5b	158±8.3ab	174±6.6b	1.10±0.02a
N3	45±4.2a	168±5.3a	162±6.4a	185±4.6a	1.14±0.05a
N4	47±4.5a	172±5.2a	167±6.8a	188±5.8a	1.13±0.1a

第二节　氮素形态对旱地小麦
的调控效应

一、不同氮素形态对麦田土壤化学特性的影响

（一）不同氮素形态对麦田土壤有机质含量的影响

由表 6‑23 可知，不同氮素形态对土壤有机质含量有一定的影响，随着生育进程的推进，小麦起身后土壤有机质含量呈逐渐升高的趋势，0～20cm 土层土壤有机质含量明显高于 20～60cm 土层。不同处理之间比较，起身和拔节期土壤有机质含量硝态氮处理显著高于酰胺态氮和铵态氮处理，酰胺态氮和铵态氮处理间差异不显著，拔节后不同氮素形态处理间差异均未达显著水平。说明施用铵态氮和酰胺态氮肥时降低了小麦生育前期的土壤有机质含量，这可能是由于土壤酰胺态氮和铵态氮肥硝化过程中消耗了土壤中微生物碳的缘故，但随着小麦拔节后无效分蘖碳的凋落入土和作物根系碳的补充，使得土壤中的有机质含量逐渐增加。

表 6-23　不同形态氮肥对土壤有机质含量的影响（g/kg）

生育时期	土层深度（cm）	酰胺态氮	硝态氮	铵态氮
起身期	0～20	14.3b	15.0a	14.5b
	20～60	9.5b	11.4a	9.7b
拔节期	0～20	14.1b	15.0a	14.5b
	20～60	9.5b	10.0a	9.7ab
开花期	0～20	15.0a	15.2a	14.8a
	20～60	9.7a	9.7a	9.7a
灌浆期	0～20	15.3a	15.2a	15.0a
	20～60	10.0a	9.8a	10.3a
成熟期	0～20	15.0a	15.3a	15.3a
	20～60	10.0a	9.8a	10.5a

注：同行中不同小写字母表示处理间差异达 5% 显著水平，本节下同。

（二）不同氮素形态对麦田土壤氮、磷、钾含量的影响

1. 土壤全氮和碱解氮含量

由表 6-24 可以看出，土壤全氮含量随生育进程的推进呈"降—升—降"的变化趋势，起身后由于小麦对土壤中的氮素吸收量增加，土壤全氮含量起身至拔节期减少，之后由于拔节期结合灌水施氮，使得土壤中全氮含量增加，灌浆后又表现为降低趋势。土壤全氮含量在各个生育时期均以 0～20cm 土层为最高，随着土层深度的增加土壤全氮含量均减少，但不同处理间差异未达显著水平。不同氮素形态处理之间比较，土壤全氮含量均以硝态氮肥处理为最高，铵态氮肥处理次之，酰胺态氮肥处理最低。说明施用硝态氮肥可以维持较高的土壤全氮含量，进而达到保持或提高土壤肥力的目的。

表 6-24　不同形态氮肥对土壤全氮含量的影响（g/kg）

生育时期	土层深度（cm）	酰胺态氮	硝态氮	铵态氮
起身期	0～20	0.82a	0.87a	0.84a
	20～60	0.61a	0.54ab	0.50b
	60～100	0.37b	0.43a	0.42a
拔节期	0～20	0.80a	0.84a	0.81a
	20～60	0.55b	0.66a	0.56b
	60～100	0.43a	0.47a	0.40a
开花期	0～20	0.87a	0.89a	0.89a
	20～60	0.58a	0.58a	0.61a
	60～100	0.41a	0.37b	0.37b
灌浆期	0～20	0.85a	0.88a	0.83a
	20～60	0.56a	0.56a	0.56a
	60～100	0.40a	0.42a	0.39a
成熟期	0～20	0.77b	0.84a	0.78b
	20～60	0.56a	0.57a	0.6a
	60～100	0.43a	0.42a	0.41a

表 6-25 结果表明，随小麦生育进程的推进，不同氮素形态处理中土壤碱解氮含量的变化趋势不同，硝态氮处理起身至拔节期升高，之后下降，灌浆期之后再次升高；酰胺态氮处理起身至拔节期升高，拔节至开花期下降，开花期之后呈增加趋势；铵态氮处理起身至成熟期一直呈增加趋势，拔节至灌浆期上升幅度小于起身至拔节期和灌浆至成熟期。随着土层的加深，不同处理土壤碱解氮含量均显著降低。不同氮素形态之间比较，0～20cm 土层土壤碱解氮含量以硝态氮肥处理为最高，铵态氮肥处理最低，其原因可能是铵态氮肥施入后容易造成氮以氨气的形式挥发到大气中，而酰胺态氮肥在施入土壤后发生的水解过程使氮素以氨气的形式挥发损失到大气中，从而造成了部分氮素流失。20～60cm 和 60～100cm 土层土壤碱解氮硝态氮处理最高，酰胺态氮处理居中，铵态氮处理最低。说明施用不同氮素形态肥可以在一定程度上改变土壤碱解氮含量。

表 6-25 不同形态氮肥对土壤碱解氮含量的影响（mg/kg）

生育时期	土层深度（cm）	酰胺态氮	硝态氮	铵态氮
起身期	0～20	61.15b	67.61a	56.59c
	20～60	28.82b	45.71a	27.64b
	60～100	17.55b	30.11a	13.14b
拔节期	0～20	65.08b	69.23a	66.24b
	20～60	38.84b	43.82a	27.53c
	60～100	18.78b	20.71a	11.87c
开花期	0～20	62.62c	78.13a	67.11b
	20～60	32.56b	41.43a	24.97c
	60～100	21.93a	15.07b	12.48c
灌浆期	0～20	75.44a	76.33a	67.67b
	20～60	20.65b	32.56a	33.25a
	60～100	18.16b	11.83c	21.92a
成熟期	0～20	79.46b	81.03a	75.9c
	20～60	23.64b	38.24a	19.41c
	60～100	22.43a	10.01c	13.78b

由表 6-26 可以看出，不同氮素形态处理对 0～100cm 土层土壤全氮平均含量的影响不同，各生育时期均以硝态氮处理为最高，酰胺态氮处理略高于铵态氮处理。除起身期硝态氮处理显著高于铵态氮和酰胺态氮处理外，3 种氮素形态处理之间差异不显著。不同氮素形态对 0～100cm 土层土壤碱解氮平均含

量的影响呈明显规律，在小麦整个生育期内均以硝态氮处理为最高，酰胺态氮处理次之，铵态氮处理最低，硝态氮处理与酰胺态氮处理之间差异不显著，但在开花期前与铵态氮处理之间差异达显著水平。

表 6-26　不同氮素形态对 0～100cm 土层土壤全氮和碱解氮平均含量的影响

处理	全氮含量（g/kg）					碱解氮含量（mg/kg）				
	起身期	拔节期	开花期	灌浆期	成熟期	起身期	拔节期	开花期	灌浆期	成熟期
酰胺态氮	0.59b	0.60a	0.61a	0.60a	0.60a	35.84b	40.90ab	39.04ab	40.24a	41.84a
硝态氮	0.66a	0.61a	0.62a	0.61a	0.60a	47.81a	44.59a	44.88a	40.95a	43.09a
铵态氮	0.59b	0.59a	0.61a	0.60a	0.59a	32.46b	35.21b	34.85b	38.08a	36.36a

2. 土壤全磷和有效磷含量

由表 6-27 可知，土壤全磷含量随土层的增加而降低，0～60cm 土层随小麦生育进程的推移呈下降趋势，而 60～100cm 土层土壤全磷含量在整个生育期基本稳定。不同氮素形态之间比较，0～20cm 土层土壤全磷含量起身期至开花期以酰胺态氮处理为最高，硝态氮处理次之，铵态氮处理最低；灌浆期之后以硝态氮处理为最高，酰胺态氮处理次之，铵态氮处理最低。20～60cm 土层土壤全磷含量起身期、开花期和灌浆期硝态氮处理最高，酰胺态氮处理最低，拔节期和成熟期硝态氮处理最高，铵态氮处理最低。方差分析结果表明，拔节期 0～20cm 和 20～60cm 土层土壤全磷含量铵态氮处理均显著低于硝态氮和酰胺态氮处理；整个生育期 60～100cm 土层土壤全磷含量三种氮素形态处理之间无显著差异。

表 6-27　不同氮素形态对土壤全磷含量的影响 （g/kg）

生育时期	土层深度（cm）	酰胺态氮	硝态氮	铵态氮
起身期	0～20	0.91a	0.89a	0.88a
	20～60	0.68b	0.74a	0.70b
	60～100	0.64a	0.65a	0.66a
拔节期	0～20	0.90a	0.88a	0.86b
	20～60	0.67b	0.73a	0.68b
	60～100	0.66a	0.64a	0.65a
开花期	0～20	0.89a	0.87a	0.86a
	20～60	0.70a	0.72a	0.71a
	60～100	0.66a	0.63a	0.65a
灌浆期	0～20	0.85a	0.87a	0.85a
	20～60	0.66a	0.68a	0.65a
	60～100	0.62a	0.63a	0.63a
成熟期	0～20	0.85a	0.86a	0.84a
	20～60	0.67a	0.68a	0.66a
	60～100	0.62a	0.64a	0.63a

由表 6-28 中可以看出,在冬小麦灌浆期以前,0~20cm 和 20~60cm 土层土壤有效磷含量以铵态氮处理为最低,显著低于硝态氮和酰胺态氮处理,而硝态氮和酰胺态氮处理之间差异不显著。60~100cm 土层土壤有效磷含量 3 氮素形态处理之间差异未达显著水平。说明施用不同形态氮肥能够有效调节耕层土壤有效磷含量,改变小麦生长发育条件,从而影响小麦的生长发育,施用铵态氮肥加速了土壤中有效磷的消耗。20~60cm 土层中的土壤有效磷含量低于 60~100cm 土层,可能是由于 20~60cm 土层土壤中的小麦根系较多,对磷素的吸收利用量大于 60~100cm 土层。

表 6-28　不同氮素形态对土壤有效磷含量的影响（mg/kg）

生育时期	土层深度（cm）	酰胺态氮	硝态氮	铵态氮
起身期	0~20	20.9a	21.2a	19.5b
	20~60	17.4a	17.5a	16.5b
	60~100	17.9a	18.1a	18.2a
拔节期	0~20	20.5a	19.8a	19.3b
	20~60	17.2a	17.0a	16.4b
	60~100	18.1a	18.2a	17.9a
开花期	0~20	19.5a	18.9a	18.1b
	20~60	16.0a	16.7a	16.1b
	60~100	18.1a	18.0a	18.0a
灌浆期	0~20	18.1a	17.6a	17.0b
	20~60	16.4a	16.2a	15.3b
	60~100	18.2a	18.2a	17.9a
成熟期	0~20	16.9a	16.4a	16.8a
	20~60	15.3a	15.4a	15.4a
	60~100	18.1a	18.1a	18.0a

3. 土壤全钾和速效钾含量

从表 6-29 中可以看出,土壤中全钾含量总体呈先降低后升高的趋势,起身期至拔节期土壤中全钾含量降低,之后上升,灌浆期最高,且变化趋势在不同氮素形态处理间表现不同。土壤全钾含量开花期之前 0~20cm 土层低于 20~60cm 和 0~100cm 土层,开花期之后 0~20cm 土层高于 20~60cm 和 0~100cm 土层,且拔节期至开花期深层（60~100cm）土壤全钾含量明显降低,其原因为在开花之前,小麦根系从土壤吸收钾离子以供应地上部植株的生长发育,导致土壤钾素降低,而拔节后地上部对钾的需求降低,且因植株衰亡导致钾素重新返回土壤，使得表层土壤的钾素总量和含量升高。不同氮素形态处理之间差异不显著，但开花前以酰胺态氮处理为最高，灌浆期之后以硝态氮处理为最高。说明 0～20cm 土层土壤全钾含量受小麦生产及不同氮素形态氮肥的影响较大，但拔节期至开花期小麦对深层土壤中钾的利用度较高，尤其是在铵态氮处理时效果最明显。

表 6-29　不同氮素形态对土壤全钾含量的影响（g/kg）

生育时期	土层深度（cm）	酰胺态氮	硝态氮	铵态氮
起身期	0～20	11.7±0.4	11.6±0.3	11.6±0.1
	20～60	11.7±0.4	11.9±0.3	11.5±0.3
	60～100	11.9±0.2	12.2±0.3	11.6±0.2
拔节期	0～20	10.5±0.2	10.3±0.2	10.4±0.2
	20～60	11.8±0.1	11.3±0.1	11.2±0.1
	60～100	11.3±0.2	11.9±0.1	11.1±0.1
开花期	0～20	11.9±0.3	11.4±0.4	11.3±0.1
	20～60	10.9±0.2	11.5±0.3	10.7±0.1
	60～100	10.8±0.2	10.4±0.2	10.7±0.3
灌浆期	0～20	12.5±0.4	12.9±0.2	11.9±0.4
	20～60	11.9±0.2	11.0±0.2	10.9±0.4
	60～100	11.4±0.2	11.1±0.2	10.2±0.4
成熟期	0～20	12.3±0.3	12.7±0.4	12.0±0.5
	20～60	11.4±0.3	11.6±0.2	11.2±0.1
	60～100	11.6±0.3	11.4±0.3	11.8±0.2

土壤中速效钾含量随小麦生育进程的推进呈先降低后升高的趋势（表6-30），开花前逐渐降低，之后略有升高。不同土层之间比较，土壤速效钾含量拔节期之前 0～20cm 土层高于 20～60cm 和 60～100cm 土层，开花期之后 0～20cm 土层低于 20～60cm 和 60～100cm 土层。土壤速效钾含量不同氮素形态处理之间差异未达显著水平，铵态氮处理起身期和拔节期的 0～20cm 土层速效钾含量较高。说明施用铵态氮肥降低了拔节期小麦植株对土壤中钾素的吸收，而施用硝态氮肥则促进了小麦拔节前对土壤速效钾的吸收。

表 6-30　不同氮素形态对土壤速效钾含量的影响（mg/kg）

生育时期	土层深度（cm）	酰胺态氮	硝态氮	铵态氮
起身期	0～20	155.1±1.5	169.1±3.1	174.3±4.1
	20～60	124.9±1.7	126.5±3.0	139.8±1.0
	60～100	121.1±2.2	128.9±3.3	121.2±2.0
拔节期	0～20	132.5±2.4	138.2±2.1	141.1±3.4
	20～60	112.4±1.5	118.1±2.0	119.0±1.0
	60～100	107.7±2.7	105.0±1.2	103.6±1.7

（续）

生育时期	土层深度（cm）	酰胺态氮	硝态氮	铵态氮
开花期	0～20	127.6±1.7	113.7±1.1	123.3±2.0
	20～60	112.5±1.9	113.5±3.0	126.3±1.1
	60～100	123.0±1.1	126.5±2.1	128.6±1.0
灌浆期	0～20	125.3±1.5	120.8±1.0	120.8±2.0
	20～60	134.0±2.9	130.7±1.8	129.8±2.2
	60～100	138.1±4.0	129.2±1.3	134.4±1.6
成熟期	0～20	125.0±4.0	122.1±1.7	121.1±1.0
	20～60	135.0±2.9	132.3±2.6	133.0±1.1
	60～100	130.0±2.6	138.1±3.9	135.0±1.0

（三）不同氮素形态对小麦氮素利用率的影响

氮素利用率（NUE）和氮收获指数（NHI）分别标志着氮素同化及其在籽粒中分配的效率，收获指数（HI）标志着干物质在籽粒中的分配效率。不同氮素形态处理对不同筋型小麦氮素利用的影响不同（表6-31）。对于强筋小麦豫麦34而言，氮素利用效率酰胺态氮处理最高，铵态氮次之，硝态氮最低，分别为25.47%、25.04%和23.20%；氮收获指数与氮素利用效率表现趋势相同，其中酰胺态氮为0.60，分别比硝态氮和铵态氮处理增加了0.06和0.03；收获指数表现为硝态氮（0.35）＞酰胺态氮（0.33）＞铵态氮（0.32）。就中筋型小麦豫麦49而言，施用3种氮素形态肥氮收获指数和氮肥利用效率表现相同的趋势，即铵态氮＞硝态氮＞酰胺态氮；收获指数在酰胺态氮下最高，为0.29，硝态氮最低，为0.27，铵态氮居中，为0.28。从弱筋型小麦豫麦50来看，收获指数、氮收获指数和氮肥利用效率均表现出相同的趋势，酰胺态氮最高，硝态氮次之，铵态氮最低。

表6-31　不同氮素形态对小麦收获指数、氮素利用效率和氮收获指数的影响

品种	处理	收获指数（HI）	氮素利用率（NUE）（%）	氮收获指数（NHI）
豫麦34	酰胺态氮	0.33a	25.47b	0.60c
	硝态氮	0.35b	23.20a	0.54a
	铵态氮	0.32a	25.04b	0.57b
豫麦49	酰胺态氮	0.29b	20.53a	0.57a
	硝态氮	0.27a	20.79a	0.58a
	铵态氮	0.28ab	22.72b	0.58a
豫麦50	酰胺态氮	0.33c	23.24b	0.57b
	硝态氮	0.29b	22.58b	0.53b
	铵态氮	0.27a	20.75a	0.35a

二、不同氮素形态对小麦生长发育的影响

（一）不同氮素形态对小麦干物质积累、分配的影响

1. 地上部干物质总重

花后是小麦干物质积累的关键时期，也是小麦产量形成的关键时期。由表 6-32 可以看出，小麦花后地上部干物质总量随着生育进程呈逐渐上升趋势。虽然 3 种氮素形态处理下小麦地上部干重不存在显著性差异，但从花后 7d 开始，铵态氮处理下小麦花后地上部干重除第 19d 外，其他各测定时期均高于其他 2 处理。氮素形态对小麦花后地上部干重增加量有显著影响。铵态氮促进了小麦花后干物质积累，小麦地上部干物质的增加量达到 2 965kg/hm²，显著高于硝态氮和酰胺态氮处理下的干物质增加量（$P < 0.05$）。

表 6-32 不同氮素形态对小麦花后地上部分干物质总重（kg/hm²）的影响

处理	花后天数（d）							
	3	7	11	15	19	23	27	31
酰胺态氮	11 265.3	11 654.8	11 965.7	12 289.6	13 321.8	13 654.9	13 654.9	13 965.1
硝态氮	10 987.2	11 545.2	12 021.6	12 321	12 769.4	13 452.7	13 758.4	13 678.3
铵态氮	11 088.5	11 896.8	12 456.5	12 498.1	12 796.3	13 865.8	13 865.8	14 053.6

2. 不同器官干物质分配

从表 6-33 可以看出，在小麦灌浆前期，地上部分干物质绝大部分都分配在了营养器官中，分配在籽粒中的很少。但随着生育进程，小麦颖壳、旗叶、余叶、穗下节、余节、穗下鞘、余鞘等部分的干物质分配比例逐渐降低，小麦籽粒所占比例相应地逐渐增加，在花后 31d，各处理的小麦籽粒干物质量均占到地上部总干物质量的 60% 以上。从表 6-33 还可以看出，氮素形态对小麦花后干物质分配有较大影响。在花后初期，铵态氮处理下籽粒中干物质所占比例明显低于硝态氮处理和酰胺态氮处理，在花后 3d，分别为硝态氮和酰胺态氮处理的 64.9% 和 91.3%。而铵态氮处理小麦颖壳、旗叶、穗下节和穗下鞘等部分干物质分配比例均高于硝态氮处理和酰胺态氮处理。之后，随着生育进程的推进，铵态氮处理小麦籽粒干物质分配比例逐渐高于硝态氮和酰胺态氮处理，从花后 19d 开始直至收获，3 种处理中铵态氮处理籽粒干物质分配比例最高，表明铵态氮促进了小麦花后干物质向籽粒中分配。

表 6-33　不同氮素形态对小麦花后干物质分配的影响（%）

花后天数(d)	氮素形态	颖壳	籽粒	旗叶	其余叶	穗下节	其余节	穗下鞘	其余鞘
3	酰胺态氮	21.3	6.9	6.1	10.8	9.4	28.0	7.8	9.2
	硝态氮	22.8	9.7	6.2	10.3	10.0	23.3	8.2	9.3
	铵态氮	23.0	6.3	6.7	10.0	11.8	24.8	8.3	9.1
7	酰胺态氮	21.0	12.6	5.8	9.9	7.2	27.1	7.3	9.1
	硝态氮	20.0	11.5	5.6	9.2	9.0	26.7	7.6	10.2
	铵态氮	20.7	15.4	6.1	9.1	9.1	24.2	7.1	8.5
11	酰胺态氮	18.9	18.1	5.4	4.7	6.6	26.1	6.9	8.2
	硝态氮	16.0	20.0	5.1	8.7	8.4	25.8	6.4	9.6
	铵态氮	17.6	22.6	5.6	8.5	8.7	24.1	6.2	6.8
15	酰胺态氮	14.7	30.6	4.2	9.7	7.1	22.4	6.2	6.1
	硝态氮	14.5	34.6	4.0	5.8	5.6	21.3	6.0	7.1
	铵态氮	13.8	33.9	4.8	6.5	5.0	21.7	6.2	8.2
19	酰胺态氮	13.6	43.4	3.7	4.4	5.3	19.5	4.6	5.5
	硝态氮	13.7	42.5	3.6	3.7	5.1	18.0	4.8	8.5
	铵态氮	13.3	46.2	4.0	5.2	4.3	16.6	5.0	5.2
23	酰胺态氮	12.0	47.7	3.0	3.7	5.1	19.4	4.2	4.7
	硝态氮	11.7	48.1	2.9	2.9	4.7	17.9	4.3	7.3
	铵态氮	11.0	50.8	2.9	3.1	4.1	16.6	4.4	3.0
27	酰胺态氮	11.5	57.3	2.5	3.0	4.6	13.2	3.6	4.3
	硝态氮	11.3	57.4	2.5	2.4	4.0	14.4	3.1	4.7
	铵态氮	11.0	58.4	2.3	2.9	3.6	14.9	3.5	4.2
31	酰胺态氮	10.0	62.4	2.3	2.5	4.3	10.7	3.3	3.7
	硝态氮	10.6	62.2	1.9	1.6	3.6	12.3	2.7	4.4
	铵态氮	10.3	64.9	1.8	2.0	3.5	11.6	2.6	3.4

（二）不同氮素形态对小麦籽粒灌浆特性的影响

1. 籽粒干物质重

小麦花后籽粒干重随着生育进程呈逐渐上升趋势。从表 6-34 可以看出，不同氮素形态处理下小麦籽粒干重存在显著差异。铵态氮处理下籽粒干重最高，硝态氮处理次之，酰胺态氮处理最低。从花后 7d 开始，铵态氮处理下籽粒干重均显著高于酰胺态氮处理。在成熟期，铵态氮处理下小麦产量比硝态氮处理高 324.8kg/hm²，比酰胺态氮处理高 419.1kg/hm²，表明铵态氮处理可以明显提高小麦的产量。

表 6-34   不同氮素形态对小麦籽粒干物质积累量的影响

处理	花后天数（d）							
	3	7	11	15	19	23	27	31
酰胺态氮	1 032.0a	1 265.3b	2 364.0b	2 856.8b	4 124.0b	5 321.0b	7 215.7b	7 156.2b
硝态氮	1 056.4a	1 325.5b	2 415.2b	2 964.5ab	4 215.2b	5 678.6ab	6 545.3b	7 250.5ab
铵态氮	1 065.1a	1 564.0a	2 756.0a	3 245.0a	4 964.8a	6 213.5a	6 974.1a	7 575.3a

2. 籽粒灌浆速率

由图 6-20 可知，两种筋型小麦籽粒灌浆速率整体呈现先升高、再降低的趋势，但品种间差异较大。对郑麦 9023 而言，花后 7d 开始缓慢上升，14d 迅速上升，21d 达最大值后开始下降。对郑麦 004 而言，整体灌浆速率低于郑麦 9023，花后 14d 出现第一个灌浆峰值，后有所下降，至花后 28d 出现第 2 个较小峰值，花后 28d 后急速下降。对郑麦 9023 而言，N3 处理在整个灌浆期效果较好，灌浆前期各氮素形态间差异不显著，花后 35d 时 N3 处理显著高于 N1 和 N2 处理，花后 42d 时 N2＞N3＞N1，N1 处理显著低于 N2 和 N3 处理。对郑麦 004 而言，N1 处理在花后 14d 时极显著高于 N2 处理，花后 21d、42d 显著高于 N3 处理。说明，氮素形态对小麦籽粒灌浆速率的影响因品种而异，对强筋小麦郑麦 9023 来说施用尿素对籽粒后期灌浆速率的提高不利，而对于弱筋小麦郑麦 004 而言，施用尿素可以提高灌浆中期的灌浆速率，且不降低后期的灌浆速率，是生产上适宜使用的氮素形态。

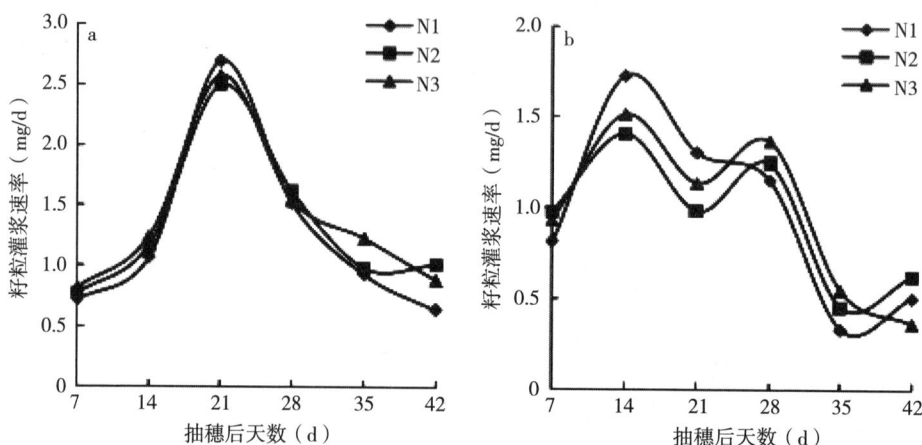

图 6-20   不同氮素形态对郑麦 9023（a）和郑麦 004（b）籽粒灌浆速率的影响
注：N1，酰胺态氮；N2，硝态氮；N3，铵态氮。

（三）不同氮素形态对小麦产量的影响

表 6-35 表明，两种铵态氮肥和两种硝态氮肥对小麦肥效均具有一定程度

的差异：有的田块一种形态氮肥效果显著高于另一种，有的反之；有的田块则相近或相等。两种氮素形态配比也有同样的现象。但从总体来看，同一形态两个氮肥品种之间和两种组合之间大多无显著差异，就永寿 11 个试验田块平均产量来看，施氯化铵产量为 4 478kg/hm^2，施硫酸铵的产量为 4 475kg/hm^2，施硝酸钠的产量为 4 866kg/hm^2，施硝酸钙的产量为 4 813kg/hm^2，铵态氮肥间无差异，但低于硝态氮肥 335～391kg/hm^2，硝态氮肥处理间差异为 53kg/hm^2。由此可见，同一形态的氮肥品种并未明显地影响小麦产量，而不同形态对小麦产量的影响却很显著，硝态氮肥的产量明显高于铵态氮肥，两种形态氮素配合位于其间。

表 6-35　不同氮素形态对小麦产量的影响（kg/hm^2）

土壤编号	铵态氮		硝态氮		硝态氮与铵态氮 2∶1 组合	
	AC	AS	SN	CN	SN+AS	CN+AS
Y-1	3 564a	3 682a	4 173a	3 952b	3 884a	3 962a
Y-2	3 495a	3 487a	4 186a	4 056a	3 871a	3 783a
Y-3	4 106a	3 958a	4 228b	4 518a	4 144b	4 321a
Y-4	5 100a	5 078a	5 234a	5 014a	5 032a	5 166a
Y-5	5 689a	5 645a	5 722a	5 642a	5 701a	5 693a
Y-6	3 776a	3 914a	4 853a	4 710a	3 799b	4 479a
Y-7	4 501b	4 944a	4 813b	4 974a	4 801a	4 799a
Y-8	5 341a	4 811b	5 425a	5 023b	5 123a	5 189b
Y-9	4 428b	4 800a	5 068a	4 908a	5 290a	4 146b
Y-10	4 912a	4 832a	5 361a	5 263a	5 385a	4 954a
Y-11	4 343a	4 079a	4 465b	4 887a	4 300b	4 702a
L-1	4 477b	5 733a	5 848	—	5 210a	4 974a
L-2	5 481a	4 821b	5 445	—	5 318a	5 458a
L-3	4 003a	4 173a	4 143	—	4 143a	4 251a
L-4	4 953b	5 234a	4 950	—	5 394a	4 250b
L-5	5 174a	4 500b	4 700	—	4 410a	4 250a
L-6	4 476a	4 221a	4 852	—	4 236a	4 860b
L-7	5 230b	6 038a	5 737	—	5 560b	6 230a

注：AC，氯化铵；AS，硫酸铵；SN，硝酸钠；CN，硝酸钙；SN+AS，硝酸钠+硫酸铵；CN+AS，硝酸钙+硫酸铵；Y，陕西省永寿县；L，河南省洛阳市。同一行中不同小写字母表示差异达 5% 显著水平。

三、不同氮素形态对小麦衰老特性的影响

（一）不同氮素形态对小麦非酶保护性物质的影响

1. 活性氧自由基产生速率

由图 6-21 可知，不同筋型小麦品种超氧阴离子产生速率的变化趋势不同。就郑麦 9023 而言，花后 0～21d 超氧阴离子产生速率缓慢增加，花后 21～

28d 迅速降低，花后 28d 后又迅速升高。郑麦 004 则呈现持续上升的变化趋势，花后 0～21d 超氧阴离子产生速率增加缓慢，花后 21d 后迅速上升。不同施氮形态处理间比较，就郑麦 9023 而言，N3 处理超氧阴离子产生速率一直处于较低水平，且在花后 0d、14d、21d、35d 显著低于 N2 处理。就郑麦 004 而言，除花后 21d 和 35d N1 处理超氧阴离子产生速率显著低于 N2 处理、N3 处理外，其他时期 N2 处理均较低。说明施铵态氮肥能有效降低强筋小麦郑麦 9023 超氧阴离子产生速率，而施硝态氮肥在灌浆前期、施酰胺态氮肥在灌浆后期对降低弱筋小麦郑麦 004 超氧阴离子产生速率的降低较为有利。

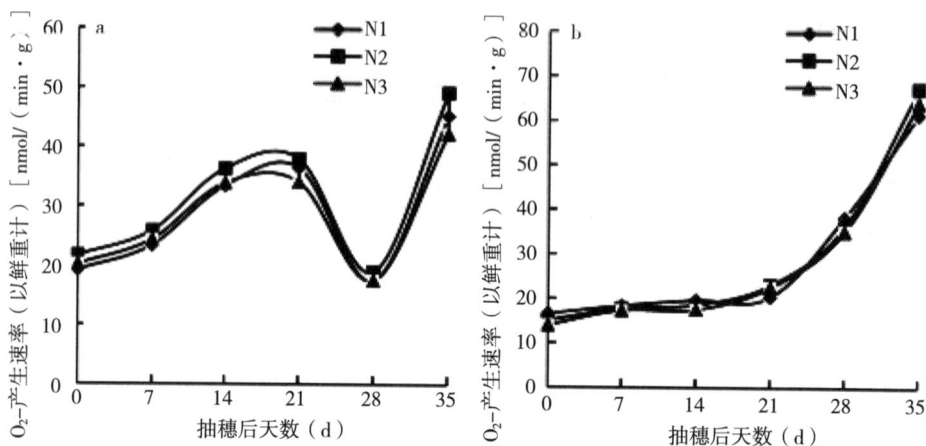

图 6-21　不同氮素形态对郑麦 9023（a）和郑麦 004（b）花后旗叶 O_2^- 产生速率的影响
注：N1，酰胺态氮；N2，硝态氮；N3，铵态氮，本节下同。

2. 花后旗叶游离脯氨酸含量

由图 6-22 可知，郑麦 9023 旗叶游离脯氨酸含量总体呈先升后降的变化趋势，花后 0～7d 各处理游离脯氨酸含量迅速升高，花后 7d 之后下降。郑麦

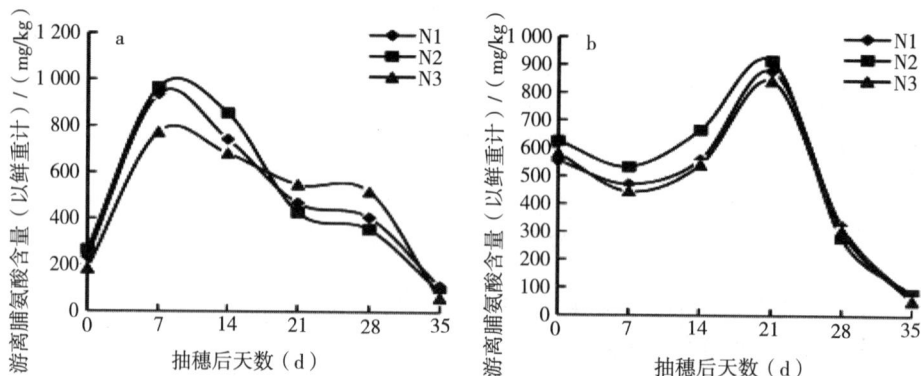

图 6-22　不同氮素形态对郑麦 9023（a）和郑麦 004（b）花后旗叶游离脯氨酸含量的影响

004 变化趋势与郑麦 9023 略有不同，郑麦 004 旗叶游离脯氨酸含量达到峰值的时间较郑麦 9023 延迟 14d 左右，花后 0～7d 各处理游离脯氨酸含量略有降低，花后 7～21d 迅速升高，开花 21d 后又迅速降低。

不同氮素形态处理之间比较，郑麦 9023 除花后 21d N3 处理游离脯氨酸含量显著高于 N2 和 N1 处理外，整个灌浆期 N3 处理旗叶游离脯氨酸含量均较低，并在花后 7d、14d 时极显著低于 N2 处理。郑麦 004 花后 0～14d N2 处理显著高于 N1 和 N3 处理，N1 和 N3 处理间无显著差异。说明郑麦 9023 施用铵态氮肥，郑麦 004 施用酰胺态氮肥能有效降低灌浆期旗叶游离脯氨酸含量，使小麦衰老过程中受外界环境胁迫的影响减小，有利于延缓衰老。

3. 花后旗叶丙二醛（MDA）含量

图 6-23 表明，不同氮素形态对冬小麦花后旗叶 MDA 含量具有一定的影响效应，花后 28d 前一直保持较低水平，之后迅速上升。就郑麦 9023 而言，除花后 0d、28d 外，N3 处理旗叶 MDA 含量一直处于较低水平，但花后 14d 后不同氮素形态处理间差异不显著。郑麦 004 花后 0～21d 各处理间差异不显著，除花后 14d 表现为 N1 处理最高外，其他时期 N1 处理均较低。说明郑麦 9023 施用铵态氮肥，郑麦 004 施用酰胺态氮肥能够降低灌浆期旗叶 MDA 含量，有效地延缓了旗叶的衰老速率，对小麦籽粒灌浆进程的顺利进行和籽粒的形成有利。

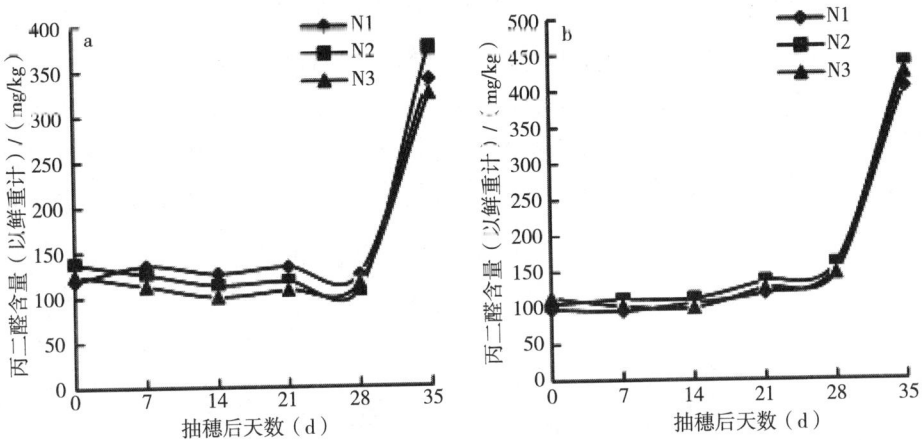

图 6-23　不同氮素形态对郑麦 9023（a）和郑麦 004（b）花后旗叶丙二醛含量的影响

（二）不同氮素形态对小麦叶片保护性酶 SOD 活性的影响

由图 6-24 可知，不同筋型的小麦品种花后旗叶 SOD 活性的变化趋势不同。就郑麦 9023 而言，花后 0～14d 旗叶 SOD 活性呈上升趋势，开花 14d 之后逐渐降低；郑麦 004 旗叶 SOD 活性表现为花后 0～7d 上升，花后 7～14d 下降，花后 14～21d 再次上升，开花 21d 之后一直下降的趋势。不同氮素形态处理间比较，就郑麦 9023 而言，除花后 21d 外，N3 处理旗叶 SOD 活性一直处于最高水平，且在花后 0d、7d、28d、35d 时极显著高于 N1 处理。就郑麦 004 而言，N1 处理花后旗叶 SOD 活性一直高于 N2 和 N3 处理，且在多数时期达到显著或极显著水平。说明施铵态氮有效增加了强筋小麦郑麦 9023 花后旗叶 SOD 活性，而施酰胺态氮对提高弱筋小麦郑麦 004 花后旗叶 SOD 活性有利。

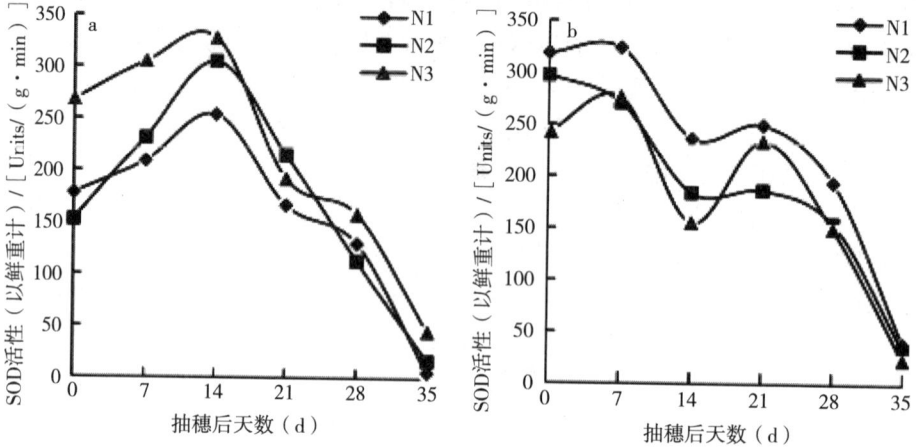

图 6-24　不同氮素形态对郑麦 9023（a）和郑麦 004（b）花后旗叶 SOD 活性的影响

四、不同氮素形态对旱地小麦碳代谢的影响

（一）不同氮素形态对小麦籽粒淀粉积累量及其积累速率的影响

由图 6-25 可以看出，籽粒直链淀粉、支链淀粉和总淀粉积累量在灌浆期均呈上升趋势，而积累速率呈单峰曲线，且支链淀粉积累速率快于直链淀粉。直链淀粉积累量灌浆前期 3 种形态氮素间差异不显著，灌浆中后期 N2 上升速

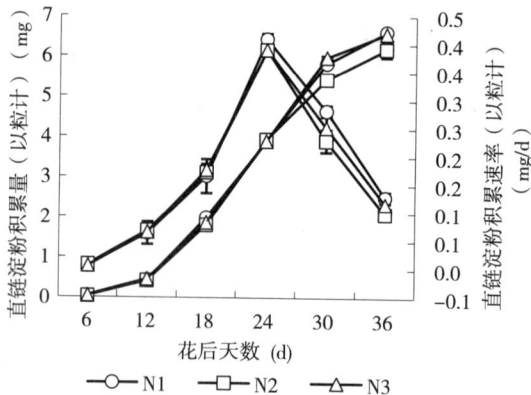

图 6-25　不同氮素形态对小麦籽粒总淀粉及组分积累量和积累速率的影响

度慢，花后 30~36d N2 显著低于 N1 和 N3，且 N1 和 N3 间差异不明显；直链淀粉积累速率在花后 24d 达峰值，之后 N1>N3>N2，除 N1 和 N2 间差异显著外，其他处理间差异未达显著水平。3 种氮素处理直链淀粉积累量和积累速率变化动态基本一致，二者花后 12~36d N2 一直保持较高水平，至花后 24d 达到峰值后直链淀粉积累量表现为 N1>N3>N2，且 N1 和 N2 间差异达显著水平。说明可以通过施用不同形态氮素有效地调节弱筋小麦籽粒淀粉积累量及其积累速率，灌浆中后期籽粒总淀粉和支链淀粉积累量施铵态氮增加最明显，施硝态氮效果次之，施酰胺态氮最差，而籽粒直链淀粉积累量和积累速率对不同形态氮素的响应相反。

由表 6 - 36 可知，总淀粉、支链淀粉含量、支/直比均表现为 N2>N3>N1。经差异显著性分析，总淀粉含量 3 处理间差异不明显；支链淀粉含量 N1 和 N2 差异极显著，其他处理间差异均不显著；支/直比例 3 处理间差异达显著或极显著水平。直链淀粉含量表现为 N1>N3>N2，N2 与 N1 间差异达极显著水平，与 N3 间达显著水平，N2 和 N3 间差异不显著。表明施铵态氮有利于提高成熟期籽粒总淀粉、支链淀粉含量和支/直比例，而施酰胺态氮提高了直链淀粉含量，施硝态氮支链、直链、总淀粉和支/直比在 3 种氮素中均表现为中等水平。

表 6 - 36　不同氮素形态对小麦籽粒淀粉及组分含量的影响

处理	总淀粉含量(%)	直链淀粉含量(%)	支链淀粉含量(%)	支/直
N1	70.43a	20.03b	50.40a	2.52a
N2	72.78a	18.87a	53.91b	2.86c
N3	71.13a	19.39ab	51.75ab	2.67b

注：同列内平均值后有相同字母的表示差异未达到 5% 显著水平。

（二）不同氮素形态对小麦旗叶蔗糖含量及 SS 和 SPS 活性的影响

小麦属于糖叶植物，叶片光合产物主要以蔗糖的形式存在和输出，影响小麦叶片中蔗糖合成的酶有蔗糖合成酶（SS）和磷酸蔗糖合成酶（SPS）。SS 在光合器官中具有催化蔗糖合成作用，SPS 活性的高低代表旗叶光合产物转化蔗糖的能力。图 6 - 26 表明，籽粒灌浆过程中旗叶蔗糖含量、SS 活性和 SPS 活性均呈单峰曲线变化，旗叶蔗糖含量和 SPS 活性峰值出现在花后 18d，旗叶 SS 活性花后 6~24d 一直保持较高活性，之后急剧下降。旗叶蔗糖含量花后 6~24d 表现为 N1>N2>N3，N3 与 N1 和 N2 间差异显著水平，花后 24~36d 表现为 N2>N1>N3，各处理间差异未达显著水平（图 6 - 26A）。旗叶 SS 活性 N1 始终最低，花后 6~12d N1 与 N2 和 N3 差异达显著水平，开花 24d 之后差异不显著（图 6 - 26B）。旗叶 SPS 活性除 18d N1 低于 N2 和 N3 外，3 处理间差异不显著（图 6‑26C）。灌浆中前期 N1 处理旗叶蔗糖合成酶活性低，蔗糖含量高，表明施酰胺态氮不利于源器官（旗叶）中蔗糖向库器官（籽粒）中运转和营养器官贮存的同化物向籽粒中的再分配。

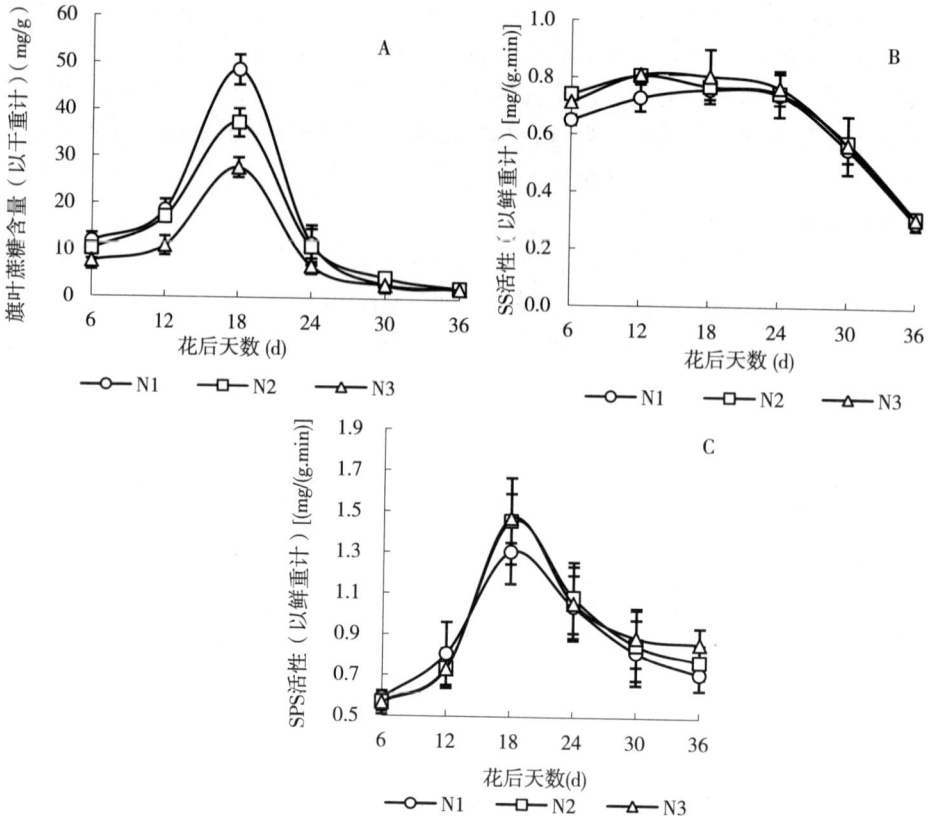

图 6‑26 不同氮素形态对小麦旗叶蔗糖含量及 SS 和 SPS 活性的影响

（三）不同氮素形态对小麦籽粒蔗糖含量及 SS、SSS、GBSS 活性的影响

1. 籽粒蔗糖含量及 SS 活性

运输到籽粒中的光合产物最初以蔗糖形式存在，蔗糖降解生成 UDPG（尿苷二磷酸葡萄糖）和果糖后才能用来合成淀粉。在小麦籽粒中，蔗糖合成酶（SS）的作用主要是催化蔗糖降解为 UDPG 和果糖，SS 活性的高低反映了籽粒降解利用蔗糖的能力，其活性高，合成淀粉的底物就充足。图 6‑27 表明，籽粒灌浆过程中，籽粒蔗糖含量和 SS 活性随着灌浆进程的推进逐渐降低。籽粒蔗糖含量花后 6～18d 下降快，之后下降速度减缓，花后 12～36d N1 最低，但各处理间差异不显著（图 6‑27A）。籽粒 SS 活性花后 12d N1 显著低于 N2 和 N3，花后 24d N3 显著高于 N2 和 N1（图 6‑27B）。表明施酰胺态氮不利于花后籽粒中蔗糖的积累，并且降低了籽粒中 SS 酶活性，降解蔗糖的能

力下降，不利于籽粒淀粉的积累。

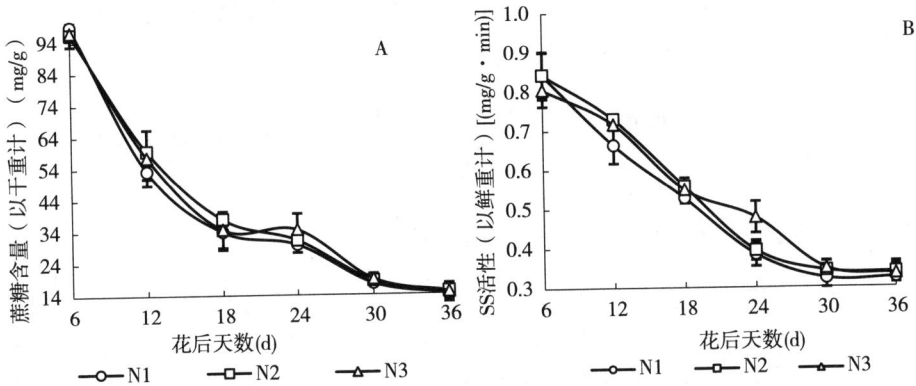

图 6 - 27　不同氮素形态对小麦籽粒蔗糖含量及 SS 活性的影响

注：SS 活性以新鲜小麦籽粒中蔗糖的合成量计。

2. 籽粒淀粉合成酶（SSS 和 GBSS）

淀粉合成酶依据在造粉体中的存在状态，可分为可溶性淀粉合成酶（SSS）和淀粉粒结合淀粉合成酶（GBSS）。根据其底物和酶结构的差异，这两种形式可存在多种同功型，它们总称为淀粉合成酶，在淀粉的生物合成中，催化淀粉的直接前体形成直链淀粉和支链淀粉。其中 SSS 主要催化支链淀粉的合成，而 GBSS 与直链淀粉合成有关。图 6 - 28A 表明，灌浆过程中籽粒 SSS 活性呈先升后降的趋势，花后 24d 达峰值，SSS 活性花后 18～36d 表现为 N2＞N3＞N1，处理间差异达显著水平。

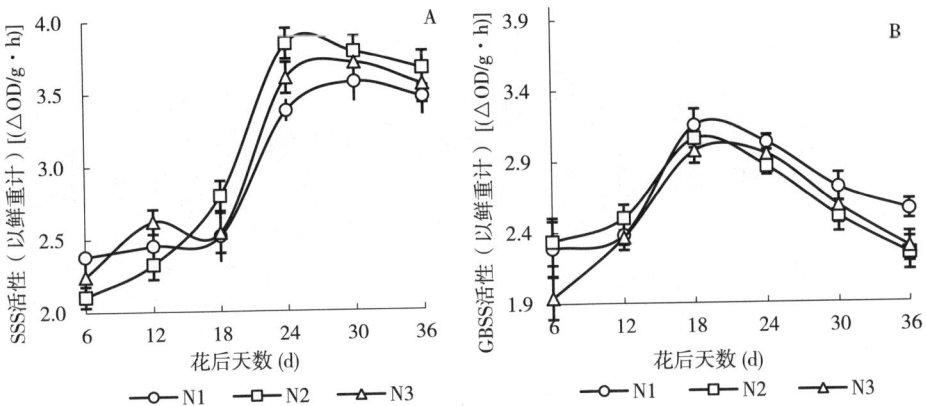

图 6 - 28　不同氮素形态对小麦籽粒 SSS 和 GBSS 活性的影响

由图 6 - 28B 可以看出，灌浆过程中籽粒 GBSS 活性呈单峰曲线变化，花后 18d 达峰值，GBSS 活性花后 6～12d 表现为 N2＞N1＞N3，处理间差异不显著，花后 18～36d 表现为 N1＞N3＞N2，花后 24～36d N1 显著高于其他处理。表明施铵态氮和施硝态氮提高了 SSS 酶活性，有利于支链淀粉的合成，而施酰胺态氮提高了 GBSS 酶活性，对直链淀粉的合成有促进作用。

第三节　施磷量对旱地小麦产量、经济效益和农学效率的影响

一、施磷量对小麦籽粒产量的影响

不同品种的籽粒产量存在差异，施磷对各供试小麦品种籽粒产量均有显著影响（图 6-29）。总体上，小麦籽粒产量随施磷量的增加呈先增加后降低的趋势，且第二生长季达到产量峰值的施磷量低于第一生长季。不同处理间比较，P60 的产量较 P0 显著增加，而施磷 60～240kg/hm² 范围内处理间差异因生长季和品种而异。2014—2015 年生长季，除西农 3517 和泛麦 8 外，P120 的产量均显著高于 P60；除开麦 20 外，P120 的产量均低于 P180，其中西农 979、兰考 198 和洛麦 22 的两处理间差异均达显著水平；除兰考 198 和泛麦 8 外，P240 的产量低于 P180，其中西农 979、西农 3517 和洛麦 22 的差异达到显著水平。2015—2016 年生长季，6 个小麦品种的产量均以 P120 为最高，P180 次之，且 P120 均显著高于其他处理，P180 与 P60 和 P240 之间的差异因品种而异。与 2014—2015 年生长季相比，2015—2016 年生长季 P0 处理的产量降低，而施磷 120kg/hm² 处理的产量明显提高。说明施磷可提高小麦籽粒产量，但最佳施磷量因小麦品种与生长季而异。

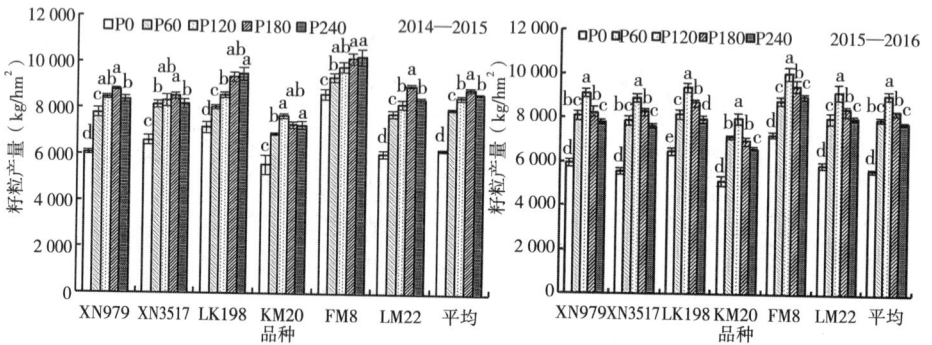

图 6-29　施磷量对小麦籽粒产量的影响

注：XN979、XN3517、LK198、KM20、FM8 和 LM22 分别表示西农 979、西农 3517、兰考 198、开麦 20、泛麦 8 和洛麦 22；P0、P60、P120、P180 和 P240 表示磷肥（P_2O_5）用量分别为 0kg/hm²、60kg/hm²、120kg/hm²、180kg/hm² 和 240kg/hm²。同一品种或均值中不同圆柱上的不同小写字母表示处理间差异显著（$P<0.05$）。误差线为标准差。

二、施磷量对小麦产量构成因素和收获指数的影响

由表 6‑37、表 6‑38 可知，施磷量和品种均显著影响小麦穗数、穗粒数、千粒重和收获指数，而且影响效应在不同的生长季表现不同。从 6 品种总体来看，随着施磷量的增加，小麦的穗数呈先快后慢的递增趋势，除 2014—2015 年生长季的西农 3517 外，P60 的小麦穗数较 P0 均显著增加，再增加施磷量小麦有效穗数的增幅减缓，且处理间的差异因品种和生长季而异。

表 6‑37　施磷量对小麦产量构成因素和收获指数的影响

品种	处理	穗数（万穗/hm²）		穗粒数		千粒重（g）		收获指数（%）	
		2014—2015	2015—2016	2014—2015	2015—2016	2014—2015	2015—2016	2014—2015	2015—2016
西农 979	P0	476c	511c	30.6c	28.6d	40.1bc	39.7c	43.7c	43.9d
	P60	569b	607b	34.8b	31.2b	40.5b	40.1c	46.2a	49.7b
	P120	591ab	651ab	35.2b	32.8a	41.4a	42.0a	46.9a	51.9a
	P180	589ab	645ab	37.0a	30.8bc	41.6a	41.0b	45.2b	47.7c
	P240	628a	675a	34.4b	30.3c	39.9c	39.5c	44.8b	47.9c
西农 3517	P0	502d	520d	31.1d	25.8d	41.2b	40.7b	41.3c	39.8e
	P60	591c	627c	32.3c	31.7b	41.2b	40.8b	43.8b	45.5c
	P120	602bc	650bc	33.6b	32.9a	42.4a	41.9a	45.4a	51.2a
	P180	650ab	694ab	34.5a	28.3c	41.9ab	41.4ab	44.2b	47.5b
	P240	669a	744a	32.1c	27.6c	39.5c	39.2c	43.7b	43.1d
兰考 108	P0	541b	567d	33.0d	28.8d	39.1ab	38.7ab	41.7c	42.9c
	P60	582ab	653ab	36.0c	35.7b	39.6a	39.2a	43.6b	46.4ab
	P120	580ab	619b	38.6b	38.6a	39.3ab	39.6a	45.3a	47.6a
	P180	602a	631ab	41.4a	35.3b	39.9a	38.9ab	45.4a	46.2ab
	P240	613a	666a	39.9a	32.5c	38.3b	37.9b	44.0ab	44.9b
开麦 20	P0	475c	511c	26.7b	23.7c	43.3b	42.8b	40.2c	41.1bc
	P60	536b	576b	29.8a	27.9b	43.5b	43.0b	40.9c	42.5ab
	P120	548ab	572b	30.9a	30.0a	46.9a	46.3a	42.9b	44.0a
	P180	558ab	589ab	30.9a	27.5b	45.5b	44.9a	45.1a	40.7c
	P240	585a	617a	29.8a	26.8b	42.2b	41.7b	44.3ab	40.0c
泛麦 8 号	P0	560c	597c	37.0b	29.9d	40.2bc	39.1cd	42.3c	42.8d
	P60	599b	659ab	37.2b	33.9c	42.4a	41.9a	43.7b	44.3cd
	P120	609b	648b	40.3a	36.7a	41.1b	41.0b	47.1a	48.8a
	P180	664a	677ab	40.3a	35.4b	39.1c	39.6c	46.7a	47.2ab
	P240	682a	697a	39.1a	33.6c	39.6c	38.7d	45.0ab	46.1b
洛麦 22	P0	507c	544b	26.5c	23.8c	44.2cd	43.6cd	41.0c	43.5d
	P60	619b	649a	28.7b	27.4b	45.6b	45.0b	42.8ab	45.6bc
	P120	605b	644a	29.0b	30.0a	46.7a	46.2a	43.7a	49.0a
	P180	665ab	667a	32.7a	28.3b	44.6bc	44.0c	42.2bc	46.2b
	P240	693a	686a	29.1b	28.3b	43.5d	43.0d	41.3c	43.8cd

注：同一品种同列数据后的不同小写字母表示处理间差异显著（$P<0.05$）。

表 6 - 38　小麦产量构成因素和收获指数间的方差分析

变异来源（F 值）	穗数	穗粒数	千粒重	收获指数
处理	144.5**	245.6**	108.7**	311.7**
品种	40.9**	610.8**	485.4**	84.4**
生长季	92.8**	789.3**	126.8**	109.3**
处理×品种	3.3*	10.4**	12.9**	8.6**
处理×生长季	0.7	34.1**	0.8	28.6**
品种×生长季	1.2	17.8**	0.3	23.5**
处理×品种×生长季	0.7	6.5**	0.7	6.0**

注：＊和＊＊分别表示在 0.05 和 0.01 概率水平显著相关。

不同小麦品种的穗粒数均随施磷量的增加呈先升高后降低的趋势，6 品种总体来看，前后两生长季的小麦穗粒数峰值分别出现在 P180 和 P120，且 2015—2016 年生长季 P120 的穗粒数均显著高于其他处理。6 小麦品种的千粒重总体表现为 P120＞P180＞P60＞P0＞P240，且大部分品种 P120、P180 处理的千粒重显著高于 P0，表明适量施磷有利于提高小麦千粒重，但过量施磷的 P240 较不施磷处理的千粒重反而降低。两生长季小麦的收获指数均以 P0 为最低，施磷显著提高小麦收获指数，但随着施磷量的增加收获指数总体呈先升后降的变化趋势，2014—2015 年生长季不同品种达到峰值的施磷量不同，2015—2016 年生长季 6 品种均以 P120 收获指数为最高。

三、施磷量对小麦经济效益的影响

以肥料投入和小麦产出计算经济效益的结果表明（图 6 - 30），6 小麦品种的经济效益均随着施磷量的增加呈先升后降的趋势，在施磷 0～60kg/hm² 范围内，小麦经济效益较迅速增加，之后增加幅度减缓甚至降低，其达到峰值的施磷量在不同生长季和品种间表现不同。与 P0 相比，施磷显著提高 6 小麦品种的经济效益，但不同施磷处理间的差异因生长季和品种而异。2014—2015 生长季，开麦 20 的经济效益以 P120 为最高，西农 979、西农 3517 和洛麦 22 以 P180 为最高，兰考 198 和泛麦 8 以 P240 为最高，但施磷超过 120kg/hm² 后，仅洛麦 22 的经济效益显著提高。2015—2016 生长季，P120 所有小麦品种的经济效益均显著高于其他处理，平均经济效益较 P0、P60、P180 和 P240 分别高 65.0%、13.5%、12.7% 和 24.7%，P60 和 P180 间差异不显著，但二者均显著高于 P240。可见，施磷可显著提高小麦经济效益，尤其以适量施磷的 120kg/hm² 较优。

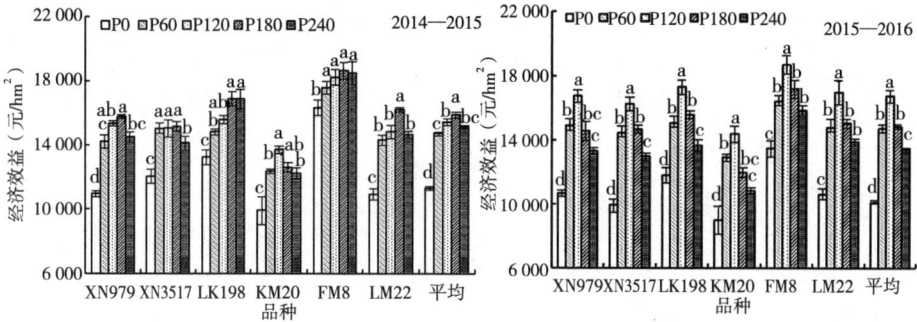

图 6-30　施磷量对小麦经济效益的影响

注：同一品种或均值不同圆柱上的不同小写字母表示处理间差异显著（$P<0.05$）。误差线为标准差。

四、不同小麦品种的最佳产量和最佳经济效益施肥量

两生长季 6 小麦品种的籽粒产量或经济效益与施磷量间二次曲线拟合模型均具有较强的可靠性（表 6-39）（$R^2=0.785\sim0.959$）。2 生长季总体来看，最佳经济效益施磷量均低于最佳产量施磷量，降幅为 6.1%～18.5%，但其在不同生长季表现不同。2014—2015 年生长季小麦的磷肥农学效率品种间差异较大，其中西农 3517 最低，分别为 159.7kg/hm² 和 142.8kg/hm²，兰考 198 最高，分别为 322.2kg/hm² 和 270.4kg/hm²，其他品种介于两者之间，说明小麦籽粒产量对施磷量的响应存在品种差异。2015—2016 年生长季，不同小麦品种最佳施磷量的差异较小，最佳经济效益施磷量为 128.3～139.1kg/hm²，低于其最佳产量施磷量（137.9～149.6kg/hm²）。根据最佳经济效益施磷量回归得到的最佳经济效益产量较模型最佳产量降低 0.12%～0.68%，表明适量降低施磷量并不降低小麦产量。因此，根据最佳经济效益推荐施磷可在一定程度上降低磷肥用量，但不影响籽粒产量。

表 6-39　不同小麦品种的最佳施肥量

生长季	品种	籽粒产量		经济效益		最佳产量（kg/hm²）	最佳经济效益产量（kg/hm²）
		拟合方程	最佳施磷量（kg/hm²）	拟合方程	最佳施磷量（kg/hm²）		
2014—2015	西农 979	$y=-0.0921x^2+31.44x+6115.2$	170.7	$y=-0.1933x^2+60.724x+11051$	157.1	8 798	8 781
	西农 3517	$y=-0.0744x^2+23.768x+6711.8$	159.7	$y=-0.1562x^2+44.613x+12304$	142.8	8 610	8 589
	兰考 198	$y=-0.0245x^2+15.788x+7157$	322.2	$y=-0.0515x^2+27.854x+13239$	270.4	9 700	9 635
	开麦 20	$y=-0.0759x^2+24.626x+5634$	162.2	$y=-0.1594x^2+46.416x+10040$	145.6	7 631	7 611

（续）

生长季	品种	籽粒产量		经济效益		最佳产量（kg/hm²）	最佳经济效益产量（kg/hm²）
		拟合方程	最佳施磷量（kg/hm²）	拟合方程	最佳施磷量（kg/hm²）		
2014—2015	泛麦8	$y=-0.028\,4x^2+13.581x+8\,635.1$	239.1	$y=-0.059\,6x^2+23.219x+16\,343$	194.8	10 259	10 203
	洛麦22	$y=-0.084\,8x^2+30.281x+6\,108.5$	178.5	$y=-0.178\,1x^2+58.290x+11\,037$	163.6	8 812	8 793
2015—2016	西农979	$y=-0.140\,4x^2+40.166x+6\,043.8$	143.0	$y=-0.294\,8x^2+79.049x+10\,901$	134.1	8 916	8 905
	西农3517	$y=-0.149\,2x^2+43.332x+5\,667.9$	145.2	$y=-0.313\,4x^2+85.697x+10\,112$	136.7	8 814	8 803
	兰考198	$y=-0.135x^2+38.255x+6\,465.3$	141.7	$y=-0.283\,6x^2+75.036x+11\,786$	132.3	9 175	9 163
	开麦20	$y=-0.131\,1x^2+36.153x+5\,277.1$	137.9	$y=-0.275\,3x^2+70.621x+9\,290.9$	128.3	7 770	7 757
	泛麦8	$y=-0.116\,9x^2+34.976x+7\,250.8$	149.6	$y=-0.245\,5x^2+68.149x+13\,436$	138.8	9 867	9 853
	洛麦22	$y=-0.139\,3x^2+41.271x+599\,6.8$	148.1	$y=-0.292\,5x^2+81.37x+10\,802$	139.1	9 054	9 042

五、施磷量对小麦磷肥农学效率的影响

不同小麦品种的磷肥农学效率差异较大，但均随施磷量的增加而逐渐降低，且降低幅度在不同生长季表现不同（表6-40）。总体来看，不同施磷处理间磷肥农学效率差异显著，且2015—2016年生长季P60和P120处理的磷肥农学效率较2014—2015年生长季明显提高，6品种平均分别提高39.1％和56.8％。就不同生长季而言，2014—2015年生长季，P60的小麦磷肥农学效率降低显著高于其他施磷处理，而P240显著低于其他处理，但兰考198、泛麦8和洛麦22的P120和P180间差异未达显著水平。2015—2016年生长季，P60的平均磷肥农学效率较P120处理高38.6％，除兰考198和泛麦8上述二处理间差异不显著外，其他品种的差异均达显著水平；P120所有品种的磷肥农学效率均显著高于P180，而P180的磷肥农学效率仅西农3517和兰考198显著高于P240。可见，增加施磷量降低了磷肥农学效率，2014—2015生长季施磷超过180kg/hm²时磷肥农学效率显著降低，2015—2016年生长季施磷量超过120kg/hm²其农学效率就会大幅下降。

表 6 - 40　施磷量对小麦磷肥农学效率的影响

生长季	处理	西农 979	西农 3517	兰考 198	开麦 20	泛麦 8	洛麦 22	平均
2014—2015	P60	31.2a	19.4a	11.5a	35.3a	12.1a	23.9a	22.2a
	P120	21.3b	11.0b	10.3b	24.3b	9.8b	15.3b	15.3b
	P180	16.1c	8.5c	10.0b	14.1c	8.8b	14.7b	12.2c
	P240	10.2d	5.0d	8.8c	10.5d	6.7c	8.6c	8.3d
2015—2016	P60	39.3a	41.4a	26.4a	41.3a	22.5a	40.1a	35.2a
	P120	28.3b	29.1b	23.4a	27.7b	21.8a	30.1b	26.7b
	P180	13.9c	16.1c	11.9b	12.9c	11.3b	15.8c	13.6c
	P240	8.7c	9.3d	5.7c	8.1c	6.5b	10.1c	8.1d

注：同年度同列数据后的不同小写字母表示处理间差异显著（$P<0.05$）。

第四节　钾肥对旱地小麦生长及籽粒品质的影响

一、钾对小麦叶绿素含量的影响

表 6-41 表明，施钾处理的叶绿素含量明显高于对照，并且从 K1 到 K3 处理，叶绿素含量随钾肥施用量的增加而增加，但当钾肥施用量达到 K4 处理时，叶绿素含量又有所降低，这说明增施适量的钾肥能促进叶绿素的合成，提高了小麦旗叶叶绿素含量，但并非施钾越多越好，这可能是因为施钾量过大（钾肥用量已超过了小麦正常生长的需钾量），小麦体内氮钾比例失调，从而又影响了叶绿素的合成，导致 K4 处理的叶绿素含量反而低于 K3。

表 6 - 41　不同处理小麦旗叶叶绿素含量（mg/dm^2）

处理	抽穗后天数（d）			
	7	14	21	28
K0	4.67Dd	6.76Dd	5.57Dd	3.58Dd
K1	4.86Cc	7.29Cc	6.33Cc	4.37Cc
K2	4.88Cc	7.33Cc	6.38Cc	4.39BCbc
K3	5.66Aa	8.18Aa	7.28Aa	5.27Aa
K4	5.01Bb	7.42Bb	6.52Bb	4.46Bb

注：K0、K1、K2、K3、K4 分别代表施钾量（K_2O）为 0、37.5、75、112.5、150kg/hm² 。

二、钾对小麦光合速率的影响

从表 6-42 可以看出，施钾处理小麦旗叶光合速率明显高于对照，K3 处理叶光合速率最大，明显高于其他处理，叶绿素的变化情况不同的 K1、K2、K4 处理间的差异没有达到显著水平。

表 6-42　不同处理小麦旗叶光合速率（以 CO_2 计）（$\mu mol/S$）

处理	抽穗后天数（d）				
	0	7	14	21	28
K0	15.87Dd	14.58Cc	13.11Cc	9.07Cc	4.24Cc
K1	19.01Cc	16.25Bb	15.08Bb	11.14Bb	5.33Bb
K2	19.14Bb	16.28Bb	15.12Bb	11.17Bb	5.34Bb
K3	20.17Aa	18.10Aa	16.78Aa	12.81Aa	6.18Aa
K4	19.15Bb	16.27Bb	15.09Bb	11.15Bb	5.33Bb

三、钾对小麦籽粒灌浆的影响

从表 6-43 和表 6-44 可以看出，施用钾肥明显提高了小麦各个时期的千粒重和灌浆速率，从而有利于最终产量的提高，但钾肥施用量并非愈大愈好，钾肥施用量过大（K4 处理）时小麦各个时期千粒重和灌浆速率均有所下降，导致最终产量也随之降低。

表 6-43　不同处理小麦的千粒重（g）

处理	抽穗后天数（d）							
	5	10	15	20	25	30	35	40
K0	3.28Dd	6.05Ee	9.84Ee	17.78Ee	30.82Ee	33.34Ee	36.28Ee	38.17Dd
K1	3.34Cc	6.28Dd	10.05Dd	20.43Dd	31.23Dd	34.61Dd	37.45Dd	39.13Cc
K2	3.41Bb	5.54Cc	11.64Cc	23.38Cc	31.93Cc	35.98Cc	37.86Cc	39.72Bb
K3	3.49Aa	6.78Aa	13.21Aa	25.32Aa	32.87Aa	36.37Aa	38.26Aa	40.11Aa
K4	3.42Bb	6.58Bb	11.72Bb	23.54Bb	32.12Bb	36.17Bb	37.92Bb	39.76Bb

表 6-44　不同处理小麦的籽粒灌浆速率（以 1 000 粒计）（g/d）

处理	抽穗后天数（d）							
	5	10	15	20	25	30	35	40
K0	0.460 6Dd	0.879 3Ee	1.391 0Ee	1.646 6Dd	1.388 9Dd	0.876 9Cc	0.459 0cc	0.217 3Dd
K1	0.481 8Cc	0.936 1Dd	1.446 45Dd	1.828 0Cc	1.394 2Cc	0.889 0Bb	0.467 0 BCbc	0.225 4Cc

（续）

处理	抽穗后天数（d）							
	5	10	15	20	25	30	35	40
K2	0.511 6Bb	0.988 9Cc	1.486 3Cc	1.813 0Bb	1.400 9Bb	0.893 6Bb	0.474 5 ABab	0.227 1Bb
K3	0.528 0Aa	1.053 4Aa	1.558 6Aa	1.823 7Aa	1.407 7Aa	0.900 7Aa	0.480 7Aa	0.231 2Aa
K4	0.512 8b	1.024 3Bb	1.526 5Bb	1.814 5Bb	1.401 5Bb	0.894 1Bb	0.474 8 ABab	0.227 2Bb

四、钾对小麦产量、湿面筋和蛋白质含量的影响

湿面筋含量的高低与蛋白质含量的高低有着密切的关系，面筋的质量对小麦的营养品质和加工品质都有很大的影响。沉淀值的大小，反映出面筋强度的大小，进而影响面粉的烘烤品质。面团稳定时间的长短，反映出面团结构的延伸性、黏性、弹性的强弱，也反映出面筋强度的大小，同样影响着面粉的烘烤品质。从表 6 - 45 可以看出，施用钾肥，小麦湿面筋含量、沉淀值和面团稳定时间都有明显增加。

不同处理湿面筋含量分别较对照平均增加 1.19～2.12 个百分点，从 K1 至 K3 处理，湿面筋含量随着钾肥用量的增加而增加，钾肥用量过大（K4 处理）湿面筋含量反而降低，这说明施用钾肥对小麦湿面筋的含量影响很大。不同处理沉淀值分别较对照平均增加 1.10～2.01mL，在一定范围内表现出钾肥用量越大，沉淀值越大的趋势，其中 K3 处理最高，其变化规律与湿面筋含量基本相同，所不同的是 K1、K2 处理之间差异不显著。

表 6 - 45　不同处理对小麦产量、湿面筋和蛋白质含量的影响

处理	湿面筋含量 （%）	沉淀值 （mL）	蛋白质含量 （%）	蛋白质产量 （kg/hm²）	经济产量 （kg/hm²）
K0	37.72Ee	36.87Dd	15.43Dd	586.1Ee	3 798.7Dd
K1	38.91Dd	37.97Cc	16.28Cc	670.3Dd	4 117.5Cc
K2	39.37Cc	37.99Cc	16.35Bb	705.0Cc	4 311.8Bb
K3	39.84Aa	38.88Aa	17.18Aa	762.4Aa	4 437.9Aa
K4	39.01bB	38.81Bb	16.38Bb	706.5Bb	4 313.2Bb

五、钾对小麦品质性状的影响

由表 6 - 46 可以看出，钾肥施用量对小麦主要品质的影响呈现明显规律。2 品种出粉率均随着钾肥施用量的增加呈逐渐降低趋势，但各处理间差异不显著。面粉灰分和湿面筋含量，郑麦 9023 表现为 K0＜K1＜K2＜K3，而豫麦 50

表现为 K0＞K1＞K2＞K3，面粉灰分处理间差异未达显著水平，湿面筋含量 K0、K1 与 K2、K3 间差异均达显著水平。干面筋含量，郑麦 9023 随钾肥施用量的增加呈先升后降趋势，豫麦 50 表现出相反趋势，K0、K1 与 K2、K3 间差异均达到显著水平。降落值郑麦 9023 表现为 K0＞Kl＞K2＞K3，豫麦 50 表现为 K0＜K1＜K2＜K3，K0、K1 与 K2、K3 间差异显著。说明提高钾肥施用量可增加强筋小麦干面筋、湿面筋含量，降低降落值，而弱筋小麦表现出相反趋势，有利于 2 种类型小麦籽粒品质的改善。

表 6-46　不同处理对 2 种筋型小麦品质性状的影响

品种	处理	出粉率 (%)	面粉灰分 (%)	干面筋 (%)	湿面筋 (%)	降落值 (s)
郑麦 9023	K0	76.0a	1.53a	8.81a	28.2a	400b
	K1	75.5a	1.56a	8.85a	28.8a	396ab
	K2	75.3a	1.57b	9.23b	34.6b	385a
	K3	75.2a	1.58b	9.22b	36.7b	382a
豫麦 50	K0	75.5a	1.53b	7.46b	26.7b	248a
	K1	75.0a	1.52b	7.20b	25.8b	252a
	K2	74.2a	1.50a	6.20a	20.8a	266b
	K3	74.3a	1.49a	6.23a	20.2a	268b

六、钾对小麦粉质特性的影响

由表 6-47 可以看出，合理施用钾肥能够有效改善强筋小麦和弱筋小麦籽粒粉质特性。就强筋小麦郑麦 9023 而言，施钾提高了籽粒吸水率、形成时间、稳定时间和评价值，弱化度则随施钾量增加而降低。除吸水率外，其余各指标处理间均表现为 K2 和 K3 显著高于 K0 和 K1，弱化度表现为 K2 和 K3 显著低于 K0 和 K1，K2 与 K3 差异不显著。就弱筋小麦豫麦 50 而言，施钾降低了吸水率、形成时间、稳定时间和评价值，增加了弱化度。吸水率、稳定时间和评价值处理间差异不明显，形成时间和弱化度 K2 和 K3 与 K0 和 K1 差异达显著水平，K2 与 K3 及 K1 与 K0 间差异不显著。这一结果表明，增施钾肥对改善强筋小麦和弱筋小麦加工品质都是必要的，尤其是 K2 和 K3 处理的效果最为明显。

表 6-47　不同处理对 2 种筋型小麦粉质特性的影响

品种	处理	吸水率 (%)	形成时间 (min)	稳定时间 (min)	弱化度 (FU)	评价值
郑麦 9023	K0	61.2a	4.2a	4.8a	55b	62a
	K1	61.4a	4.8a	5.0a	40b	68a
	K2	62.2a	6.0b	6.5b	25a	83b
	K3	63.0a	5.5b	6.5b	20a	85b

（续）

品种	处理	吸水率 （%）	形成时间 （min）	稳定时间 （min）	弱化度 （FU）	评价值
豫麦 50	K0	57.4a	2.0b	1.1a	205a	22a
	K1	57.0a	1.7b	1.1a	210a	21a
	K2	56.5a	1.4a	1.0a	230b	20a
	K3	56.2a	1.5a	1.0a	230b	21a

注：K0、K1、K2、K3 分别代表施钾量（K_2O）为 0kg/hm^2、75kg/hm^2、112.5kg/hm^2、150kg/hm^2，下同。

七、钾对小麦糊化特性的影响

由表 6-48 可以看出，适宜的钾肥施用量有利于改善 2 种筋型小麦籽粒淀粉糊化特性。对于郑麦 9023 来说，施钾降低了籽粒淀粉糊化温度、峰值黏度、低谷黏度、最终黏度和反弹值，提高了稀懈值。不同处理间比较，糊化温度和反弹值各处理间差异不明显，峰值黏度、低谷黏度和最终黏度 K2 和 K3 显著低于 K0，K2 与 K3 间差异不显著。稀懈值 K2 和 K3 显著高于 K0 但 K2 与 K3 间差异不显著。对于豫麦 50 来说，施钾提高了淀粉峰值黏度、低谷黏度、最终黏度、稀懈值和反弹值，对糊化温度影响不大。差异显著性分析结果表明，峰值黏度、低谷黏度、最终黏度、稀懈值和反弹值 K2 和 K3 显著高于 K0 和 K1，K2 与 K3 及 K1 与 K0 间差异不显著。说明当钾肥施用量为 112.5kg/hm^2（K2）和 150kg/hm^2（K3）时能够明显改善强筋和弱筋小麦的淀粉糊化特性。

表 6-48　不同处理对 2 种筋型小麦糊化特性的影响

品种	处理	糊化温度 （℃）	峰值黏度 （BU）	低谷黏度 （BU）	最终黏度 （BU）	稀懈值 （BU）	反弹值 （BU）
郑麦 9023	K0	62.8a	638b	542b	894b	93a	342a
	K1	62.7a	624b	537ab	876b	100a	340a
	K2	62.6a	606a	500a	841a	115b	334a
	K3	62.7a	605a	509a	834a	113b	337a
豫麦 50	K0	62.3a	464a	252a	468a	210a	209a
	K1	62.3a	490a	260a	496a	214a	221a
	K2	62.3a	570a	332b	580b	224b	239b
	K3	62.3a	562a	325b	572b	226b	232b

第五节 磷钾肥配施对旱地小麦根系形态特征和生理活性的影响

一、磷钾肥配施对小麦根系形态特征的影响

(一)磷钾肥配施对小麦单株次生根数的影响

结果表明,随着生育时期的推进,各处理的单株次生根数呈"S"形曲线,表现为 P2K2>P3K2>P3K1>P2K1>P1K2>P1K1(表 6-49)。返青期前,单株次生根条数发生范围为 2.2～10.0 条,各处理间差异未达显著水平。返青后,由于春蘖的大量发生,单株次生根条数迅速增加,至挑旗期达最大值,为 42.6～63.8 条。生育末期,次生根数大约为 35.6～56.0 条。不同处理间单株次生根条数在挑旗后差异较大,且 P2K2 和 P3K2 处理在挑旗期至蜡熟期单株次生根条数显著高于 P1K1 处理。挑旗期后,各处理的单株次生根条数有所下降,这可能与生育后期根系衰亡脱落有关。上述结果表明,在一定范围内增施磷、钾肥有利于提高小麦次生根条数,但超过一定阈值时,单株次生根条数下降,增施磷钾肥效果不明显。

表 6-49 不同磷钾水平下小麦单株次生根数(条/株)

处理	观测时间							
	冬前	越冬期	返青期	拔节期	挑旗期	籽粒形成期	籽粒灌浆中期	蜡熟期
P1K1	4.2a	5.2a	8.4a	25.6a	42.6b	37.6c	37.8c	35.6a
P1K2	2.8a	6.4a	7.0a	25.0a	46.0b	46.0b	45.2b	42.5a
P2K1	5.0a	6.2a	8.2a	26.0a	57.8ab	55.1a	46.0b	44.0ab
P2K2	2.2a	8.0a	6.3a	29.3a	63.8b	63.8a	59.1a	56.0ab
P3K1	2.2a	5.0a	10.0a	18.4a	57.4ab	53.4ab	49.3ab	43.6b
P3K2	3.6a	3.8a	6.0a	26.4a	59.0ab	54.5ab	51.6ab	49.3b

注:同一列数据后标有不同小写字母者,表示其差异达显著($\alpha = 0.05$)水平,下同。

(二)磷钾肥配施对小麦主茎次生根数的影响

各处理间主茎次生根数的变化趋势与单株次生根数相似(表 6-50)。拔节前,主茎次生根数变化范围为 1.8～8.0 条,处理间差异未达显著水平;拔节以后,主茎次生根数增长加快,于挑旗期达最大值;之后,根条数减少,蜡熟期减少至 12.6～27.7 条。相比而言,P1K2 和 P1K1 在生育中后期具有较少的主茎次生根,挑旗期二者根系分别为 16.4 条和 18.2 条,与其他 4 个处理差异达显著水平。生产实践中,可通过调控磷钾配施比例,协调根系发生量,这对于养分的高效利用有着重要的意义。

表 6 - 50　不同磷钾肥水平下小麦主茎次生根数（条/株）

处理	观测时间							
	冬前	越冬期	返青期	拔节期	挑旗期	籽粒形成期	籽粒灌浆中期	蜡熟期
P1K1	3.4a	3.8a	6.4a	6.2a	16.4c	14.0b	13.6b	12.6b
P1K2	2.0a	3.2a	6.2a	8.0a	18.2c	16.2b	16.4b	12.8b
P2K1	4.0a	4.2a	6.0a	6.8a	27.0b	27.0a	24.0ab	18.3b
P2K2	1.8a	3.4a	4.5a	6.2a	36.2a	33.4a	31.8a	27.7a
P3K1	2.4a	5.0a	5.4a	7.0a	25.0b	25.5a	18.6b	16.4b
P3K2	3.6a	3.0a	4.0a	7.4a	35.2a	30.0a	26.8a	20.0a

（三）磷钾肥配施对小麦单株根干重的影响

从表 6 - 51 可以看出，整个小麦生育期内，单株根干重呈"低—高—低"的变化趋势。不同磷钾肥配比下，根干重差异较大，表现为 P2K2＞P3K2＞P2K1＞P3K1＞P1K2＞P1K1。返青前单株根干重增加缓慢，为 0.1～0.9g，处理间差异未达显著水平；返青期后，由于根系的大量发生，根中干物质积累速率也明显加快，籽粒形成期，各处理的根干重最大，为 1.6～3.2g。其中，P2K2 处理根干重与 P1K2 和 P1K1 处理差异达显著水平。至蜡熟末期，不同处理的根干重较低，为 1.1～2.6g，且 P2K2 处理与其他处理差异均达显著水平。结果表明，磷钾肥对根干重的影响主要表现在小麦生育中后期，适宜的磷钾肥配比，能显著提高根干重，延长根系功能期，利于灌浆期间根系对营养物质吸收和运输。

表 6 - 51　不同磷钾肥水平下小麦单株根干重（g/株）

处理	观测时间							
	冬前	越冬期	返青期	拔节期	挑旗期	籽粒形成期	籽粒灌浆中期	蜡熟期
P1K1	0.1a	0.2a	0.4a	0.6a	1.3b	1.6c	1.7c	1.1c
P1K2	0.1a	0.2a	0.4a	0.9a	1.2b	1.8c	1.4c	1.3c
P2K1	0.2a	0.3a	0.9a	1.1a	2.2a	2.6b	2.2b	2.2ab
P2K2	0.2a	0.3a	0.8a	0.9a	2.3a	3.2a	2.8a	2.6a
P3K1	0.1a	0.2a	0.6a	1.1a	1.9a	2.1bc	2.0bc	1.6bc
P3K2	0.1a	0.2a	0.8a	1.1a	2.2a	3.0ab	2.3ab	2.0b

（四）磷钾肥配施对小麦单株根体积的影响

由表 6 - 52 得知，各处理的小麦单株根体积在全生育期均表现为先升高后降低的趋势。冬前根体积最小，为 0.7～1.4cm³，处理间差异未达显著水平；

拔节期后，根体积迅速增大，至籽粒形成期达到峰值，为 $11.8\sim21.0cm^3$，P2K2、P3K2、P3K1 处理根体积与 P2K1、P1K2、P1K1 处理差异达显著水平；籽粒灌浆中期，单株根体积大幅度减小，生育末期仅为 $4.3\sim8.0cm^3$，但各处理间差异不明显。这表明，增施磷钾肥，能显著提高单株根体积，但过量施用，则会导致根系生长细长纤弱，单株根体积下降。

表 6-52　不同磷钾肥水平下小麦单株根体积 （$cm^3/$株）

处理	观测时间							
	冬前	越冬期	返青期	拔节期	挑旗期	籽粒形成期	籽粒灌浆中期	蜡熟期
P1K1	0.7a	2.3b	4.3b	4.4c	12.3b	11.8b	7.2a	4.3a
P1K2	0.8a	2.5b	4.3b	4.7bc	13.1ab	12.8b	7.7a	5.7a
P2K1	1.0a	3.6ab	5.1a	5.9ab	16.3a	12.0b	9.0a	6.0a
P2K2	1.4a	4.0a	5.1a	6.5a	20.2a	21.0a	12.1a	8.0a
P3K1	1.1a	2.8b	4.5ab	5.3b	18.5ab	19.6a	8.0a	6.0a
P3K2	1.4a	3.8a	5.2a	6.3a	18.5a	19.5a	11.0a	7.9a

（五）磷钾肥配施对小麦单株根冠比的影响

生育前期（冬前—返青），不同处理的单株根冠比持续上升，返青期达最大值，为 $0.45\sim0.85$（表 6-53）。返青之后，地上部生长加快，其干物质积累逐渐高于地下部，根冠比开始减小，挑旗期降为 $0.17\sim0.30$，而蜡熟期仅为 $0.02\sim0.06$。表 6-53 还表明，除籽粒形成期和籽粒灌浆中期外，P2K2 处理的根冠比均高于其他处理，冬前至返青期，P2K2 和 P3K2 处理均与 P2K1 和 P3K1 处理差异明显，与 P2K1 和 P1K1 处理差异显著。这表明，增施磷、钾肥，可以提高碳水化合物的转化速率，进而促进光合产物向根中转运和积累，增加根冠比。

表 6-53　不同磷钾肥水平下小麦单株根冠比

处理	观测时间							
	冬前	越冬期	返青期	拔节期	挑旗期	籽粒形成期	籽粒灌浆中期	蜡熟期
P1K1	0.10c	0.35c	0.47c	0.39c	0.17	0.12b	0.04b	0.02a
P1K2	0.10c	0.40b	0.45c	0.42c	0.19b	0.13b	0.04b	0.03a
P2K1	0.20b	0.47b	0.64b	0.51b	0.22b	0.19a	0.08b	0.05a
P2K2	0.30a	0.66a	0.85a	0.69a	0.30a	0.25a	0.13a	0.06a
P3K1	0.20b	0.38c	0.58b	0.58b	0.21b	0.17b	0.06b	0.05a
P3K2	0.30a	0.59a	0.79a	0.58b	0.30a	0.30a	0.17a	0.05a

二、磷钾肥配施对小麦根系生理特性的影响

（一）磷钾肥配施对小麦根系活力的影响

根系活力是反映根系生理特性的一项重要指标，根系活力的大小直接影响着根系的生长状况及植株的发育水平。由表 6 - 54 可知，整个生育期间，不同处理的根系活力变化较大。越冬前期，根系活力（以鲜重计）较低，为 38.6～52.6 [$\mu g/$ （g·h）]。随着生育期推进，根系活力迅速上升，除 P1K2 处理外，各处理均在拔节期（以鲜重计）达最高水平，为 120.0～189.7 [$\mu g/$ （g·h）]，而后陡降，蜡熟期的活力值（以鲜重计）最小，为 8.6～12.9 [$\mu g/$ （g·h）]。由表 6 - 54 还可得知，不同处理间均以 P2K2 根系活力为最高（挑旗期除外），且在拔节期与 P3K1、P1K2 和 P1K1 差异显著。蜡熟期各处理根系活力与拔节期相比，P1K1、P1K2、P2K1、P2K2、P3K1 和 P3K2 处理分别降低了 93.1%、92.8%、94.0%、93.2%、91.5%和 93.4%。这表明，磷钾肥对小麦根系活力的影响主要表现在生育前期。

表 6 - 54　不同磷钾肥水平下小麦根系活力的变化（以鲜重计）[$\mu g/$ （g·h）]

处理	观测时间							
	冬前	越冬期	返青期	拔节期	挑旗期	籽粒形成期	籽粒灌浆中期	蜡熟期
P1K1	39.8a	52.4b	106.8b	126.7b	60.5c	18.8b	13.6a	8.8a
P1K2	38.6a	54.2b	130.8a	120.0b	109.0b	24.8b	16.4a	8.6a
P2K1	44.9a	78.7ab	132.8a	179.5a	110.6b	38.9ab	18.4a	10.8a
P2K2	52.6a	90.7a	135.7a	189.7a	139.8a	45.3a	19.3a	12.9a
P3K1	42.1a	60.3b	116.7a	140.3b	111.1b	26.4ab	18.6a	11.9a
P3K2	50.8a	86.5a	130.4a	189.5a	146.4a	45.3a	19.2a	12.5a

（二）磷钾肥配施对小麦可溶性糖含量的影响

可溶性糖含量是根系碳代谢的重要物质之一。生育前期，根中较高的可溶性糖含量可以提高根系的抗寒性，而生育后期又可以转运到地上部，促进籽粒的灌浆。不同测定时期根系可溶性糖含量差异明显，并呈单峰曲线变化（表 6 - 55）。不同处理间根系可溶性糖含量以 P2K2 处理为最高（冬前除外），P1K1 处理为最低（返青期除外），表现为 P2K2＞P3K2＞P2K1＞P3K1＞P1K2＞P1K1，全生育时期 P2K2 处理的可溶性糖含量均显著高于 P1K2 和 P1K1 处理。这表明，增施磷、钾肥是提高小麦根系可溶性糖含量的重要途径。

表 6-55　不同磷钾肥水平下小麦根系可溶性糖含量（mg/g）

处理	观测时间							
	冬前	越冬期	返青期	拔节期	挑旗期	籽粒形成期	籽粒灌浆中期	蜡熟期
P1K1	19.9b	27.2c	34.6d	70.1c	40.2c	40.1c	29.8c	28.0b
P1K2	20.8b	28.5c	34.1d	72.2c	47.9c	40.2c	29.7c	28.0b
P2K1	27.5ab	37.0b	44.3c	87.6b	58.6b	48.7b	39.8b	36.4ab
P2K2	32.2a	55.0a	68.2a	100.2a	70.9a	60.2a	51.2a	42.2a
P3K1	24.9b	35.8bc	45.1c	87.7b	47.3c	41.1bc	36.4bc	30.8b
P3K2	33.6a	47.9a	60.1b	90.9b	50.3bc	52.2ab	45.2ab	40.2a

第七章

秸秆还田和施磷对旱地小麦氮磷钾积累及土壤养分的影响

第一节 秸秆还田与施磷对麦田土壤养分的影响

一、秸秆还田与施磷对土壤有机质含量的影响

土壤有机质不仅包含植物生长各种元素，而且还是土壤微生物环境的能源和碳源，对土壤耕性、结构、水、热和气都有重要影响。由图 7-1 可以看出，各测定时期，秸秆还田与不还田相比各施磷处理土壤有机质含量均有一定提高，但差异不显著。随着生育进程的推进，秸秆还田和不还田条件下，各处理有机质含量总体呈先升后降趋势，秸秆还田增幅较明显。

不同施磷水平间比较，成熟期土壤有机质含量均比拔节期有所增加，秸秆还田条件下，增幅以 P3 为最大，P4 最小，表现为 P3>P2>P0>P1>P4，P3 较 P4 处理的土壤有机质含量显著提高，但在秸秆不还田条件下，增幅不明显。试验表明，耕层土壤有机质含量以秸秆还田条件下增幅较大，秸秆不还田条件下增幅较小或不明显。不同施磷水平下，土壤有机质含量拔节期最低，各处理间无显著差异。

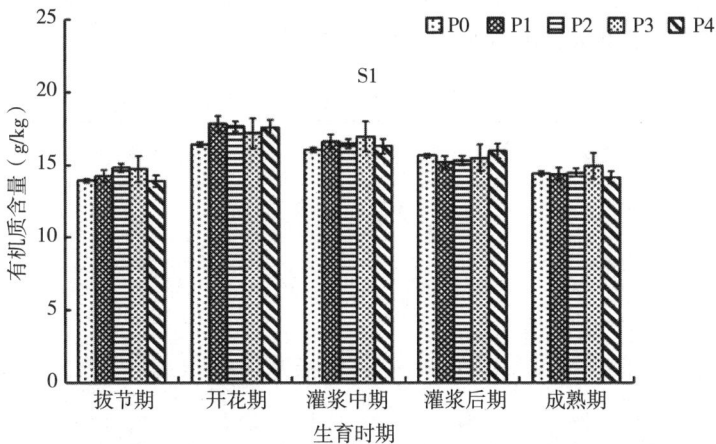

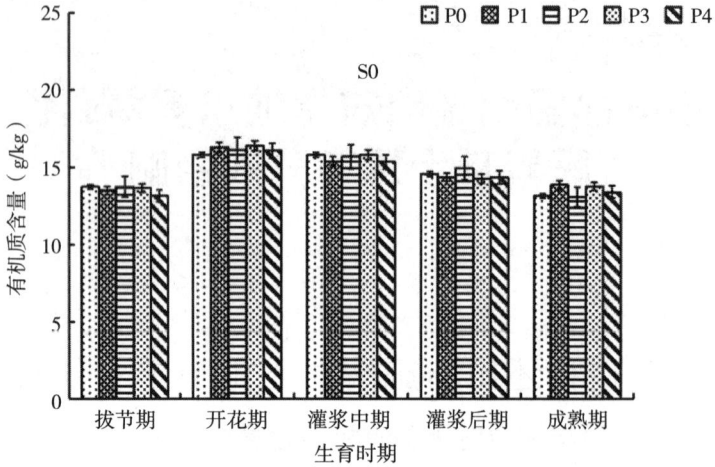

图 7-1　不同处理对土壤有机质的影响

注：S1、S0 分别表示秸秆还田和秸秆不还田；P0、P1、P2、P3、P4 分别表示施磷 P_2O_5 为 0kg/hm²、75kg/hm²、112.5kg/hm²、150kg/hm²、187.5kg/hm²，下同。

二、秸秆还田与施磷对土壤全氮含量的影响

土壤中全氮含量代表着土壤氮素的总贮量和供氮潜力，在小麦生长中，土壤供氮能力是否充足是小麦品质高低的主要限制因子。土壤氮素变化，主要取决于微生物的积累和分解作用相对的强弱程度、植被、耕作制度和气候等因素。秸秆含有大量的有机物质和丰富的矿质营养，通过还田，可以有效增加土壤养分。表 7-1 表明，随着小麦生育进程的推进，各处理下土壤全氮含量均呈下降趋势，以拔节期为最高，成熟期最低。总体上看，同一施磷水平下，各测定时期，秸秆还田的土壤全氮含量均高于秸秆不还田。同一测定时期，秸秆还田和不还田条件下，土壤全氮含量总体表现为随施磷量增加呈逐渐增加的趋势，不同施磷水平下则无显著差异。

表 7-1　不同处理对土壤全氮含量的影响 （g/kg）

处理		拔节期	开花期	灌浆中期	灌浆后期	成熟期
	P0	0.874±0.01a	0.83±0.09a	0.824±0.04a	0.807±0.06a	0.744±0.24a
	P1	0.865±0.04a	0.862±0.03a	0.780±0.01a	0.720±0.03a	0.745±0.12a
S1	P2	0.800±0.03a	0.798±0.07a	0.794±0.06a	0.790±0.13a	0.734±011a
	P3	0.820±0.11a	0.817±0.18a	0.813±0.06a	0.803±0.03a	0.754±0.17a
	P4	0.845±0.02a	0.842±0.11a	0.840±0.04a	0.835±0.05a	0.756±0.23a

（续）

处理		拔节期	开花期	灌浆中期	灌浆后期	成熟期
	P0	0.760±0.07a	0.756±0.18a	0.752±0.09a	0.748±0.06a	0.732±0.17a
	P1	0.780±0.02a	0.745±0.24a	0.743±0.04a	0.734±0.02a	0.722±0.07a
S0	P2	0.847±0.07a	0.845±0.24a	0.835±0.06a	0.832±0.07a	0.805±0.06a
	P3	0.860±0.03a	0.857±0.06a	0.855±0.03a	0.851±0.16a	0.829±0.17a
	P4	0.798±0.05a	0.776±0.07a	0.755±0.04a	0.733±0.11a	0.760±0.24a

注：S1、S0 分别表示秸秆还田和秸秆不还田；P0、P1、P2、P3、P4 分别表示施磷 P_2O_5 为 0kg/hm²、75kg/hm²、112.5kg/hm²、150kg/hm²、187.5kg/hm²。同列不同字母代表不同处理在 0.05 水平上差异显著，下同。

不同施磷水平间比较，成熟期土壤全氮含量均比拔节期有所降低，秸秆还田条件下，降幅以 P0 为最大，P3 最小，表现为 P0>P1>P4>P2>P3，分别降低了 14.87%、13.87%、10.53%、8.25% 和 8.05%。秸秆不还田条件下，降幅以 P1 为最大，P3 最小，表现为 P1>P2>P4>P3>P0，分别降低了 7.44%、4.96%、4.76%、3.68% 和 3.60%。不同施磷水平间比较，秸秆还田的土壤全氮含量较秸秆不还田降幅大，氮素利用率高，利于小麦体内的营养物质的转化。不同施磷水平下，各处理的土壤全氮含量在各测定时期无显著差异。

三、秸秆还田与施磷对土壤全磷含量的影响

磷是小麦生长发育必不可少的营养元素之一，能增强光合作用和碳水化合物的转运与合成，促进蛋白质的合成，还能提高植物的抗寒抗旱能力。由表 7-2 可看出，随着小麦生育进程推进，秸秆还田和秸秆不还田条件下，不同施磷水平的土壤全磷含量均呈下降趋势。同一测定时期，土壤含磷量随着施磷量的增加而增加，并在施磷量为 187.5kg/hm²（P4）时达到峰值。

表 7-2　不同处理对土壤全磷含量的影响（g/kg）

处理		拔节期	开花期	灌浆中期	灌浆后期	成熟期
	P0	0.363±0.07a	0.358±0.04a	0.357±0.23a	0.355±0.07a	0.338±0.08a
	P1	0.365±0.02a	0.359±0.05a	0.358±0.04a	0.347±0.03a	0.345±0.03a
S1	P2	0.367±0.03a	0.362±0.05a	0.359±0.02a	0.352±0.02a	0.346±0.02a
	P3	0.375±0.13a	0.365±0.17a	0.365±0.04a	0.356±0.02a	0.352±0.01a
	P4	0.383±0.02a	0.381±0.02a	0.371±0.09a	0.371±0.17a	0.363±0.16a

（续）

处理		拔节期	开花期	灌浆中期	灌浆后期	成熟期
S0	P0	0.310±0.02a	0.309±0.06a	0.307±0.03a	0.298±0.06a	0.287±0.06a
	P1	0.332±0.02a	0.329±0.07a	0.328±0.12a	0.317±0.04a	0.297±0.08a
	P2	0.353±0.09a	0.346±0.17a	0.338±0.08a	0.337±0.07a	0.332±0.04a
	P3	0.361±0.14a	0.358±0.03a	0.344±0.09a	0.346±0.13a	0.336±0.06a
	P4	0.372±0.11a	0.360±0.04a	0.350±0.11a	0.35±0.06a	0.342±0.11a

不同施磷水平间比较，成熟期土壤全磷含量均比拔节期有所降低，秸秆还田条件下，降幅以 P0 为最大，P3 最小，表现为 P0＞P3＞P2＞P1＞P4，分别减低了 6.89%、6.13%、5.72%、5.48% 和 5.22%。秸秆不还田条件下，降幅以 P1 为最大，P2 最小，表现为 P1＞P4＞P0＞P3＞P2，分别降低了 10.54%、8.06%、7.42%、6.93% 和 5.95%；由此表明，秸秆还田可促进小麦植株对土壤磷素的吸收，秸秆还田处理下土壤全磷含量从拔节期到成熟期的降幅较大，无秸秆还田处理则相对较小，不同磷水平间各测定时期均表现为无显著差异。

四、秸秆还田与施磷对土壤全钾含量的影响

钾元素可以促进小麦体内蛋白酶的转化，糖代谢，营养物质的合成。施用钾肥能明显地提高小麦产量，改善产品品质。土壤中钾素的存在亦可增强小麦的抗逆性并能影响氮素的利用，对小麦的生长起到很关键的作用。由表 7-3 可看出，各测定时期，相同磷水平下，秸秆还田比不还田的土壤全钾含量高，且均随小麦生育进程呈缓慢下降的趋势。同一时期内，秸秆还田和不还田条件下，不同施磷水平的土壤全钾含量均随施磷量的增加呈先增后降的变化趋势。

表 7-3　不同处理对土壤全钾含量的影响（g/kg）

处理		拔节期	开花期	灌浆中期	灌浆后期	成熟期
S1	P0	13.520±0.13a	11.223±0.06bc	10.124±0.06ab	9.247±0.05bc	9.243±0.08ab
	P1	13.354±0.16a	12.237±0.26a	9.720±0.03b	9.054±0.23c	8.607±0.08bc
	P2	13.355±0.04a	11.522±0.22abc	9.864±0.06bc	9.384±0.13b	7.587±0.85c
	P3	13.432±0.07a	11.744±0.06a	9.678±0.07bc	9.763±0.07a	9.574±0.18a
	P4	13.197±0.25ab	11.963±0.11a	10.434±0.08a	9.746±0.14a	9.386±0.14ab

（续）

处理		拔节期	开花期	灌浆中期	灌浆后期	成熟期
	P0	13.485±0.10a	10.054±0.20d	9.876±0.11b	9.578±0.11ab	9.467±0.17b
	P1	12.847±0.07cd	11.270±0.15bc	9.667±0.08bc	9.194±0.02c	9.123±0.15ab
S0	P2	13.306±0.16a	10.884±0.05c	9.594±0.05c	9.523±0.09bc	8.954±0.03bc
	P3	13.014±0.06bc	12.000±0.05a	9.865±0.10bc	9.594±0.09ab	9.083±0.11bc
	P4	12.574±0.06d	11.445±0.33abc	9.793±0.11bc	9.427±0.11b	8.787±0.11b

表 7-3 表明，各处理土壤全钾含量在拔节期至灌浆后期均呈下降趋势，且拔节期至开花期降幅较大；开花期至成熟期呈缓慢下降趋势。秸秆还田条件下，拔节期至成熟期 P2 减少最多，P4 最少，表现为 P2＞P1＞P0＞P3＞P4，分别减少了 5.768g/kg、4.747g/kg、4.277g/kg、3.858g/kg 和 3.811 g/kg；秸秆不还田条件下，拔节期至成熟期 P2 减少最多，P1 最少，表现为 P2＞P0＞P3＞P4＞P1，分别降低了 4.352g/kg、4.018g/kg、3.931g/kg、3.787g/kg 和 3.724g/kg。由此表明，秸秆还田处理比秸秆不还田处理下土壤全钾含量的变化量更大，钾素的吸收与转化效率更高，更利于籽粒灌浆与籽粒成熟。

五、秸秆还田与施磷对土壤有效磷含量的影响

土壤中有效磷的含量是衡量土壤供磷能力的重要指标。由表 7-4 可看出，各测定时期，同一施磷水平下，秸秆还田处理的土壤有效磷含量高于无秸秆还田处理，说明秸秆还田条件下的土壤供磷水平较高，能为小麦创造更好的土壤磷环境，更能满足植株的营养需求。

随小麦生育进程推进，各处理土壤中有效磷含量从拔节期至成熟期逐渐减少；且秸秆还田相对于无秸秆还田条件下，从灌浆后期至成熟期减少较多；同一测定时期，不同施磷量条件下，土壤有效磷的含量则随着施磷量的增加而增加。在施磷为 187.5kg/hm² （P4）时达到峰值，各处理间土壤磷含量差异显著，变化较大。秸秆还田条件下，各处理间比较，土壤有效磷含量从拔节期至成熟期的变化量以 P0 降幅为最大，P3 最小，降幅表现为 P0＞P1＞P2＞P4＞P3，分别为 12.24%、12.13%、11.60%、11.53%、11.21%。秸秆不还田条件下，各处理间比较，土壤有效磷含量从拔节期至成熟期的变化量以 P3 降幅为最大，P0 最小，表现为 P3＞P4＞P2＞P1＞P0，其降幅分别为 9.29%、8.98%、8.19%、7.47%、6.13%；表明秸秆不还田处理下的土壤有效磷转化量要高于秸秆处理条件下的转化量。

表 7 - 4　不同处理对土壤有效磷含量的影响 （mg/kg）

处理		拔节期	开花期	灌浆中期	灌浆后期	成熟期
S1	P0	18.54±1.30b	18.26±0.91b	17.85±0.77bc	17.54±1.03bc	16.27±1.50bc
	P1	18.88±1.41bc	18.65±1.29b	18.21±1.55b	17.88±1.49b	16.59±1.61b
	P2	19.13±1.52b	19.00±1.43ab	18.76±1.56ab	18.28±1.38ab	16.91±0.73b
	P3	19.45±1.63ab	19.22±0.88ab	19.03±1.39ab	18.63±1.76ab	17.27±1.35ab
	P4	19.78±0.66a	19.56±1.36a	19.22±1.42a	18.87±0.47a	17.50±1.41a
S0	P0	16.81±1.07d	16.55±1.64d	16.36±1.34d	16.05±1.57d	15.78±1.50d
	P1	17.28±0.98d	16.76±1.40d	16.64±0.94d	16.33±1.58cd	15.99±0.61d
	P2	17.82±0.92c	17.39±1.42cd	17.01±1.51cd	16.57±1.15cd	16.36±1.51cd
	P3	18.51±1.05b	17.98±1.11c	17.43±1.07c	17.12±0.87cd	16.79±1.64c
	P4	18.93±1.46ab	18.50±0.90b	17.96±0.71bc	17.56±0.71bc	17.23±1.56bc

六、秸秆还田与施磷对土壤碱解氮含量的影响

　　土壤碱解氮包括无机氮和部分有机质的分解，它能反映出近期内土壤氮素的供应情况，可作为土壤氮素的有效性指标。由表 7 - 5 可知，各处理间，从小麦生长拔节期至成熟期，土壤碱解氮含量逐渐下降。各测定时期，秸秆还田或不还田处理下，土壤碱解氮含量随着施磷量的增加而增加；秸秆还田条件下土壤碱解氮的含量显著高于无秸秆还田处理。表明小麦生长发育过程中，土壤碱解氮被植株吸收的同时得到了及时补充，以便为小麦植株提供更多的土壤氮源。

　　秸秆还田条件下，各处理间比较，土壤碱解氮的含量从拔节期至成熟期均有所降低，降幅为 P1＞P2＞P0＞P3＞P4，分别为 4.23％、3.71％、3.68％、3.61％、3.53％；秸秆不还田条件下降幅大小为 P4＞P3＞P2＞P0＞P1，分别为 5.77％、4.49％、4.24％、3.68％、3.04％。各处理间土壤碱解氮含量差异显著。表明，秸秆还田条件下的土壤氮素从拔节期至成熟期转化量更高，土壤中氮素水平较高，较无秸秆还田条件更能及时补充小麦植株生长发育所需氮素。

表 7 - 5　不同处理对土壤碱解氮含量的影响 （mg/kg）

处理		拔节期	开花期	灌浆中期	灌浆后期	成熟期
S1	P0	47.81±2.83bc	47.36±2.64bc	47.02±2.11b	46.63±3.23b	46.05±0.97b
	P1	48.65±3.81b	48.16±1.95b	47.79±1.23b	47.28±3.07b	46.59±1.23ab

（续）

处理		拔节期	开花期	灌浆中期	灌浆后期	成熟期
S1	P2	49.00±2.4ab	48.43±3.03b	48.01±3.17ab	47.66±1.79ab	47.18±2.01ab
	P3	49.58±1.88ab	49.03±2.01ab	48.63±2.68ab	48.20±1.89ab	47.79±1.83ab
	P4	50.12±2.07a	49.68±2.97a	49.07±1.73a	48.78±2.81a	48.35±3.60a
S0	P0	44.53±3.58d	44.13±2.81d	43.73±2.60d	43.38±1.99d	42.89±2.81d
	P1	45.03±2.93d	44.67±2.83d	44.46±3.81c	44.02±2.07cd	43.66±2.88c
	P2	45.99±2.14cd	45.57±2.87cd	45.13±1.79bc	44.68±2.80cd	44.04±1.64c
	P3	46.79±2.05c	46.09±1.79c	45.67±2.82bc	45.03±2.27c	44.69±3.54bc
	P4	47.85±2.58bc	46.93±2.69bc	46.24±1.04bc	45.61±1.08c	45.09±4.92bc

七、秸秆还田与施磷对土壤速效钾含量的影响

由表 7-6 可以看出，同一生育时期，相同施磷水平下，S1 处理下的土壤速效钾含量要显著高于 S0 处理。随着生育期进程推进，从拔节期至成熟期土壤速效钾含量均呈现出逐渐降低的趋势，并在成熟期达到最低值。S1 处理下，土壤速效钾的含量降幅表现为 P0＞P3＞P4＞P1＞P2，分别为 17.45%、17.39%、16.64%、16.60%、15.94%；S0 处理下，降幅表现为 P1＞P2＞P0＞P3＞P4，分别为 12.91%、12.75%、12.54%、12.15%、11.32%。

表 7-6 不同处理对土壤速效钾含量的影响（mg/kg）

处理		拔节期	开花期	灌浆中期	灌浆后期	成熟期
S1	P0	126.14±10.02a	121.91±3.97a	116.76±0.39a	112.16±0.73ab	104.13±3.59a
	P1	126.15±8.02b	119.18±5.74b	116.04±1.3ab	112.56±2.94b	105.20±6.79b
	P2	125.82±5.58ab	120.52±2.02ab	116.41±7.95ab	112.29±9.8b	105.76±12.25ab
	P3	126.07±7.36a	121.79±5.54a	117.02±6.37ab	112.29±1.18ab	104.15±1.74a
	P4	125.97±8.24a	119.12±3.78ab	116.94±7.28a	112.04±5.9a	105.01±2.52a
S0	P0	118.22±3.23c	115.16±5.6c	107.65±3.74d	104.71±4.91cd	103.4±1.92d
	P1	118.29±3.4c	114.82±1.44c	110.08±0.58c	105.21±1.61c	103.02±1.01c
	P2	117.86±5.67c	113.36±3.41cd	107.96±4.7d	105.57±2.24c	102.83±6.44cd
	P3	117.61±1.9cd	113.13±5.16cd	109.72±8.37c	105.23±3.74c	103.32±5.66c
	P4	116.85±14.44d	113.35±4.42cd	108.99±7.49cd	104.29±8.69d	103.62±2.68c

八、秸秆还田与施磷对土壤 pH 的影响

土壤 pH 不能够直接反映土壤某种养分的含量，但它的高低关系到土壤中营养元素的转化及微生物区系的改变，是指示土壤肥力的重要指标。表 7-7 表明，同一秸秆处理下，不同施磷水平土壤 pH 均随小麦生育期的推进表现出先降低后升高的趋势，并在灌浆后期出现最低值。同一测定时期，在同一施磷水平下，S0 处理下的 pH 显著高于 S1 处理，且在小麦生长发育初期处于峰值，之后下降，直至成熟期出现上升。而相对于无秸秆还田，秸秆还田下的小麦整个生育期土壤 pH 偏低，更适合小麦生长发育。

表 7-7　不同处理对土壤 pH 的影响

处理		拔节期	开花期	灌浆中期	灌浆后期	成熟期
S1	P0	7.77±0.01ab	7.57±0.07ab	7.35±0.01ab	7.13±0.09ab	7.47±0.09ab
	P1	7.65±0.17b	7.59±0.14a	7.07±0.41b	7.23±0.1b	7.3±0.07b
	P2	7.86±0.02ab	7.44±0.04ab	7.36±0.06ab	7.37±0.09ab	7.27±0.14ab
	P3	7.94±0.06ab	7.19±0.25ab	7.23±0.1ab	7.5±0.05ab	7.42±0.07ab
	P4	7.62±0.08b	7.41±0.03b	7.42±0.04b	6.98±0.33b	7.08±0.38b
S0	P0	8.13±0.09a	7.56±0.1ab	7.41±0.09a	7.4±0.06a	7.68±0.05a
	P1	7.84±0.23ab	7.57±0.1ab	7.6±0.06ab	7.43±0.06ab	7.63±0.12ab
	P2	7.84±0.22ab	7.46±0.12ab	7.34±0.23ab	7.18±0.31ab	7.3±0.48ab
	P3	7.81±0.11ab	7.45±0.03ab	7.19±0.3ab	6.99±0.25ab	7.17±0.29ab
	P4	7.52±0.15b	7.5±0.02b	7.4±0.04b	7.43±0.11b	7.37±0.26b

第二节　秸秆还田与施磷对小麦氮磷钾素积累和转运的影响

一、秸秆还田与施磷对小麦各器官氮素含量的影响

由表 7-8 可知，同一生育期，相同施磷水平下，秸秆还田处理的小麦各器官氮素含量均高于秸秆不还田处理。两生育时期相比，开花期小麦各营养器官氮素含量均高于成熟期。无论秸秆还田与否，小麦各器官氮素含量均以 P3 为最高，其中籽粒含氮量表现为 P3>P4>P2>P1>P0，且 P3 含氮量除与 P4 处理差异不显著外，与其他各处理均差异显著。试验表明，秸秆还田配施磷肥能够提高冬小麦营养器官含氮量，对于小麦的生长发育具有促进作用，施磷量为 150kg/hm² （P3）处理下氮素含量最高。

表7-8　不同处理对小麦各器官氮素含量的影响（g/kg）

处理		开花期			成熟期			
		叶片	茎秆和叶鞘	穗轴和颖壳	叶片	茎秆和叶鞘	穗轴和颖壳	籽粒
S1	P0	19.85c	7.45c	6.04c	7.15c	6.69c	2.55bc	12.21d
	P1	22.31b	7.77bc	8.11b	7.30c	7.47bc	3.10ab	16.10bc
	P2	21.88b	7.87bc	8.29b	7.91b	8.22ab	3.22ab	17.90b
	P3	27.88a	11.91ab	9.81a	9.25a	9.23a	3.70a	19.70a
	P4	20.74bc	8.31b	6.73c	8.35b	7.44bc	2.43c	18.85ab
S0	P0	19.27c	7.45c	3.41d	4.88d	6.34c	2.53c	14.77cd
	P1	21.41b	7.45c	6.59c	7.15c	7.18bc	2.69bc	15.60c
	P2	20.34bc	12.67a	6.94c	7.73bc	7.84b	2.93b	15.60c
	P3	22.31b	8.89b	7.70bc	9.04a	8.74ab	3.31ab	19.52a
	P4	20.23ab	6.28d	5.85d	8.02b	6.80c	2.85b	16.39bc

注：S1、S0分别表示秸秆还田和秸秆不还田；P0、P1、P2、P3、P4分别表示施磷 P_2O_5 为0kg/hm^2、75kg/hm^2、112.5kg/hm^2、150kg/hm^2、187.5kg/hm^2。同列不同字母代表不同处理在0.05水平上差异显著，下同。

二、秸秆还田与施磷对小麦氮素积累量的影响

表7-9表明，同一生育期，相同施磷水平下，秸秆还田处理的小麦各器官氮素积累量均高于秸秆不还田处理。两生育时期相比，开花期小麦各营养器官氮素含量均高于成熟期。无论秸秆还田与否，各生育时期小麦植株氮素积累量随着施磷量增加的变化趋势一致，均呈先增后减趋势，均以P3处理为最高，且S1P3处理的氮素积累量与其他各处理差异显著。

表7-9　不同处理对小麦氮素积累量的影响（kg/hm^2）

处理		开花期			成熟期			
		叶片	茎秆和叶鞘	颖壳＋穗轴	叶片	茎秆和叶鞘	颖壳＋穗轴	籽粒
S1	P0	41.57g	11.99c	28.82f	11.17f	12.85f	8.96d	133.03h
	P1	43.21f	13.52b	36.06e	13.34e	13.79d	9.13d	152.45f
	P2	54.54b	13.97b	43.34b	15.4b	14.34c	11.16b	198.28b
	P3	58.11a	17.36a	63.14a	18.53a	19.53a	11.89a	217.14a
	P4	52.71c	10.97de	37.75d	14.87c	18.75b	9.02d	174.08d

（续）

处理		开花期			成熟期			
		叶片	茎秆和叶鞘	颖壳＋穗轴	叶片	茎秆和叶鞘	颖壳＋穗轴	籽粒
S0	P0	36.31h	10.24e	25.27g	8.85i	10.01h	7.45f	117.3i
	P1	43.9f	10.39de	28.08f	10.44g	10.31h	8.39e	134.75h
	P2	50.88d	11.97c	35.3e	14.04d	11.58g	9.04d	158.37e
	P3	51.42cd	12.98b	40.63c	15.09bc	13e	10.41c	179.31c
	P4	46.96e	11.42cd	12.8h	9.95h	9.06i	10.33c	149.62g

三、秸秆还田与施磷对小麦氮素转运特征的影响

由表 7-10 可以看出，同一施磷水平下，秸秆还田处理的花前氮素的转运量、转运率和对籽粒的贡献率及花后氮素积累量和对籽粒的贡献率均高于秸秆不还田。秸秆还田和不还田条件下，各施磷处理的花前氮素转运量、花后氮素积累量均高于不施磷处理；而花前氮素转运率低于不施磷处理。秸秆还田处理下，随着施磷水平的增加，花前氮素转运量和花后氮素积累量呈减小趋势，均以 P1 处理为最大，分别为 95.33kg/hm² 和 127.52kg/hm²，花前氮素转运率呈增大趋势。表明秸秆还田配施磷肥有利于促进花前氮素转运。

表 7-10　不同处理对小麦氮素转运特征的影响

处理		花前氮素			花后氮素	
		转运量（kg/hm²）	转运率（%）	对籽粒贡献率（%）	积累量（kg/hm²）	对籽粒贡献率（%）
S1	P0	48.75f	68.78b	48.2g	69.32i	51.8b
	P1	95.33a	58.1f	59.86e	127.52b	40.14d
	P2	70.76b	62.81e	63.83c	125.32c	43.59c
	P3	63.7c	63.27d	76.25a	121.81d	36.17f
	P4	59.37d	65.06c	73.99b	93.08g	23.75j
S0	P0	36.09i	71.71a	46.81h	63.26j	38.65e
	P1	71.5b	50.7h	56.41f	131.45a	26.01i
	P2	57.13e	56.14g	61.35d	113.53e	53.19a
	P3	47.86g	57.01f	64.25c	101.24f	35.75g
	P4	44.71h	62.13e	47.57g	72.59h	27.41h

四、秸秆还田与施磷对小麦各器官磷素含量的影响

由表 7-11 可知，同一生育时期，相同施磷水平下，秸秆还田处理的小麦各营养器官磷含量均高于秸秆不还田处理。无论秸秆还田与否，各生育时期，小麦各器官磷素含量随施磷量的增加而增加；同一施磷水平下，成熟期小麦各营养器官磷素含量均比开花期有所降低。秸秆还田条件下，小麦各器官磷素含量以 P4 处理为最大；秸秆不还田条件下，籽粒磷含量表现为 P4＞P3＞P2＞P1＝P0。试验表明，秸秆还田配施磷肥能够提高小麦营养器官含磷量，对于小麦的生长发育具有促进作用，虽 P4 处理含磷量最高，但与 P3 处理差异不显著，故本试验条件下，以 P3 处理效益为最佳。

表 7-11　不同处理对小麦各器官磷素含量的影响（g/kg）

处理		开花期			成熟期			
		叶片	茎秆和叶鞘	颖壳和穗轴	叶片	茎秆和叶鞘	颖壳＋穗轴	籽粒
S1	P0	2.23bc	0.37bc	0.41ab	0.54bc	0.25b	0.43cd	2.4b
	P1	4.88ab	0.42b	0.42ab	0.68b	0.31a	0.44b	2.6ab
	P2	5.87ab	0.42b	0.56ab	0.69b	0.31a	0.51b	2.6ab
	P3	6.79a	0.46ab	0.57a	0.71b	0.32a	0.52b	3.4a
	P4	7.12a	0.56a	0.69a	0.92a	0.33a	1.04a	3.5a
S0	P0	1.30g	0.37bc	0.23c	0.42c	0.23c	0.34d	2.3b
	P1	2.05bc	0.38bc	0.32bc	0.44c	0.24c	0.39cd	2.3b
	P2	3.74b	0.41abc	0.38b	0.48c	0.24bc	0.46bc	2.4b
	P3	3.65b	0.43b	0.39b	0.53bc	0.25bc	0.47bc	2.7ab
	P4	4.75ab	0.46ab	0.46ab	0.56bc	0.26bc	0.47bc	3.1a

五、秸秆还田与施磷对小麦磷素积累量的影响

由表 7-12 可知，同一生育时期，相同施磷水平下，S1 处理的小麦各营养器官磷积累量均高于 S0 处理；无论秸秆还田与否，施磷处理各生育期小麦营养器官的磷素积累量均高于不施磷处理，且随施磷量的增加呈先增加后减少趋势，表现为 P3＞P4＞P2＞P1＞P0。不同生育时期相比，同一施磷水平下，开花期各营养器官的磷素积累量均高于成熟期。

表 7-12　不同处理对小麦各器官磷素积累量的影响（kg/hm²）

处理		开花期			成熟期			
		叶片	茎秆和叶鞘	颖壳和穗轴	叶片	茎秆和叶鞘	颖壳+穗轴	籽粒
S1	P0	4.15ef	2.02d	0.68bcd	0.73bc	1.05b	0.66e	22.73f
	P1	10.94c	2.19c	0.94ab	0.98bc	1.21b	0.76c	22.97f
	P2	14.63b	2.36b	1.05a	1.41b	1.39ab	0.82b	37.66b
	P3	18.55a	3.6a	1.29bcd	2.04a	2.12a	1.92a	40.32a
	P4	17.26a	2.36b	0.73bc	0.86bc	1.61ab	0.69d	28.33c
S0	P0	2.2f	1.28f	0.35d	0.67bc	0.72c	0.5f	20.3h
	P1	6.9d	1.83e	0.56bcd	0.83bc	0.85bc	0.69d	24.66e
	P2	4.42ef	1.82e	0.6bcd	0.94bc	1.95bc	0.52f	20.77gh
	P3	12.18c	2.17c	0.74bc	1.01bc	1.02b	0.8b	26.78d
	P4	7.07de	1.73e	0.46cd	0.92c	1.03b	0.68d	21.00g

六、秸秆还田与施磷对小麦磷素转运特征的影响

同一施磷水平下，S1 处理的花前磷素转运量、转运率和对籽粒贡献均高于 S0 处理。无论秸秆还田与否，施磷处理的花前磷素转运量、转运率和对籽粒贡献率均高于不施磷处理（表 7-13），随施磷量增加呈增加趋势；花后磷素对籽粒的贡献率施磷处理低于不施磷处理，随施磷量增加呈下降趋势。表明秸秆还田配施磷肥有利于促进小麦花前磷素转运。

表 7-13　不同处理对小麦磷素转运特征的影响

处理		花前磷素			花后磷素	
		转运量（kg/hm²）	转运率（%）	对籽粒贡献率（%）	积累量（kg/hm²）	对籽粒贡献率（%）
S1	P0	4.91g	67.46g	21.38g	18.06f	78.62b
	P1	11.35e	78.76d	39.57d	11.38h	60.43e
	P2	14.9c	81.5c	45.33c	22.76a	54.67f
	P3	17.85b	82.81bc	49.93b	22.04a	50.07f
	P4	18.27a	87.97s	63.01a	10.48i	36.99g

（续）

处理		花前磷素			花后磷素	
		转运量 （kg/hm²）	转运率 （%）	对籽粒贡献率 （%）	积累量 （kg/hm²）	对籽粒贡献率 （%）
S0	P0	1.94h	49.21h	9.56h	18.36c	90.44a
	P1	4.6g	67.26g	22.16g	19.92b	77.84b
	P2	6.86f	71.66f	25.61f	16.17e	74.39c
	P3	12.45d	73.78e	31.24e	12.21g	68.76d
	P4	6.56f	82.57b	50.5b	14.44f	49.5f

七、秸秆还田与施磷对小麦各器官钾素含量的影响

各生育时期，钾素多集中于茎叶部位，相同施磷水平下，小麦各营养器官钾含量 S1 处理均高于 S0 处理（表 7-14），开花期高于成熟期。秸秆还田条件下，各生育时期，小麦各器官钾素含量随施磷量的增加呈先增后减趋势，总体表现为 P3>P4>P2>P1>P0；秸秆不还田条件下，小麦各器官钾素含量随施磷量的增加总体呈先增后减再增再减趋势，籽粒中钾含量表现为 P3>P2>P1>P4>P0。表明秸秆还田配施磷肥能够提高冬小麦营养器官含钾量，施磷量为 150kg/hm²（P3）处理时钾含量最大。

表 7-14 不同处理对小麦各器官钾素含量的影响（g/kg）

处理		开花期			成熟期			
		叶片	茎秆和 叶鞘	颖壳和 穗轴	叶片	茎秆和 叶鞘	颖壳+ 穗轴	籽粒
S1	P0	9.72bc	12.54b	5.45ab	9.68b	10.58b	1.54ab	5.78ab
	P1	10.63b	13.42ab	5.63ab	10.53ab	11.23ab	2.32a	6.12a
	P2	12.74ab	14.87ab	6.77a	10.45ab	12.74a	2.43a	6.24a
	P3	14.85a	16.81a	6.98a	13.28a	14.79a	3.55a	6.33a
	P4	13.23a	16.43a	5.69ab	12.47a	13.55a	2.64a	6.24a
S0	P0	11.23b	12.42b	4.73b	9.58b	10.26b	0.94bc	4.84b
	P1	12.27ab	13.25ab	5.12ab	11.2a	11.34ab	1.12b	4.95b
	P2	10.68b	12.47b	5.44ab	9.87b	10.65b	1.42ab	5.06b
	P3	12.12ab	13.56ab	5.54ab	11.87a	12.44a	1.84ab	5.12ab
	P4	10.46b	13.28ab	4.74b	10.23ab	11.71ab	1.83ab	4.93b

八、秸秆还田与施磷对小麦钾素积累量的影响

表 7‑15 表明，各生育时期，相同施磷水平下，秸秆还田提高了植株各器官的钾素积累量，各处理开花期钾素积累量均高于成熟期。无论秸秆还田与否，施磷处理的钾素积累量均大于不施磷处理，且随施磷量增加呈先增后减趋势，P3 处理最高，P0 处理最低。

表 7‑15　不同处理对小麦各器官钾素积累量的影响（kg/hm²）

处理		开花期			成熟期			
		叶片	茎秆和叶鞘	颖壳和穗轴	叶片	茎秆和叶鞘	颖壳＋穗轴	籽粒
S1	P0	32.54d	49.63d	11.65bc	31.96e	35.22f	8.66b	15.64c
	P1	36.00c	55.21b	12.50b	31.98e	40.70d	8.93b	16.36b
	P2	39.98ab	56.21b	13.84b	37.63b	45.47b	11.74ab	17.45a
	P3	40.43a	59.51a	15.98a	42.57a	50.12a	12.74a	17.57a
	P4	38.00b	40.99e	11.77bc	35.73d	46.89b	8.50b	17.48a
S0	P0	32.16d	37.28e	9.05e	30.46f	35.85f	6.51d	15.47c
	P1	32.43d	38.64e	9.76d	30.43f	36.01e	6.86d	16.35b
	P2	37.74b	43.37de	9.84d	36.57c	38.76b	8.04c	16.36b
	P3	39.23ab	53.32bd	10.38c	38.11b	43.30c	8.63b	17.42a
	P4	32.47d	50.67d	10.34c	29.18g	35.29f	6.78d	17.39a

九、秸秆还田与施磷对小麦钾素转运特征的影响

从表 7‑16 可以看出，秸秆还田和不还田条件下，施磷处理下的花前钾素转运量、花后钾素积累量均高于不施磷处理。同一施磷水平下，S1 和 S0 相比花前钾素转运量、转运率和对籽粒的贡献率以及花后钾素积累量均有所增加。S1 处理下，P1～P4 处理，随着施磷水平的增加，花前钾素转运量和花后钾素积累量呈减少趋势，花前钾素转运率呈逐渐增大趋势。表明秸秆还田配施磷肥有利于促进花前钾素转运，提高花前和花后钾素对籽粒的贡献率。

表 7‑16　不同处理对小麦钾素转运特征的影响

处理		花前钾素			花后钾素	
		转运量（kg/hm²）	转运率（%）	对籽粒贡献率（%）	积累量（kg/hm²）	对籽粒贡献率（%）
S1	P0	33.53f	46.94a	61.21f	12.40f	38.79d

（续）

处理		花前钾素			花后钾素	
		转运量 (kg/hm^2)	转运率 （%）	对籽粒贡献率 （%）	积累量 (kg/hm^2)	对籽粒贡献率 （%）
S1	P1	58.28a	35.90g	60.61f	22.75b	39.39c
	P2	52.27b	41.47d	74.90d	21.25c	25.10f
	P3	49.70c	41.53d	81.60a	17.52d	18.40i
	P4	35.01e	42.30c	80.02b	13.14e	19.98h
S0	P0	19.10i	43.23b	51.84g	10.04i	48.16b
	P1	44.64d	29.06i	70.50e	24.33h	29.50e
	P2	32.73g	34.25h	75.65c	17.74d	24.35g
	P3	29.23h	38.66f	81.63a	12.23g	18.37j
	P4	20.40i	40.36e	45.60h	10.53h	54.40a

第三节　秸秆还田与施磷对小麦籽粒灌浆和干物质积累的影响

一、秸秆还田配施磷肥对小麦籽粒灌浆特性的影响

从表 7-17 可以看出，将不同处理籽粒灌浆过程进行 Logistic 方程拟合，拟合过程的决定系数 R^2 均大于 0.985，达到显著水平，由此可见，方程较好地模拟了小麦籽粒灌浆过程。不同处理下的籽粒理论最大千粒重（A）在 S1、P3 处理达到最大值 47.89g，灌浆持续期一般表现为速增期＞缓增期＞渐增期，$T1$、$T2$ 阶段随着施磷水平的提高在 P3 水平最高，之后下降，$T3$ 阶段则相反；P3 处理提高了渐增期、速增期天数，缩短了缓增期天数。同一施磷水平下，S1 处理的 T_{max}、W_{max}、V_{max}、t、V_{mean} 均大于 S0 处理。无论秸秆是否还田，施加磷肥均可提高籽粒灌浆特征参数 T_{max}、W_{max}、V_{max}、V_{mean}，且随施磷水平的提高呈先增加后降低的趋势，在 P3 处理下达到最大值；P3 处理籽粒灌浆的参数 T_{max}、W_{max}、V_{max}、V_{mean} 在 S1 处理下比 P0 处理分别高 6.9%、21.09%、27.18%、26.9%，在 S0 处理下较 P0 处理提高了 8.5%、20.83%、25.52%、25.78%。籽粒灌浆的参数 T_{max}、W_{max}、V_{max}、V_{mean} 在 S0 处理下，$P2＞P4$；在 S1 处理下，除了 W_{max} 参数是 $P2＜P4$，T_{max}、V_{max}、V_{mean} 参数均是 $P2＞P4$。表明，秸秆还田且施加 150kg/hm² 的磷肥更有利于籽粒在整个灌浆过程增重、增产。

表 7 - 17　秸秆还田配施磷肥对旱地小麦籽粒灌浆特征参数的影响

处理		R^2	A	T_{max}	W_{max}	V_{max}	t	V_{mean}	T_1	T_2	T_3
	P0	0.993	38.78	16.63	19.39	1.92	39.79	1.28	10	16.52	13.27
	P1	0.996	39.88	17.51	19.94	2.04	39.97	1.36	11.07	16.32	12.58
S0	P2	0.994	43.95	17.83	21.98	2.26	40.17	1.51	11.43	17.74	11.01
	P3	0.992	46.87	18.06	23.43	2.41	40.39	1.61	11.66	18.43	10.3
	P4	0.989	42.98	17.72	21.49	2.2	40.18	1.47	11.28	17.92	10.98
	P0	0.995	39.55	17.2	19.77	1.95	40.5	1.3	10.52	16.82	13.15
	P1	0.993	41.78	17.89	20.89	2.11	40.62	1.41	11.37	17.12	12.13
S1	P2	0.986	45.25	18.27	22.63	2.33	40.71	1.55	11.87	18.24	10.6
	P3	0.991	47.89	18.39	23.94	2.48	40.89	1.65	12.13	18.93	9.82
	P4	0.993	45.65	18	22.83	2.29	40.77	1.53	11.44	17.82	11.51

R^2 是方程拟合决定系数；A 是理论千粒重，g；T_{max} 是最大灌浆速率出现时间，d；W_{max} 为灌浆速率达到最大时的籽粒生长量，g；V_{max} 是最大灌浆速率以 1 000 粒计 (g/d)；t 是灌浆持续时间，d；V_{mean} 是平均灌浆速率以 1 000 粒计 (g/d)；T_1 为灌浆渐增期持续时间，d；T_2 为灌浆速增期持续时间，d；T_3 为灌浆缓增期持续时间，d。

二、秸秆还田与施磷对小麦干物质积累的影响

小麦干物质积累量随着生育期进程呈不断增加趋势（图 7 - 2）。同一时期，

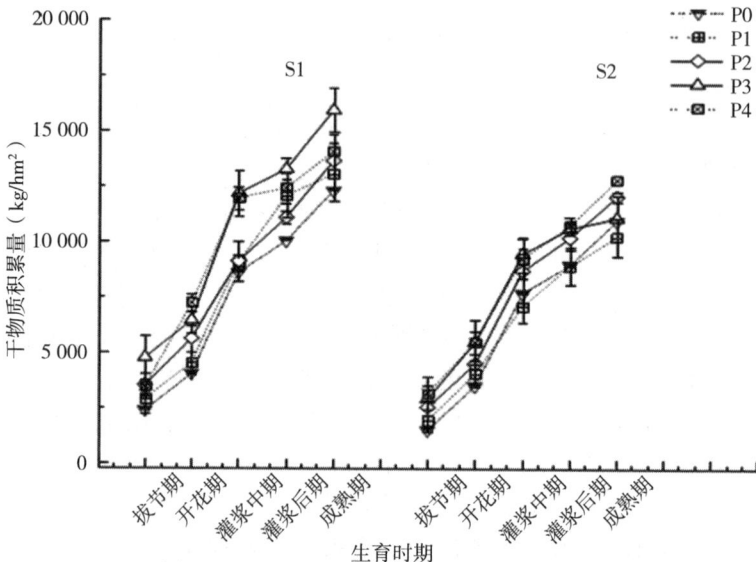

图 7 - 2　不同处理对小麦干物质积累的影响

注：S1、S0 分别表示秸秆还田和秸秆不还田；P0、P1、P2、P3、P4 分别表示施磷 P_2O_5 为 0kg/hm²、75kg/hm²、112.5kg/hm²、150kg/hm²、187.5kg/hm²，下同。

相同施磷水平下，S1 处理提高了小麦干物质积累量。P1 和 P3 处理下，小麦干物质量从拔节期至灌浆期增长迅速，在整个生育时期 P1、P2、P3、P4 处理下均大于 P0 处理。不同施磷水平下，各生育时期，S1 处理的小麦干物质量表现为 P3＞P4＞P2＞P1＞P0，S0 处理下，表现为 P4＞P3＞P2＞P1＞P0。结果表明，施磷有利于提高小麦干物质的积累量，增强生育后期干物质积累速率。

三、秆秸还田与施磷对小麦各器官干物质积累的影响

图 7-3 表明，在同一施磷水平下，各个生育时期，S1 处理的各器官干物质积累量均高于 S0 处理。小麦营养器官中的干物质积累量随生育进程呈先增后减趋势，在开花期达到最大值。小麦开花期、成熟期各器官的干物质量均随施磷量的增加呈先增后减趋势，均在 P3 处理下达到最大值。表明适量增加施磷量有利于小麦各器官干物质积累。

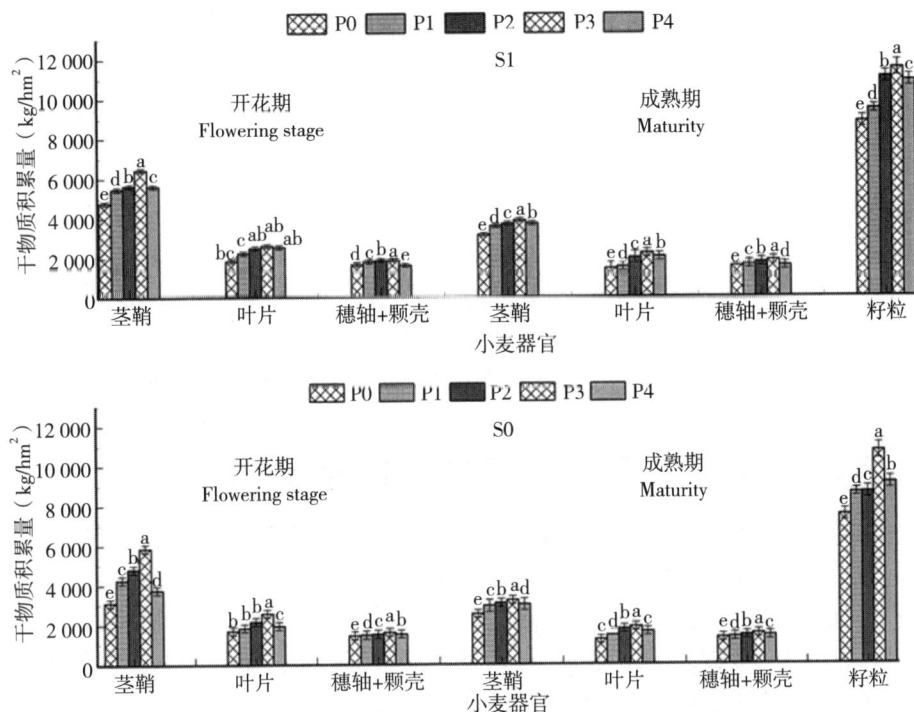

图 7-3　不同处理对小麦各器官干物质积累的影响

四、秆秸还田与施磷对小麦花前贮藏干物质分配的影响

小麦产量的形成主要来自花前干物质的转移和花后光合同化干物质的积累。表 7-18 表明，S1 处理下，茎秆和叶鞘的干物质转移量随施磷量增加呈先

增加后减少趋势，P3 水平下达到最大值，相较于 P0 增加 57.8%，叶的干物质转移量在 P1 水平最大，较 P0 增加了 46.5%。随着施磷量的继续增加，叶的干物质转移量缓慢减小。低磷条件下，籽粒的产量依靠花前茎叶干物质的转移，随着施磷量的增加，干物质转移量呈下降趋势。表明同一施磷水平下，茎叶花前干物质的转移量越高，籽粒的产量也越高。

表 7 - 18　不同处理对小麦花前贮藏干物质分配的影响

处理		干物质转移量 (kg/hm²)			干物质转移率 (%)			对籽粒贡献率 (%)		
		叶片	茎秆和叶鞘	穗轴和颖壳	叶片	茎秆和叶鞘	穗轴和颖壳	叶片	茎秆和叶鞘	穗轴和颖壳
S1	P0	417.61f	1 626.24g	98.11e	22.45e	34.09f	6.34c	4.73d	1.84de	0.07a
	P1	611.96a	1 891.26e	137.36a	31.75a	34.56d	8.3a	7.52a	2.00c	0.09a
	P2	499.94d	1 936.33c	117.62b	25.09d	34.4e	6.71c	4.51d	1.75e	0.06a
	P3	385.84g	2 566.52b	34.60j	14.81j	39.87b	1.87g	3.35f	2.23b	0.02a
	P4	501.96c	1 897.2d	38.17i	19.75g	33.82g	2.42f	4.61d	1.74de	0.02a
S0	P0	457.87e	581.71j	102.16c	27.04b	18.67j	7.61b	6.09c	0.77g	0.1a
	P1	383.78h	1 312.2h	101.09d	20.81f	30.81h	7.31b	4.44e	1.52f	0.09a
	P2	383.02i	1 714.18f	63.9h	17.75h	35.72c	4.37e	4.43e	1.98cd	0.05a
	P3	681.04b	2 627.92a	74.47g	26.57c	44.89a	4.83c	6.35b	2.45a	0.05a
	P4	293.09j	737.85i	92.12f	15.12i	19.66i	6.39c	3.21f	0.81g	0.07a

注：S1、S0 分别表示秸秆还田和秸秆不还田；P0、P1、P2、P3、P4 分别表示施磷 P_2O_5 为 0kg/hm²、75kg/hm²、112.5kg/hm²、150kg/hm²、187.5kg/hm²。同列不同字母代表不同处理在 0.05 水平上差异显著，下同。

五、秸秆还田与施磷对小麦干物质转运特征的影响

由表 7 - 19 可知，秸秆还田条件下，各施磷处理的小麦花前干物质量及其对籽粒贡献率和花后干物质积累量均高于秸秆不还田处理。表明适宜的施磷量有利于促进花前干物质向籽粒转运。P1、P2 和 P3 处理花前干物质转运量、转运率及其对籽粒的贡献，在 S1 处理下，随着施磷量的增加呈先减少后增多趋势；在 S0 处理下，随着施磷量的增加而增加。

表 7 - 19　不同处理对小麦干物质转运特征的影响

处理		花前干物质			花后干物质	
		转运量 (kg/hm²)	转运率 (%)	对籽粒贡献率 (%)	积累量 (kg/hm²)	对籽粒贡献率 (%)
S1	P0	2 141.96g	25.88d	24.24e	6 694.37h	75.76f

（续）

处理		花前干物质			花后干物质	
		转运量 （kg/hm²）	转运率 （%）	对籽粒贡献率 （%）	积累量 （kg/hm²）	对籽粒贡献率 （%）
S1	P1	2 740.58c	28.83b	28.94b	6 728.25g	71.06i
	P2	2 553.89d	25.56e	23.06f	8 523.17b	76.94e
	P3	3 383.43a	33.72a	31.56a	8 532.42a	74.07h
	P4	2 437.33e	24.96g	22.37g	8 457.64c	77.63d
S0	P0	1 141.74i	18.24i	15.18i	6 377.52j	84.82b
	P1	1 797.07h	23.68h	20.8h	6 840.99f	79.2c
	P2	2 161.08f	25.47f	24.97d	6 492.76i	75.03g
	P3	2 986.96b	27.35c	25.93c	7 338.7e	68.44j
	P4	1 123.06i	15.54j	12.3j	8 005.61d	87.7a

第四节　秸秆还田与施磷对小麦产量及磷利用效率的影响

一、秸秆还田与施磷对小麦产量及产量构成的影响

表 7-20 表明，各处理下小麦单位面积穗数、穗粒数、千粒重和产量随施磷量的增加总体呈先增后减趋势，P0～P3 呈增加趋势，P3～P4 呈减少趋势，P3 达到最大值。与 P0 相比 P1、P2、P3、P4 处理的穗粒数分别增加了 0.7%、5.3%、10.6%、7.8%，产量分别增加了 46.3%、79.2%、90.6%、73.5%。各处理下，穗粒数和千粒重差异不显著，单位面积穗数差异明显，P3 处理下小麦产量最高。试验表明，秸秆还田条件下施磷可以提高小麦单位面积穗数和穗粒数，从而提高产量。

表 7-20　不同处理对小麦产量及产量构成的影响

处理		穗数 （万穗/hm²）	穗粒数 （粒/穗）	千粒重 （g）	产量 （kg/hm²）
S1	P0	521.35±19.24bc	32.37±2.43ab	52.36±0.48a	3 923.58d
	P1	578.21±10.02b	32.65±1.27ab	52.42±0.57a	5 835.36bc
	P2	608.72±18.43ab	35.66±2.31a	52.73±2.14a	7 169.81a
	P3	645.21±12.14a	35.67±0.76a	52.84±0.55a	7 664.02a
	P4	612.34±7.14ab	35.45±0.98a	50.19±0.47b	6 853.48b

（续）

处理		穗数 （万穗/hm²）	穗粒数 （粒/穗）	千粒重 （g）	产量 （kg/hm²）
S0	P0	455.68±8.02c	32.21±1.73ab	51.23±0.67a	3 836.99d
	P1	525.31±11.44bc	32.23±1.35ab	51.34±0.12a	5 513.3c
	P2	535.58±14.31bc	32.40±1.07ab	51.50±0.47a	6 730.33b
	P3	589.52±18.57b	35.81±0.96a	51.79±0.51a	7 124.1a
	P4	526.47±10.35d	34.21±0.65a	50.70±0.68b	6 607.67b

注：S1、S0分别表示秸秆还田和秸秆不还田；P0、P1、P2、P3、P4分别表示施磷P_2O_5为0kg/hm²、75kg/hm²、112.5kg/hm²、150kg/hm²、187.5kg/hm²。同列不同字母代表不同处理在0.05水平上差异显著，下同。

二、秸秆还田条件下小麦产量与施磷水平的关系

通过秸秆还田与施磷量和小麦产量之间的关系进行一元二次方程拟合，结果如表7-21所示。秸秆还田处理下最佳经济产量施磷量为147.76kg/hm²，比秸秆不还田减少4.8%，秸秆还田处理下最高产量为7 250.77kg/hm²，比秸秆不还田增加5.48%，秸秆还田处理下最高产量施磷量为156.82kg/hm²，比秸秆不还田减少了5.8%。表明秸秆还田处理可以在保证产量的同时减少磷肥使用量。

表7-21 秸秆还田条件下小麦产量与施磷水平的关系

处理	产量与施磷量 曲线方程	最高产量 （kg/hm²）	最高产量 施磷量 （kg/hm²）	最佳经济 产量施磷量 （kg/hm²）	决定系数
S1	$y=-0.140\ 3x^2+44.004x+3\ 800.4$	7 250.77	156.82	147.76	$R^2=0.940\ 1$
S0	$y=-0.112\ 3x^2+37.407x+3\ 738$	6 853.05	166.54	155.23	$R^2=0.952\ 8$

三、秸秆还田配施磷肥对旱地小麦磷素利用的影响

表7-22、表7-23表明，同一磷素水平下，S1处理的磷肥农学效率、磷肥偏生产力及磷肥吸收利用率均高于S0处理，且差异达显著水平；在P1~P4处理中，S1处理较S0处理分别高0.24%~2.64%、0.73%~5.08%、0.94%~2.9%。无论秸秆是否还田，磷肥农学效率、磷肥偏生产力及磷肥吸收利用率均呈随施磷量增加而减少的趋势，P1处理在S1处理下较P4处理分别提高6.17%、48.15%、4.59%，在S0处理下较P4处理分别提高4.99%、43.8%、3.66%。经显著性检验可知，秸秆还田与施磷量对磷肥农学效率、磷肥偏生产力及磷肥吸收利用率均达显著水平，两者互作对磷肥农学效率、磷肥

偏生产力、磷肥吸收利用率均有显著或极显著影响。可见，秸秆还田可提高小麦磷肥利用效率，加施磷肥会对磷肥农学效率、磷肥偏生产力及磷肥吸收利用率呈负作用。

表 7-22　秸秆还田配施磷肥对旱地小麦磷素利用的影响

处理		磷肥农学效率	磷肥偏生产力	磷肥利用率（%）
S0	P1	10.29b	77.49b	7.52b
	P2	9.32c	57.24d	7.10b
	P3	7.11d	44.51f	5.03c
	P4	5.30e	33.69h	3.86d
S1	P1	11.71a	82.57a	9.39a
	P2	10.07b	60.25c	8.93a
	P3	9.75bc	46.48e	7.93b
	P4	5.54e	34.42g	4.80cd

注：同一品种同列数据后的不同小写字母表示处理间差异显著（$P < 0.05$）。

表 7-23　旱地小麦磷素利用的方差分析

因素	磷肥农学效率	磷肥偏生产力	磷肥吸收利用率
秸秆还田（S）	88.54**	454.23**	71.78**
施磷量（P）	386.15**	24 318.79**	69.32**
S×P	24.80**	52.80**	3.88*

注：* 表示在 0.05 水平上差异显著，** 表示在 0.01 水平上差异显著。

第八章

外源物质对小麦抗旱性的影响

第一节　黄腐酸及其混合物对小麦结实期
生理生化特性的影响

一、不同处理对小麦旗叶光合速率的影响

图 8-1 表明，抽穗后各处理叶片光合速率随生育期延长呈下降趋势，主要原因是一方面随着干旱加剧，植株生理活性下降；另一方面小麦自身逐渐衰老导致了光合速率的降低。不同处理间比较，外源物质处理各测定时期光合速率均高于对照；处理 T8 在各测定时期，其光合速率均大于其他处理，但与处理 T6 和 T7 差异不显著。表明水分胁迫下处理 T8 对提高小麦光合速率效果最好。

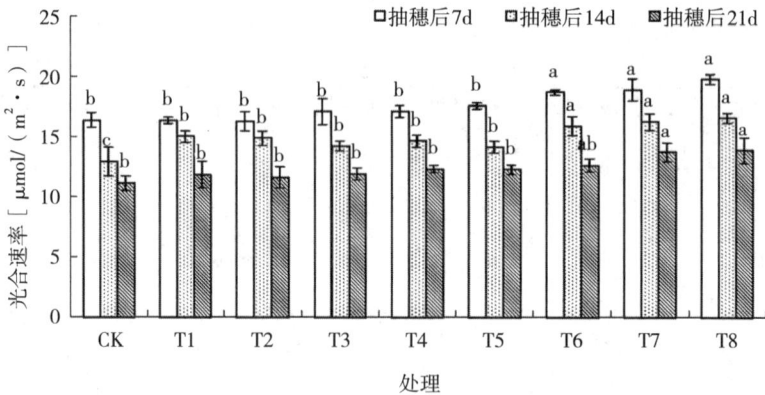

图 8-1　不同处理对小麦旗叶光合速率的影响

注：CK，清水（对照）；T1，黄腐酸；T2，黄腐酸＋脯氨酸；T3，黄腐酸＋KH_2PO_4；T4，黄腐酸＋葡萄糖；T5，黄腐酸＋葡萄糖＋KH_2PO_4；T6，黄腐酸＋脯氨酸＋葡萄糖；T7，黄腐酸＋脯氨酸＋KH_2PO_4；T8，黄腐酸＋脯氨酸＋葡萄糖＋KH_2PO_4，下同。

二、不同处理对小麦旗叶可溶性糖含量的影响

图 8-2 表明，抽穗期喷施外源物质后，随生育期延长，叶片中可溶性糖

含量呈现逐渐升高的趋势。同一测定时期，不同处理间可溶性糖含量存在明显差异，其总趋势表现为 T8＞T7＞T5＞T6＞T2＞T4＞T3＞T1＞CK，且 T8 除与 T7 差异不显著外，与其他处理均差异显著。表明黄腐酸＋脯氨酸＋KH_2PO_4＋葡萄糖复配处理对于增强小麦抗旱性效果最好，尤其在抽穗后第 20d，外源物质处理的效果更为明显。

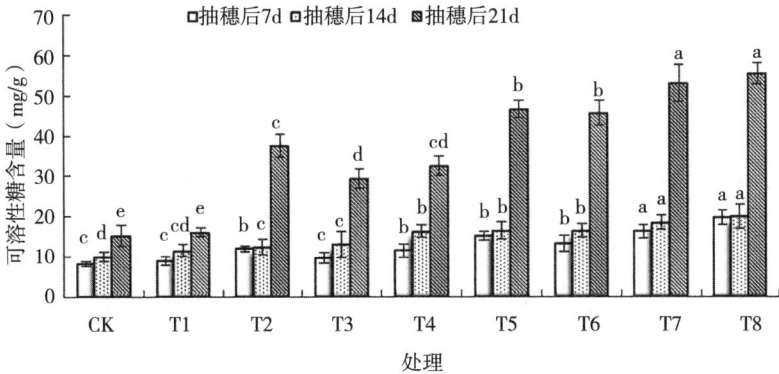

图 8-2　不同处理对小麦旗叶可溶性糖含量的影响

三、不同处理对小麦旗叶可溶性蛋白质含量的影响

从图 8-3 可以看出，同一处理，随着生长发育进行，小麦旗叶可溶性蛋白质含量呈现逐渐升高趋势。同一测定时期，不同处理间可溶性蛋白质含量存在明显差异，处理 T8 在各测定时期中可溶性蛋白质含量均最高，且与其他处理均存在显著差异。表明处理 T8 对在水分胁迫下提高小麦抗旱性效果最好。

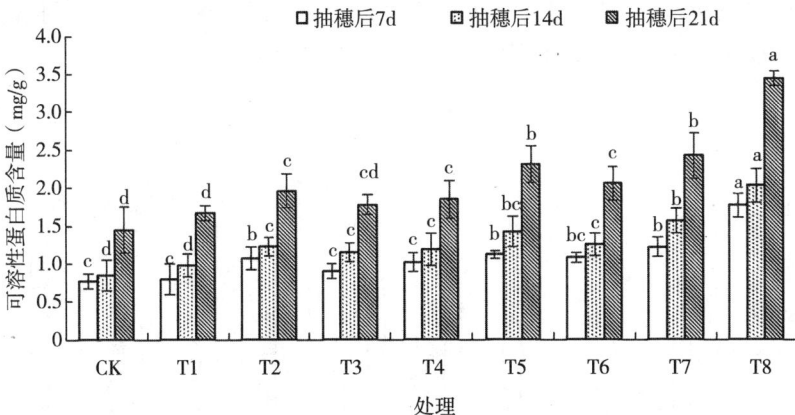

图 8-3　不同处理对小麦旗叶可溶性蛋白质含量的影响

四、不同处理对小麦旗叶 MDA 含量的影响

随生育期进程推进，各处理 MDA 含量逐渐增加（图 8-4）。同一测定时期，不同处理 MDA 含量不同，总体表现为 CK＞T1＞T3＞T4＞T2＞T6＞T5＞T7＞T8，处理 T8 在各测定时期 MDA 含量均低于其他处理，除与 T7 差异不显著外，与其他处理均差异显著。表明外源物质复合处理能降低 MDA 含量，减轻膜系统损伤程度，对保护细胞结构具有一定作用，处理 T8 效果最佳。

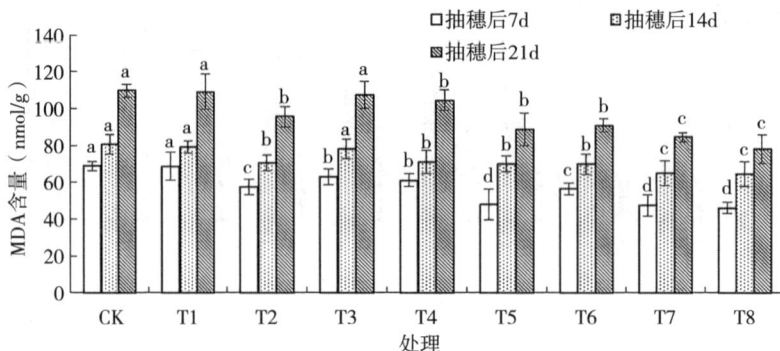

图 8-4　不同处理对小麦旗叶 MDA 含量的影响

五、不同处理对小麦旗叶 SOD 活性的影响

SOD 是生物防御活性氧伤害的重要保护酶之一。图 8-5 表明，抽穗后随生育进程推进，各处理 SOD 活性呈下降趋势。各测定时期，外源物质处理下 SOD 活性均高于对照，处理 T8、T5、T7 的 SOD 活性较高，3 者差异不显著，但与其他处理差异显著。表明外源物质处理，尤其是复合处理对提高小麦旗叶 SOD 活性具有明显的作用。

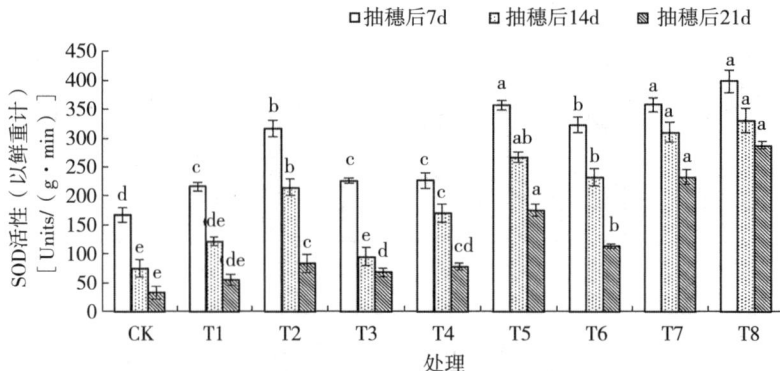

图 8-5　不同处理对小麦旗叶 SOD 活性的影响

六、不同处理对小麦旗叶 POD 活性的影响

从图 8-6 可以看出，抽穗后随生育进程，各处理 POD 活性呈下降趋势。各测定时期，不同处理间 POD 活性存在明显差异，且外源物质处理 POD 活性均高于对照，以 T8 处理 POD 活性为最高，处理 T7、T5 次之，3 者与其他处理均存在显著差异。说明外源物质处理能通过提高 POD 活性，增强活性氧清除能力，从而提高小麦抗旱性。

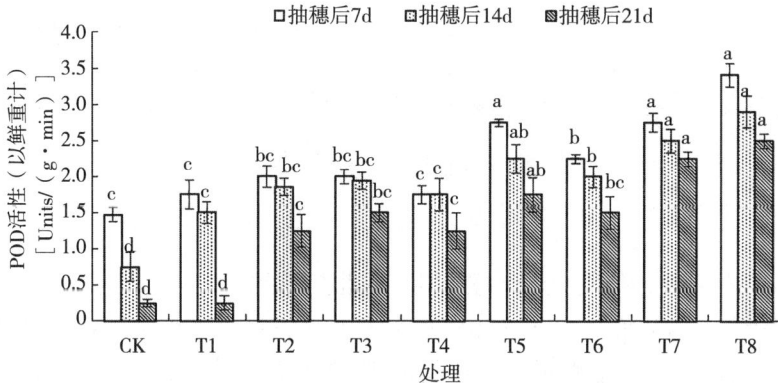

图 8-6 不同处理对小麦旗叶 POD 活性的影响

七、不同处理对小麦产量及其构成因素的影响

从表 8-1 可以看出，不同处理穗数差异不显著，这是由于在抽穗期进行处理，小麦分蘖、生长发育以及器官建成基本完成，外源物质处理对其不会有太大影响。穗粒数以处理 T8 为最高，且与处理 T7 差异不显著，但与其他各处理差异显著；千粒重则表现为外源物质处理间差异不显著，但均显著高于对照；产量表现为外源物质处理均高于对照，除处理 T1 与对照差异不显著外，其余均与对照差异显著，且处理 T8 最高，与处理 T5、T7 差异不显著，但与其他处理差异显著。结果表明，外源物质处理可以提高产量及其相关构成因素。

表 8-1 不同处理对小麦产量及其构成因素的影响

处理	穗数（万穗/hm²）	穗粒数（粒/穗）	千粒重（g）	产量（kg/hm²）
CK	559.4a	32.8c	36.9b	5 377.1c
T1	547.2a	33.5bc	38.0a	5 648.1c
T2	580.3a	34.3b	39.7a	6 049.7b

（续）

处理	穗数（万穗/hm²）	穗粒数（粒/穗）	千粒重（g）	产量（kg/hm²）
T3	557.1a	33.7b	38.8a	5 809.1b
T4	562.5a	34.1b	39.3a	5 946.2b
T5	550.9a	36.6b	40.2a	6 715.2a
T6	553.6a	35.3b	40.0a	6 265.2b
T7	571.5a	39.2a	40.4a	7 027.1a
T8	562.7a	39.5a	40.5a	7 107.2a

第二节 脱落酸和水杨酸对水分胁迫下小麦幼苗的保护机制

一、脱落酸（ABA）对水分胁迫下小麦幼苗的影响

（一）ABA 对水分胁迫下小麦幼苗根冠比的影响

由图 8-7 可以看出，在水分胁迫下，随着生长天数的增加，各处理小麦根冠比趋于增加。同一测定时期，ABA 处理均比对照减小，A1、A2、A3 的根冠比在处理后 4d 分别比对照减少了 0.8%、32.3%、16.1%，在处理后 8d 分别比对照减少了 10.0%、24.1%、9.8%；两测定时期均以 A2 处理减少幅度为最大，且与对照差异显著。表明施用 ABA 可以降低小麦幼苗的根冠比，改善幼苗地上部分的生长。ABA 在 8mg/L 浓度时，最有利于减缓水分胁迫对小麦幼苗地上部分生长的抑制作用。

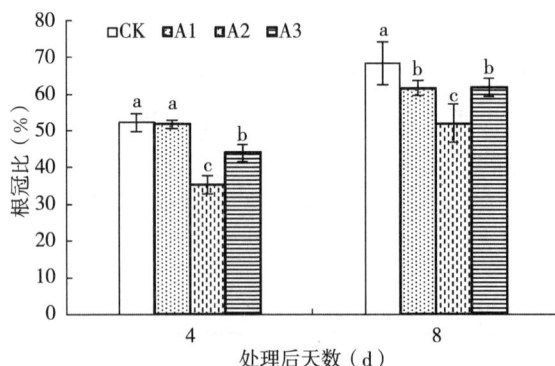

图 8-7　ABA 对水分胁迫下小麦幼苗根冠比的影响

注：CK（对照），20% PEG-6000；A1，20% PEG-6000 含 4.00mg/LABA；A2，20% PEG-6000 含 8.00mg/LABA；A3，20% PEG-6000 含 12.00mg/LABA。不同字母表示处理间在 P<0.05 上差异显著，下同。

（二）ABA 对水分胁迫下小麦幼苗可溶性糖、可溶性蛋白质和氨基酸含量的影响

图 8-8 表明，随着处理时间延长，各处理可溶性糖、可溶性蛋白质和氨基酸含量增加。同一测定时期，与对照相比，添加 ABA 处理后，各物质含量均增加，不同处理增加幅度不同，均以 A2 处理增幅为最大。处理后 4d 和 8d，与对照相比，A2 处理的可溶性糖含量分别增加了 14.7% 和 30.7%，可溶性蛋白质含量分别增加了 17.3% 和 18.8%，氨基酸含量分别增加了 74.6% 和 65.1%，且均与对照差异显著。表明外源 ABA 能够促进小麦幼苗可溶性糖、可溶性蛋白质等渗透调节物质的积累，增强植株的渗透调节能力。

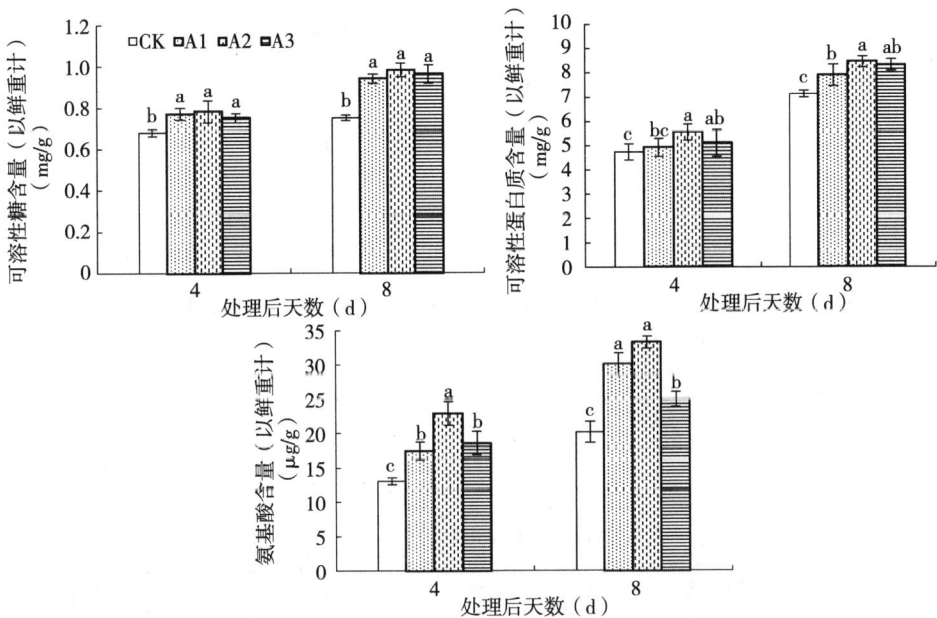

图 8-8　ABA 对水分胁迫下小麦幼苗可溶性糖、可溶性蛋白质和氨基酸含量的影响

（三）ABA 对水分胁迫下小麦幼苗 O_2^-、H_2O_2 和 MDA 含量的影响

由图 8-9 可以看出，在各测定时期，各处理 O_2^-、H_2O_2 和 MDA 含量变化趋势基本一致，均随生长时间延长而增加。水分胁迫下，添加 ABA 后小麦幼苗 O_2^-、H_2O_2 和 MDA 含量降低，且与对照差异显著。同一测定时期，与对照相比，O_2^-、H_2O_2 和 MDA 含量以 A2 处理为最低，降幅最大，处理后 4d，分别降低了 42.7%、21.2% 和 20.5%，处理后 8d，分别降低了 53.3%、27.8% 和 29.9%。表明适宜浓度 ABA 处理，能够有效降低水分胁迫下 O_2^- 和 H_2O_2 含量，缓解 MDA 的积累，减轻植物细胞膜脂过氧化程度。

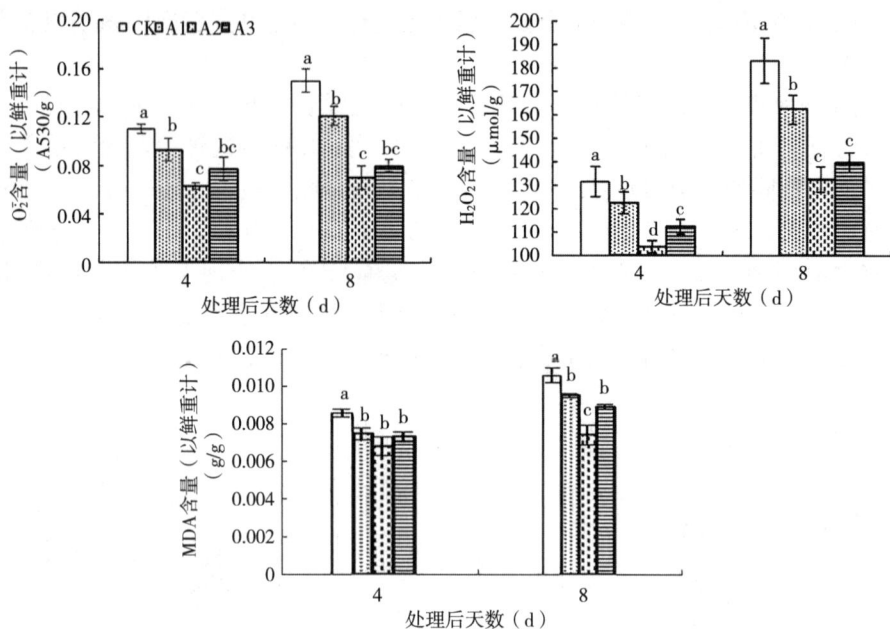

图 8-9　ABA 对水分胁迫下小麦幼苗 O_2^-、H_2O_2 和 MDA 含量的影响

（四）ABA 对水分胁迫下小麦幼苗 SOD、POD 和 CAT 活性的影响

由图 8-10 可以看出，随着时间延长，各处理 SOD、POD 和 CAT 活性增

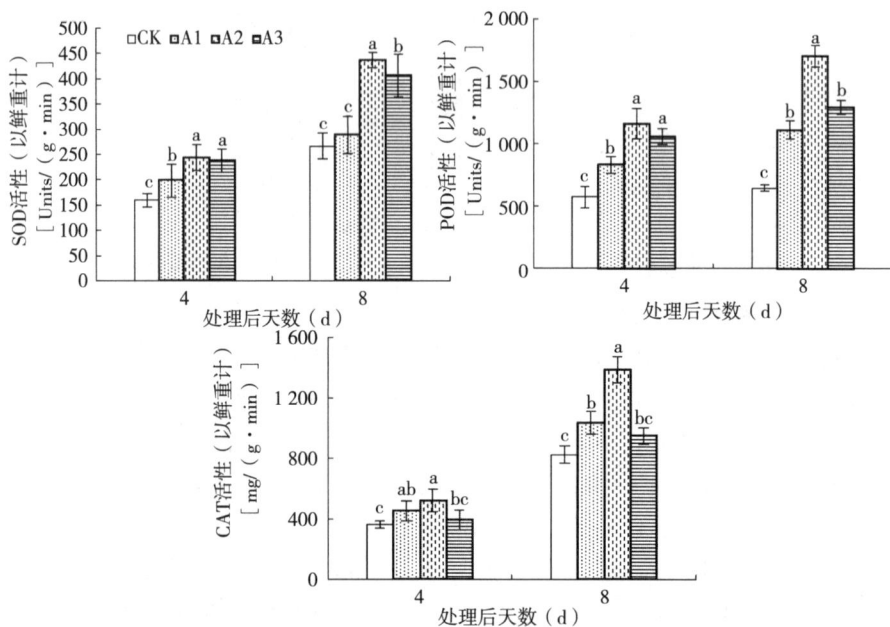

图 8-10　ABA 对水分胁迫下小麦幼苗 SOD、POD 和 CAT 活性的影响

强。各测定时期 ABA 处理酶活性均比对照明显增加，均以 A2 处理酶活性为最高，且与对照差异显著。处理后 4d，A2 处理的 SOD、POD 和 CAT 活性比对照分别增强了 52.1%、102.2% 和 43.4%，处理后 8d，分别增强了 64.4%、164.4% 和 67.8%。表明水分胁迫下 ABA 能明显提高小麦幼苗 SOD、POD 和 CAT 活性，增强活性氧自由基的清除能力，降低水分胁迫对小麦幼苗的伤害。

二、水杨酸（SA）对水分胁迫下小麦幼苗的影响

（一）SA 对水分胁迫下小麦幼苗根冠比的影响

由图 8-11 可以看出，在水分胁迫下，随着生长期延长，各处理小麦根冠比趋于增加。同一测定时期，SA 处理均比对照减小，S1、S2、S3 的根冠比在处理后 4d 分别比对照减少了 13.0%、29.7%、21.9%，在处理后 8d 分别比对照减少了 6.4%、23.7%、17.9%；随着 SA 浓度的增加，根冠比呈先减少后增加的趋势，以 S2 处理减少幅度为最大，且与对照差异显著。表明施用 SA 可以降低小麦幼苗的根冠比，改善幼苗地上部分的生长。SA 在 0.6mmol/L 浓度时，最有利于减缓水分胁迫对小麦幼苗地上部分生长的抑制作用。

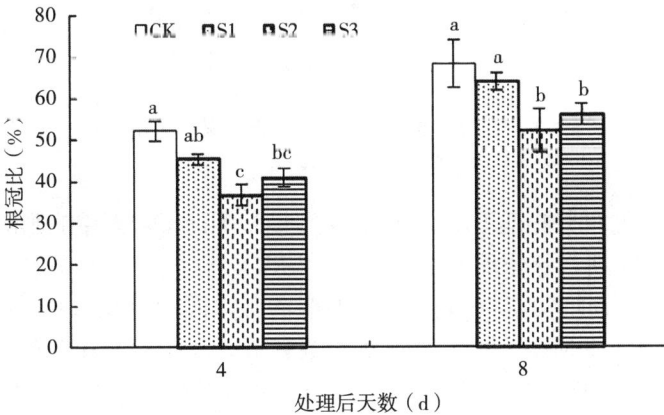

图 8-11　SA 对水分胁迫下小麦幼苗根冠比的影响
注：不同字母表示处理间在 $P<0.05$ 上差异显著，下同。

（二）SA 对水分胁迫下小麦幼苗可溶性糖、可溶性蛋白质和氨基酸含量的影响

图 8-12 表明，随着时间延长，各处理可溶性糖、可溶性蛋白质和氨基酸含量增加。同一测定时期，SA 处理各物质含量均比对照增加，不同处理增加幅度不同，以 S2 处理增幅为最大。处理后 4d 和 8d，S2 处理与对照相

比，可溶性糖含量分别增加了 14.7% 和 25.3%，可溶性蛋白质含量增加了 4.5% 和 26.5%，氨基酸含量增加了 511.0% 和 66.9%，且均与对照差异显著。

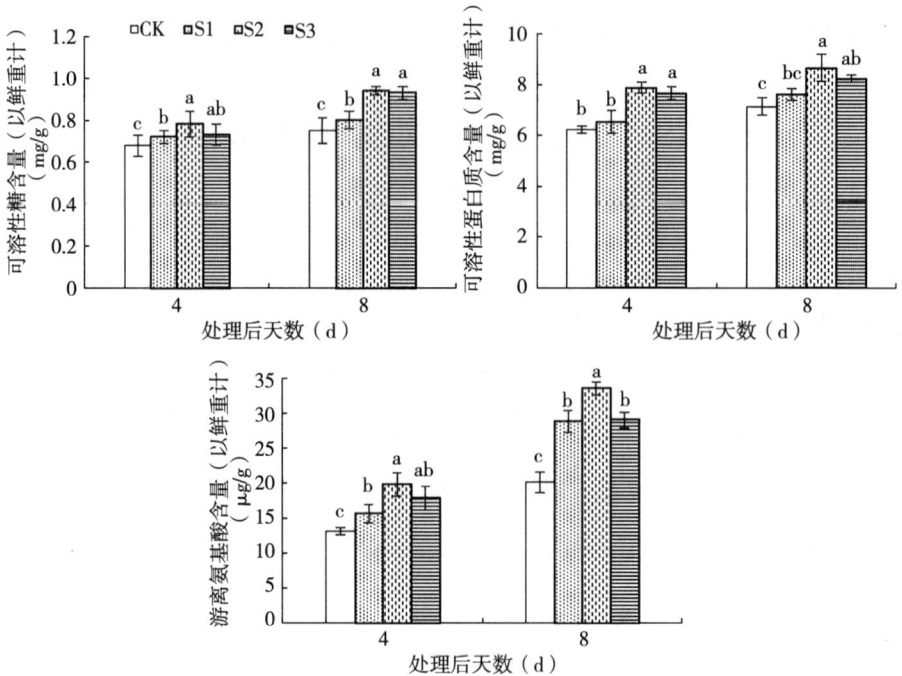

图 8-12 SA 对水分胁迫下小麦幼苗可溶性糖、可溶性蛋白质和氨基酸含量的影响

（三）SA 对水分胁迫下小麦幼苗 O_2^-、H_2O_2 和 MDA 含量的影响

在各测定时期，各处理 O_2^-、H_2O_2 和 MDA 含量变化趋势基本一致，均随生长时间延长而增加，SA 处理均比对照有所降低（图 8-13）。同一测定时期，O_2^-、H_2O_2 和 MDA 含量以 S2 处理为最低，与对照相比降幅最大，且差异显著。处理后 4d，S2 处理的 O_2^-、H_2O_2 和 MDA 含量分别比对照下降了 42.9%、28.5% 和 42.5%，处理后 8d，分别下降了 55.3%、27.5% 和 43.8%。表明适宜浓度的 SA 处理，能够有效降低水分胁迫下 O_2^- 和 H_2O_2 含量，缓解 MDA 的积累，减轻植物细胞的膜脂过氧化程度。

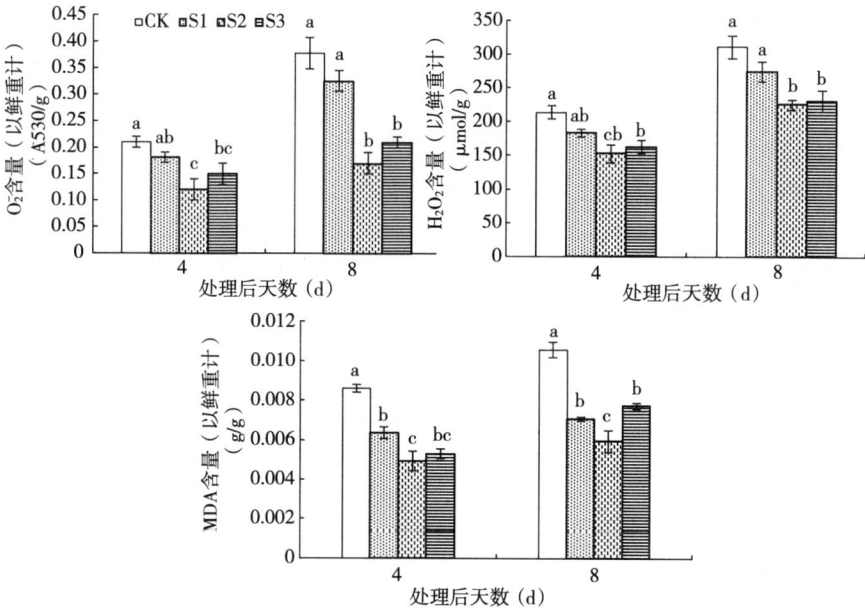

图 8-13　SA 对水分胁迫下小麦幼苗 O_2^- 、H_2O_2 和 MDA 含量的影响

（四）SA 对水分胁迫下小麦幼苗 SOD、POD 和 CAT 活性的影响

从图 8-14 可以看出，随着时间延长，各处理 SOD、POD 和 CAT 活性增

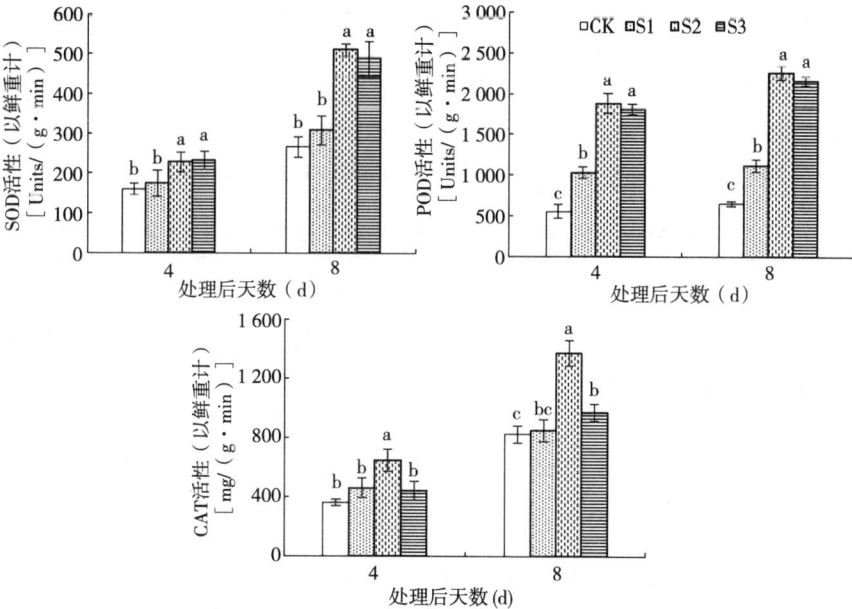

图 8-14　SA 对水分胁迫下小麦幼苗 SOD、POD 和 CAT 活性的影响

强。各测定时期 SA 处理酶活性均比对照明显增加，均以 S2 酶活性为最高，且与对照差异显著。处理后 4d，SOD、POD 和 CAT 活性分别比对照增加了 42.3%、78.3% 和 243.3%，处理后 8d，分别增加了 92.1%、66.4% 和 250.2%。表明水分胁迫下 SA 能明显提高小麦幼苗 SOD、POD 和 CAT 活性，增强活性氧自由基的清除能力，降低水分胁迫对小麦幼苗的伤害。

第三节　外源茉莉酸甲酯对干旱胁迫下小麦花后内源激素含量及产量形成的影响

一、外源茉莉酸甲酯（MeJA）对干旱胁迫下小麦花后限速酶（LOX）活性及内源 JA 含量的影响

由表 8-2 可知，小麦不同器官 LOX 活性表现为根系＞旗叶＞穗轴，对照（CK）处理中 LOX 活性随着生育进程的推进呈逐渐升高趋势，而其他处理则呈逐渐下降的趋势；与 CK 相比，外源 MeJA、干旱胁迫及干旱＋MeJA 都显著提高了小麦各器官 LOX 活性，穗轴、旗叶及根系中 LOX 活性分别提高了 4.56%～67.02%、7.50%～89.59% 和 10.12%～76.36%，而各处理的 LOX 活性表现为 D＋M＞M＞D＞CK。LOX 是植物内源 JA 合成的第一个酶，也是限速酶。表 8-2 显示，小麦各器官内源 JA 含量与 LOX 活性变化规律基本一致，外源喷施 MeJA 和干旱胁迫均能显著提高小麦各器官内源 JA 的含量，并表现出加和效应，穗轴、旗叶及根系中 JA 含量分别提高了 6.77%～294.78%、9.84%～246.71% 和 8.60%～174.72%，各处理内源 JA 含量表现为 D＋M＞M＞D＞CK，这说明外源 MeJA 对内源 JA 含量的促进效果要大于干旱胁迫。

表 8-2　外源 MeJA 对干旱胁迫下小麦花后 LOX 活性及内源 JA 含量的影响

时间	处理	LOX 活性（以蛋白计）[nmol/（mg·min）]			JA 含量（ng/g）		
		穗轴	旗叶	根系	穗轴	旗叶	根系
花后 0d	CK	114.77±6.63c	126.38±9.99d	150.22±10.39d	4.02±0.78d	6.68±0.82d	10.6±1.24d
	M	165.32±5.49b	213.26±6.87b	241.63±11.45b	12.45±0.88b	19.93±0.76b	25.87±1.07b
	D	160.05±3.58b	182.94±6.47c	212.34±6.72c	8.27±0.83c	12.85±1.50c	16.32±0.93c
	D＋M	191.69±5.07a	239.61±5.32a	264.93±8.97a	15.87±1.05a	23.16±0.74a	29.12±0.56a
花后 10d	CK	135.52±3.60c	143.62±5.57d	159.13±7.55c	5.73±0.41d	8.25±0.44d	11.84±1.01d
	M	157.31±3.92b	195.57±5.89b	221.82±8.03ab	10.66±0.39b	15.81±0.80b	20.21±0.67b
	D	151.86±2.38b	171.88±6.65c	200.06±8.55b	7.54±0.58c	10.36±0.73c	14.37±0.51c
	D＋M	181.84±5.26a	220.01±6.18a	238.24±9.17a	13.09±0.49a	19.77±1.14a	23.17±0.83a

（续）

时间	处理	LOX 活性 （以蛋白计）[nmol/（mg·min）]			JA 含量 （ng/g）		
		穗轴	旗叶	根系	穗轴	旗叶	根系
花后 20d	CK	142.33±1.91d	154.76±3.01d	171.33±4.16d	6.79±0.42c	9.15±0.64b	12.68±0.40c
	M	154.25±2.76b	180.74±3.66b	200.06±3.40b	8.79±0.35b	12.5±0.54a	16.58±0.45b
	D	148.82±1.64c	166.37±2.24c	188.67±2.80c	7.25±0.38c	10.05±0.40b	13.77±0.43c
	D+M	166.38±5.46a	194.62±3.49a	212.75±5.23a	10.24±0.53a	14.22±1.09a	18.84±0.84a

注：CK，对照；M，喷施 0.25μmol/L MeJA；D，干旱胁迫；D+M，干旱胁迫+MeJA。表中数值为平均值±标准误（$n=3$），同列数据不同小写字母表示差异达 $P<0.05$ 水平，下同。

二、外源 MeJA 对干旱胁迫下小麦花后内源激素含量的影响

由表 8-3 可知，小麦植株各器官 IAA、ABA 和 GA1+3 的含量均随着灌浆进程的推进呈先增加后降低的趋势，并在花后 10d 达到最大值，而 ZR 含量则呈逐渐降低的趋势。不同器官的内源激素含量有所不同，IAA 和 GA1+3 表现为穗轴＞根系＞旗叶，ABA 表现为根系＞旗叶＞穗轴，而 ZR 则表现为根系＞穗轴＞旗叶。对于 IAA 来说，不同花后时间在各个处理中规律基本一致，在穗轴中，外源 MeJA 和干旱都增加了穗轴 IAA 的含量，且二者表现出协同效应；在旗叶当中，外源 MeJA 增加了旗叶 IAA 的含量，而干旱则导致 IAA 含量的下降，干旱+MeJA 的 IAA 含量显著低于 CK；在根系当中，外源 MeJA 和干旱都增加了穗轴 IAA 的含量，且二者表现出协同效应。

表 8-3　外源 MeJA 对干旱胁迫下小麦花后内源激素含量的影响

时间	处理	IAA（nmol/g）			ABA（nmol/g）		
		穗轴	旗叶	根系	穗轴	旗叶	根系
花后 0d	CK	40.04±4.06c	36.92±1.81b	42.14±2.75c	1.52±0.22d	2.17±0.21d	2.37±0.20d
	M	44.96±4.16c	44.61±1.57a	52.47±2.28c	2.43±0.09c	4.55±0.20c	3.85±0.28c
	D	83.00±6.84b	15.28±2.25d	77.55±3.96b	5.42±0.11b	6.67±0.12b	7.67±0.30b
	D+M	139.05±6.04a	26.29±2.32c	107.54±4.55a	6.49±0.18a	7.81±0.26a	9.58±0.33a
花后 10d	CK	88.95±7.51d	49.71±2.32b	65.42±2.70d	2.58±0.18d	2.67±0.35d	4.40±0.27d
	M	122.06±5.69c	67.79±2.86a	80.68±3.24c	3.93±0.23c	5.41±0.35c	6.08±0.37c
	D	167.97±6.66b	24.77±2.96c	120.45±3.58b	6.23±0.25b	8.18±0.35b	9.32±0.23b
	D+M	237.07±8.54a	41.64±1.97b	145.05±4.88a	7.32±0.30a	9.95±0.39a	11.12±0.29a

（续）

时间	处理	IAA （nmol/g）			ABA （nmol/g）		
		穗轴	旗叶	根系	穗轴	旗叶	根系
花后20d	CK	42.74±3.61d	28.51±1.98b	30.55±4.03d	1.98±0.14d	2.42±0.29d	3.01±0.23d
	M	69.96±4.10c	39.48±1.60a	45.45±3.00c	3.22±0.17c	4.97±0.34c	4.55±0.60c
	D	95.88±4.51b	9.97±1.22d	66.61±3.13b	5.85±0.14b	7.32±0.26b	8.44±0.31b
	D+M	121.06±4.73a	18.62±1.55c	90.02±3.12a	6.94±0.18a	8.93±0.37a	10.08±0.32a

时间	处理	GA1＋3 （pmol/g）			ZR （pmol/g）		
		穗轴	旗叶	根系	穗轴	旗叶	根系
花后0d	CK	178.92±4.56a	79.7±1.47a	137.15±2.83a	24.23±0.40c	12.21±0.38c	23.65±0.52c
	M	147.70±6.93b	70.02±0.75b	116.63±3.22b	29.61±0.50a	17.64±0.43a	29.48±0.47a
	D	78.11±5.23d	59.82±1.00c	82.61±2.74d	21.73±0.49d	10.07±0.44d	22.01±0.52d
	D+M	106.37±6.09c	66.56±0.97b	96.21±2.48c	26.57±0.59b	15.23±0.42b	26.76±0.59b
花后10d	CK	238.54±6.93a	102.29±2.55a	96.17±3.71c	19.99±0.55c	10.96±0.36c	22.21±0.64b
	M	182.64±8.68b	90.68±1.53b	82.63±3.58d	26.19±0.66a	15.78±0.45a	27.52±0.78a
	D	109.25±7.71d	68.66±3.60c	116.65±4.06a	13.37±0.75d	7.67±0.43d	18.72±0.76c
	D+M	141.34±5.61c	79.68±1.94c	137.11±3.31a	22.91±0.59b	13.52±0.41b	23.34±0.61b
花后20d	CK	215.65±9.47a	85.18±1.39a	120.69±2.75a	15.48±0.57b	7.58±0.35b	18.74±0.62b
	M	144.07±6.03b	70.66±0.90b	103.01±4.00b	20.15±0.71a	11.87±0.36a	23.71±0.61a
	D	78.94±6.63d	57.85±1.13d	66.87±3.19d	5.78±0.75c	1.92±0.32d	11.21±0.73c
	D+M	106.37±5.23c	65.74±1.35c	82.03±2.50c	14.02±0.71b	5.75±0.38c	18.17±0.73b

对于 ABA 来说，干旱和外源 MeJA 都能增加小麦各器官 ABA 的含量，干旱的促进效果要大于外源 MeJA，且干旱与外源 MeJA 表现出加和效应。对于 GA1＋3 来说，在穗轴中，干旱和外源 MeJA 都显著降低了 GA1＋3 的含量，干旱加 MeJA 的处理表现出最低值；在旗叶当中，干旱、外源 MeJA 和干旱＋MeJA 3 个处理的 GA1＋3 含量均低于 CK，但这 3 个处理之间差异不显著；在根系中，花后 0d 和 20d 的干旱、MeJA 及干旱＋MeJA 三个处理的 GA1＋3 含量均低于 CK，在花后 10d，MeJA 处理对 GA1＋3 含量无显著影响，而在干旱及干旱＋MeJA 处理中，其 GA1＋3 含量显著高于 CK。对于 ZR 来说，干旱胁迫降低了 ZR 含量，而外源 MeJA 提高了 ZR 的含量，干旱胁迫条件下喷施 MeJA 显著缓解了因干旱而使 ZR 含量的降低。

三、外源 MeJA 对干旱胁迫下小麦花后籽粒灌浆特征参数的影响

通过对不同处理小麦籽粒灌浆速率特征参数的模拟可知（表 8-4），在干

旱条件下，理论最大粒重下降，喷施 MeJA 可以缓解干旱对理论最大粒重的不良影响。干旱胁迫降低了籽粒平均灌浆速率，外源喷施 MeJA 在正常灌水和干旱胁迫下对平均灌浆速率没有明显的影响。干旱胁迫使最大籽粒灌浆速率出现时间提前，但是不同喷施处理之间差异不显著。干旱降低了籽粒最大灌浆速率，不同喷施处理对籽粒最大灌浆速率无明显影响。干旱胁迫对有效灌浆持续期影响显著，有效灌浆持续时间显著缩短，外源喷施 MeJA 显著延长了有效灌浆持续期。

表 8 - 4   外源 MeJA 对干旱胁迫下小麦花后籽粒灌浆特征参数的影响

处理	理论最大粒重（g）	平均灌浆速率（g/d）	最大籽粒灌浆速率出现时间(d)	最大灌浆速率（g/d）	有效灌浆持续期（d）
CK	3.911±0.009b	0.1229±0.0013a	14.771±0.032a	0.192±0.001a	22.5±0.3b
M	4.016±0.011a	0.1244±0.0011a	14.852±0.026a	0.195±0.003a	25.2±0.3a
D	2.582±0.013d	0.0657±0.0009b	13.644±0.039b	0.109±0.002b	14.7±0.2d
D+M	2.695±0.022c	0.0680±0.0008b	13.548±0.026b	0.117±0.003b	16.9±0.2c

四、外源 MeJA 对干旱胁迫下小麦成熟期干物质重的影响

由图 8-15 可知，干旱胁迫和外源 MeJA 均能显著影响小麦植株的生物量。干旱胁迫显著降低了小麦籽粒、植株及根系的干重，与 CK 相比分别降低了 34.5%、36.8%和 19.5%。这说明在干旱胁迫条件下，小麦优先将光合同化产物向根系分配，以促进根系下扎获取更多的水分。而外源喷施 MeJA 则显著缓解了干旱胁迫导致的生物量的降低，与干旱处理相比分别增加了 31.2%、31.4%和 13.7%，这说明小麦植株的水分状况得到了改善。

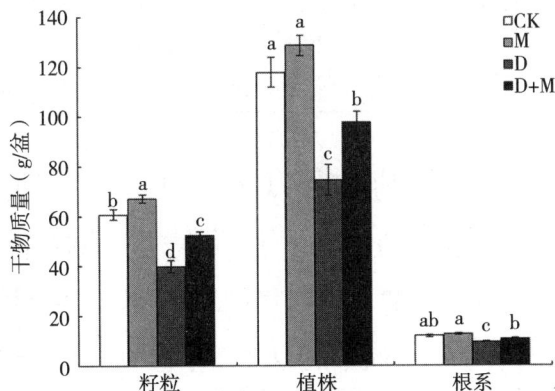

图 8-15   外源 MeJA 对干旱胁迫下小麦成熟期干物质重的影响
注：不同小写字母表示差异达显著水平（$P < 0.05$）。

五、干旱胁迫下外施 MeJA 的小麦花后内源激素含量与产量的相关分析

由表 8-5 可知，产量与穗轴 IAA/ABA、ZR/ABA、（IAA+ZR）/ABA、（IAA+GA+ZR）/ABA 在花后 20d 的相关系数达到显著水平，与穗轴 GA/ABA、GA/ZR、IAA/ZR 在花后 10d 与花后 20d 都达到显著水平，而在花后 0d 均没有相关性。产量与旗叶 ZR/ABA 在花后 20d 的相关系数达到显著水平，与旗叶 IAA/ZR 在花后 0d 和 10d 的相关系数都达到了显著水平，而与旗叶 GA/ABA、GA/IAA、GA/ZR 在花后 0d、10d 和 20d 的相关系数都达到显著水平。产量与根系 IAA/ABA、IAA/ZR、（IAA+ZR）/ABA 在花后 20d 的相关性达到显著水平，与根系 GA/ABA、GA/ZR 在花后 10d 与 20d 的相关性达到显著水平。其中，旗叶内源激素含量与产量之间相关性最强。

表 8-5 小麦花后不同器官内源激素含量与产量的相关分析

器官	时间	IAA/ABA	GA/ABA	ZR/ABA	GA/IAA	GA/ZR	IAA/ZR	(IAA+GA)/ABA	(IAA+ZR)/ABA	(GA+ZR)/ABA	(IAA+GA+ZR)/ABA
穗轴	花后 0d	0.517	−0.793	0.751	0.598	−0.793	−0.645	0.856	0.858	0.780	0.829
	花后 10d	0.700	−0.921*	0.813	−0.115	−0.921*	−0.887*	0.740	0.753	0.783	0.755
	花后 20d	0.942*	−0.977**	0.911*	0.226	−0.977**	−0.958*	0.874	0.929*	0.852	0.889*
旗叶	花后 0d	0.721	−0.923*	0.658	−0.982**	−0.923*	0.980**	0.618	0.704	0.557	0.624
	花后 10d	0.777	−0.966**	0.696	−0.989**	−0.966**	0.899*	0.662	0.761	0.562	0.666
	花后 20d	0.786	−0.924*	0.951*	−0.986**	−0.924*	−0.355	0.647	0.824	0.602	0.682
根系	花后 0d	0.703	−0.786	0.726	0.680	−0.786	−0.698	0.725	0.721	0.727	0.726
	花后 10d	0.472	−0.880*	0.818	0.796	−0.880*	−0.858	0.665	0.731	0.752	0.719
	花后 20d	0.959**	−0.983**	0.875	0.573	−0.983**	−0.939*	0.791	0.911*	0.787	0.818

第四节 渗透胁迫下 Ca^{2+}/CaM 信使系统对小麦幼苗生理特性的调控效应

一、不同处理对小麦幼苗相对含水量和 MDA 含量的影响

从图 8-16A 可以看出，随时间的延长，各处理叶片相对含水量均逐渐降低。处理间比较，各测定时期相对含水量大小均表现为Ⅳ＜Ⅲ＜Ⅱ＜Ⅰ，在第 8d 处理Ⅱ、Ⅲ、Ⅳ与Ⅰ相比分别下降了 1.9%、3.0% 和 6.9%。不同处理降幅也有明显差别，第 0d 和 8d 相比，处理Ⅰ、Ⅱ、Ⅲ、Ⅳ降幅分别为 9.7%、

11.0%、11.9%、15.4%。表明 VP 和 CPZ 处理降低了小麦幼苗体内相对含水量，使植株抗旱性减弱，且二者复合处理更为严重。

图 8-16B 表明，各处理 MDA 均呈逐渐上升趋势，其中Ⅱ、Ⅲ、Ⅳ处理均高于Ⅰ处理，在处理 2d 和 8d 时，Ⅱ处理比Ⅰ处理分别增加了 19.4% 和 20.3%，Ⅲ处理比Ⅰ处理分别增加了 26.0% 和 49.0%，而Ⅳ处理比Ⅰ处理分别增加了 28.1% 和 72.5%。随时间延长，不同处理 MDA 含量增加幅度也存在较大差异，在处理 8d 时，Ⅰ、Ⅱ、Ⅲ、Ⅳ处理分别是处理 0d 时的 1.5 倍、1.8 倍、2.1 倍和 2.4 倍。表明 VP 和 CPZ 通过抑制 Ca^{2+}/CaM 信使系统，使幼苗体内 MDA 含量增加，促进了细胞膜脂过氧化，加剧了 PEG 胁迫小麦幼苗细胞膜的损伤程度。

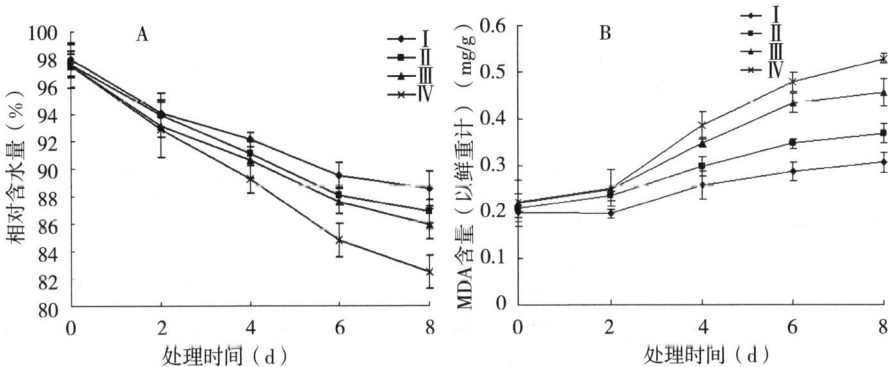

图 8-16　小麦幼苗相对含水量（A）及 MDA 含量（B）

注：Ⅰ，胁迫处理（CK）——用含等渗值 30%（w/v）PEG-6000 的 Hoagland 营养液模拟渗透胁迫；Ⅱ，Ca^{2+} 阻断剂异搏啶（VP）＋渗透胁迫处理——用含等渗值 30%（w/v）PEG-6000 的 Hoagland 营养液配制 80μmol/L VP 溶液进行处理；Ⅲ，CaM 拮抗剂盐酸氯丙嗪（CPZ）＋渗透胁迫处理——用含等渗值 30%（w/v）PEG-6000 的 Hoagland 营养液配制 60μmol/L CPZ 溶液进行处理；Ⅳ，VP＋CPZ＋渗透胁迫处理——用Ⅱ处理液配制 60μmol/L CPZ 的营养液进行处理。

二、不同处理对小麦幼苗 O_2^- 含量和 H_2O_2 含量的影响

从图 8-17A 可以看出，随处理时间的延长，各处理幼苗 O_2^- 的含量均呈增加趋势，其中Ⅰ处理增加较为平缓，而加入拮抗剂的其他各处理增加较为迅速。不同处理间 O_2^- 含量变化存在差异，各测定时期均表现为Ⅰ＜Ⅱ＜Ⅲ＜Ⅳ。不同测定时期Ⅱ、Ⅲ、Ⅳ处理分别与Ⅰ处理相比增加幅度不同，其中以处理后第 6d 增幅为最大，分别为 47.8%、64.1%、90.6%。表明渗透胁迫促进了 O_2^- 的产生，而加入 VP 和 CPZ 后加速了渗透胁迫下 O_2^- 的产生，加剧了对小麦幼苗细胞膜的伤害。

渗透胁迫条件下，各测定时期小麦幼苗中 H_2O_2 的含量均有不同程度的增加，处理不同其增加的幅度也不同（图 8-17B）。与Ⅰ处理相比，Ⅱ处理增幅最大是在处理后 8d 为 51.3%，而Ⅲ、Ⅳ处理增幅最大是在处理后 2d 增幅分别为 100.0% 和 157.0%。随着处理时间的延长，Ⅳ处理增加更为迅速。

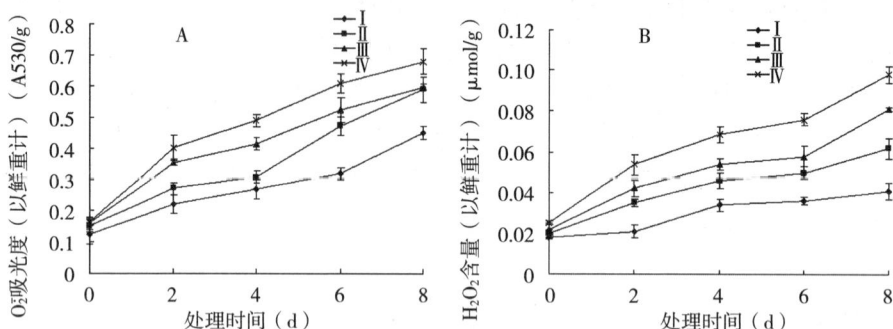

图 8-17 小麦幼苗中 O_2^- 含量（A）和 H_2O_2 含量（B）

三、不同处理对小麦幼苗可溶性糖、可溶性蛋白质和脯氨酸含量的影响

从图 8-18A 中可以看出，随着各处理时间的延长，小麦幼苗中的可溶性糖含量增加，不同处理增幅不同。各测定时期，不同处理可溶性糖含量的大小依次是Ⅳ＜Ⅲ＜Ⅱ＜Ⅰ。表明渗透胁迫促进了小麦幼苗可溶性糖含量的积累，但加入 VP 和 CPZ 后，与Ⅰ处理相比，小麦幼苗可溶性糖含量降低，增速变缓。表明可溶性糖在植物体内的积累可能与 Ca^{2+}/CaM 信使系统有关。渗透胁迫下，可溶性糖含量的迅速增加可能是一种应激反应，其积累的多少，可以反映小麦幼苗在渗透胁迫下受伤害的程度。

随着处理时间的延长，各处理小麦幼苗中可溶性蛋白质含量均表现为增加趋势（图 8-18B），不同处理增加幅度不同，Ⅳ处理增幅较为平缓，而其他处理增幅较大，以Ⅰ处理增幅为最大。第 8 天时，Ⅰ、Ⅱ、Ⅲ、Ⅳ各处理可溶性蛋白含量分别是第 0 天时的 3.0 倍、2.7 倍、2.4 倍、1.6 倍。作为细胞内重要渗透调节物质，其含量的增加有利于提高小麦幼苗对渗透胁迫的适应能力，其增加幅度大小也反映了不同处理小麦幼苗抗旱性的差异。试验表明，加入 VP 和 CPZ，减小了可溶性蛋白质的增幅，降低了小麦幼苗对渗透胁迫的抵抗力。

由图 8-18C 可知，渗透胁迫下各测定时期，Ⅱ、Ⅲ、Ⅳ处理脯氨酸的含量明显低于Ⅰ处理，而且随着胁迫时间的延长，其含量也不断增加，不同处理增加幅度不同，Ⅳ处理增幅最小，以Ⅰ处理增幅为最大。其含量高低在一定程度上反映了各处理下小麦幼苗对渗透胁迫适应能力的大小。

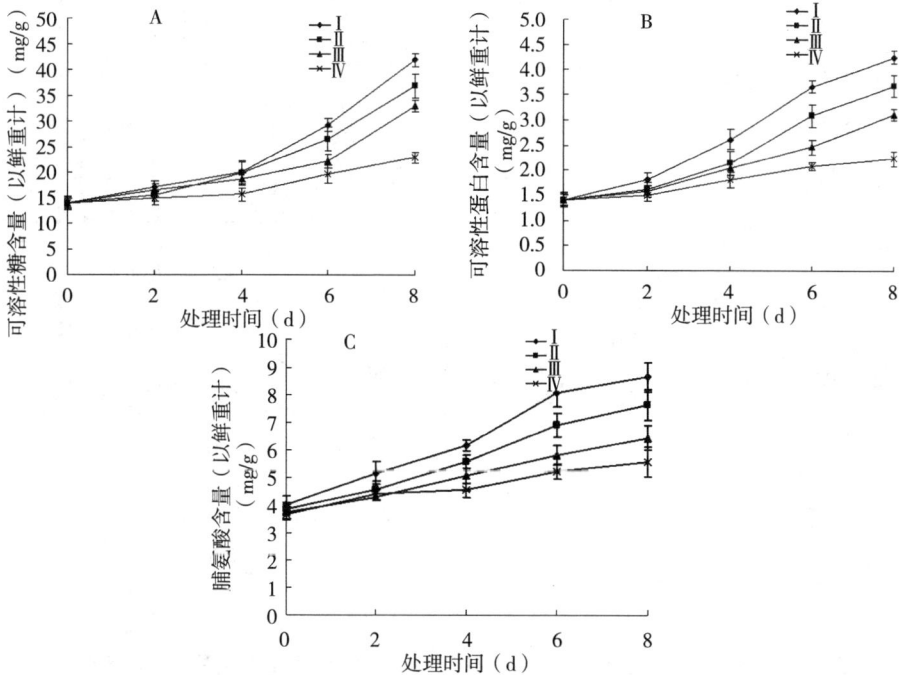

图 8-18　小麦幼苗中可溶性糖（A）、可溶性蛋白质（B）和脯氨酸（C）含量

四、不同处理对小麦幼苗 GSH 含量和 SOD、CAT、POD 活性的影响

GSH 是植物体内重要的抗氧化剂。图 8-19A 表明，随着胁迫时间的延长，其含量呈先上升后下降趋势，处理后第 4 天达到峰值，之后下降。与 I 处理相比，II、III、IV 处理在各测定时期 GSH 含量均有不同程度的降低，以 IV 处理降低幅度为最大，处理第 8d 时，其降低幅度达 26.4%。表明 VP 和 CPZ 抑制了 GSH 在小麦幼苗体内的积累，降低了小麦幼苗对渗透胁迫的抵抗能力。

从图 8-19B 可以看出，渗透胁迫下各处理 SOD 活性均呈单峰曲线变化，变化趋势一致，酶活性均在处理后第 4 天达到高峰。酶活性在各处理中存在差异，表现为 IV＜III＜II＜I。处理后 4d 随着时间的延长，SOD 活性均呈下降趋势，加入 VP 和 CPZ 后更加剧了 SOD 活性的下降，下降幅度更大。表明 VP 和 CPZ 影响了小麦幼苗对渗透胁迫的应激反应，阻碍了干旱信号的传导，抑制了 SOD 活性的升高。

图 8-19C 表明，随着处理时间的延长，各处理 CAT 活性逐渐升高，到处

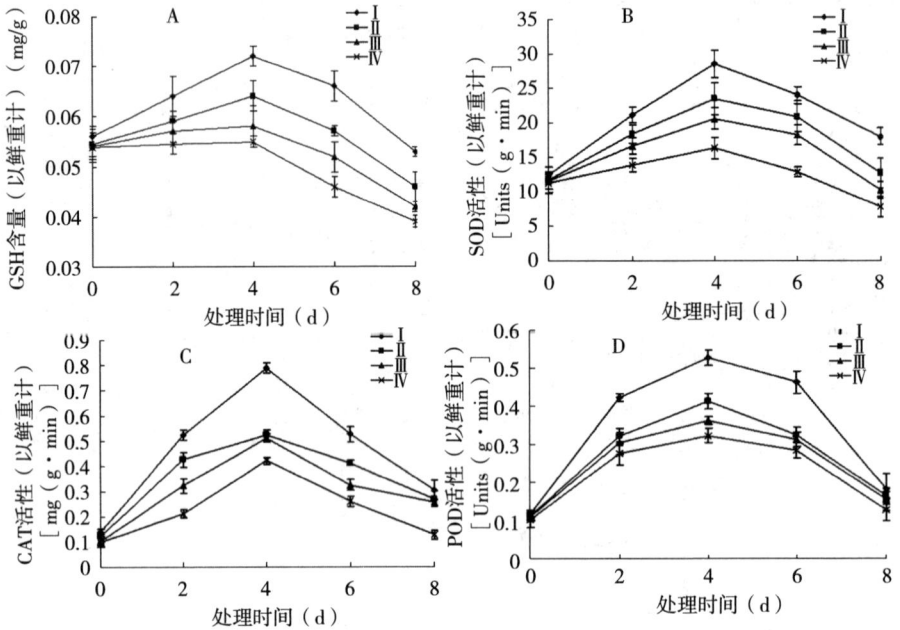

图 8-19　小麦幼苗中 GSH（A）含量和 SOD（B）、CAT（C）、POD（D）活性

理后第 4 天达到峰值，之后又迅速下降。不同处理间 CAT 活性存在明显差异，各测定时期均表现为 Ⅳ＜Ⅲ＜Ⅱ＜Ⅰ。表明 VP 和 CPZ 阻碍了干旱信号的传导，抑制了 CAT 活性的升高。

渗透胁迫下各处理 POD 活性变化趋势相似，均在处理后第 4 天达到峰值之后下降（图 8-19D）。处理第 4d，VP 和 CPZ 处理明显降低了幼苗地上部 POD 活性，Ⅱ、Ⅲ、Ⅳ 处理 POD 活性分别比 Ⅰ 处理降低了 21.6%、31.0% 和 38.6%。表明 Ca^{2+}/CaM 信使系统参与了渗透胁迫下 POD 活性的调节。

第九章

不同年代的旱地小麦品种生育特性

第一节　不同年代的旱地小麦品种生长发育和干物质积累特性

一、不同年代的旱地小麦生长发育

（一）株高

表 9-1 表明，不同年代小麦品种的株高均随小麦生育进程的推进而增高，开花后趋于稳定。不同小麦品种之间比较，拔节期（3 月 25 日）株高阿勃 33 最高，豫麦 49 次之，碧码 6 号再次，3 品种间差异不显著，但显著高于丰产 3 号，洛旱 2 号和洛旱 11 号；抽穗期（4 月 20 日），碧码 6 号＞阿勃33＞丰产 3 号＞洛旱 11 号＞豫麦 49＞洛旱 2 号＞矮抗 58。总体表现为前期品种株高较高，近现代品种株高较低，其中矮抗 58 显著低于其他品种，各小麦品种的株高开花后基本趋于稳定，且各品种间的差异规律基本和抽穗期一致。

表 9-1　不同年代小麦品种株高（cm）的差异

品种	日期			
	3-25	4-20	5-1	5-31
碧码 6 号	45.61ab	85.62a	86.26a	86.30a
丰产 3 号	34.30c	77.40bc	79.03ab	81.84ab
阿勃 33	49.39a	81.84ab	83.53a	85.92a
豫麦 49	48.67a	71.77d	73.77c	76.61bc
洛旱 2 号	36.14c	71.37d	72.41c	72.93c
矮抗 58	39.17bc	56.96e	57.78d	64.23d
洛旱 11 号	34.63c	75.09cd	76.42bc	77.73bc

（二）分蘖

由表 9-2 可以看出，不同年代小麦品种分蘖数随着小麦生育进程的推进而降低，拔节后迅速下降，之后变化不大，且各品种间差异生育前期大，后期小。拔节期（3 月 25 日）分蘖数阿勃 33＞矮抗 58＞丰产 3 号＞豫麦 49＞碧码 6 号＞洛旱 11＞洛旱 2 号，20 世纪 70 年代小麦品种阿勃 33 分蘖数最高，显著高于其他品种，矮抗 58 其次，丰产 3 号再次，二者间差异不显著，但矮抗 58 显著高于其他品种，洛旱 2 号和洛旱 11 号分蘖数较低，显著低于其他品种。拔节后各品种分蘖数逐渐减少，各品种分蘖数多少的规律基本与拔节期一致，但分蘖成穗率不同。成熟期（5 月 31 日）分蘖数矮抗 58＞丰产 3 号＞阿勃 33＞洛旱 2 号＞碧码 6 号＞洛旱 11＞豫麦 49。说明早期品种分蘖成穗率低，近现代品种分蘖成穗率高，无效分蘖少，减少了无效分蘖时养分的消耗，尤以洛旱 2 号和洛旱 11 效果为最好。

表 9-2　不同年代小麦品种分蘖数（个/株）的差异

品种	日期			
	3-25	4-20	5-1	5-31
碧码 6 号	4.42c	3.83ab	2.72ab	2.41c
丰产 3 号	5.61bc	3.04bc	2.92a	2.88ab
阿勃 33	8.25a	2.81bc	2.70ab	2.63bc
豫麦 49	5.05c	2.47c	2.31c	2.21c
洛旱 2 号	3.23d	3.24bc	2.64b	2.62bc
矮抗 58	6.41b	4.41a	3.15a	3.04a
洛旱 11	3.28d	3.01bc	2.31c	2.22c

（三）叶面积

由表 9-3 可知，不同年代小麦品种单株叶面积随生育进程的推进呈先升后降的趋势，拔节后仍然上升，至抽穗期（4 月 20 日）达到最大值，之后逐渐下降。拔节期（3 月 25 日）单株叶面积阿勃 33＞矮抗 58＞豫麦 49＞丰产 3 号＞碧码 6 号＞洛旱 11＞洛旱 2 号，阿勃 33、矮抗 58 和豫麦 49 3 个品种间差异不显著，但均显著高于其他品种，洛旱 11 和洛旱 2 号显著低于其他品种。单株叶面积最大的阿勃 33 品种抽穗期叶面积最小，显著低于其他处理，且之后以较慢的速度下降，但灌浆中后期（5 月 10 日）后迅速下降。灌浆后各品种叶面积均下降，20 世纪 70 年代推广品种丰产 3 号，近现代推广品种矮抗 58 和洛旱 11 下降速率较低，维持了灌浆后期较长的光合有效期。

表 9-3　不同年代小麦品种单株叶面积（cm²）的差异

品种	日期					
	3-25	4-20	5-1	5-10	5-20	5-31
碧码 6 号	47.02b	158.12ab	77.81cd	41.42d	20.01c	—

（续）

品种	日期					
	3-25	4-20	5-1	5-10	5-20	5-31
丰产 3 号	50.15b	163.31a	63.09d	28.61e	10.82d	14.82
阿勃 33	78.00a	125.17d	98.52b	60.03b	45.29a	—
豫麦 49	69.41a	140.58c	85.07c	52.07c	17.76c	—
洛旱 2 号	27.82c	152.01bc	55.01e	26.10e	4.97e	—
矮抗 58	75.98a	151.31bc	116.30a	70.90a	48.48a	10.45
洛旱 11	29.53c	153.85bc	86.71c	48.33d	37.41b	4.04

（四）籽粒灌浆速率

由图 9-1 可以看出，不同年代小麦品种籽粒灌浆速率随灌浆进程的推进呈先升后降的趋势，花后籽粒灌浆速率逐渐增加，在 5 月 16 日达到峰值，之后下降。不同品种之间比较，达到峰值时，洛旱 2 号最高，分别比碧码 6 号、丰产 3 号、阿勃 33、豫麦 49、洛旱 2 号和矮抗 58 提高了 42.3%、27.7%、32.9%、17.9%、19.2%和 6.1%，与其他品种间差异均达到了显著水平，之后的灌浆速率也一直高于其他品种，有利于形成较高的籽粒产量。

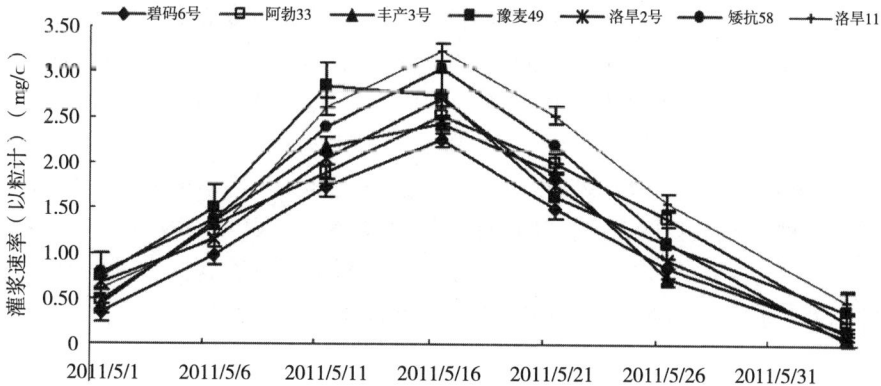

图 9-1　不同年代小麦品种籽粒灌浆速率的差异

二、不同年代的旱地小麦品种干物质积累

（一）干物质量

由表 9-4 可以看出，不同年代小麦品种干物质积累量随着生育进程的推进逐渐提高，不同品种在不同生育时期的干物质量差异明显。拔节期（3 月 25 日）豫麦 49 最高，显著高于其他品种，矮抗 58 和阿勃 33 其次，丰产 3 号再次，洛旱 2 号最低。成熟期（5 月 31 日）矮抗 58＞洛旱 11＞豫麦 49＞丰产 3

号＞阿勃33＞碧码6号＞洛旱2号，矮抗58和洛旱11间差异不显著，但显著高于其他品种，豫麦49和丰产3号间差异不显著，但显著高于阿勃33、碧码6号和洛旱2号，说明在干旱条件下矮抗58、洛旱11和豫麦49能积累较多的干物质，为籽粒产量的提高提供较多的碳源。

表9-4　不同年代小麦品种干物质积累量（g/株）的差异

品种	日期						
	3-25	4-20	5-1	5-11	5-21	5-26	5-31
碧码6号	0.90d	1.71b	1.90c	2.31c	2.51c	2.52d	2.67c
丰产3号	1.05c	1.17d	1.82c	2.04d	2.11d	2.64d	3.10b
阿勃33	1.15b	1.51c	1.88c	2.11d	2.32c	2.18e	2.68c
豫麦49	1.59a	1.66bc	2.08ab	2.55b	2.65b	2.85bc	3.22b
洛旱2号	0.86d	0.94e	2.03b	1.78e	2.28c	2.67cd	2.61c
矮抗58	1.15b	1.41cd	2.18a	2.08d	2.48c	2.91b	3.64a
洛旱11	0.97cd	1.92a	2.17a	2.76a	3.09a	3.36a	3.59a

（二）干物质运转

1. 叶片干物质运转

试验分析了不同年代小麦品种叶转运量及其对小麦籽粒的贡献率（表9-5），结果表明，开花期叶干重以洛旱2号和洛旱11为最高，矮抗58和丰产3号次之，阿勃33和豫麦49再次，碧码6号最低。成熟期小麦叶干物质重以豫麦49为最高，矮抗58、洛旱11和丰产3号次之，洛旱2号和阿勃33号再次，碧码6号最低。转运量和转运率以洛旱2号为最高，豫麦49最低，不同年代品种间并无明显规律。叶对籽粒的贡献率洛旱2号＞阿勃33＞碧码6号＞丰产3号＞豫麦49＞洛旱11＞矮抗58，产量较低的品种因花后干物质积累的能力较弱，反而促进了花前叶片干物质向籽粒的转运。

表9-5　不同年代小麦品种叶干物质运转动态的差异

品种	开花期干重（g/株）	成熟期干重（g/株）	转运量（g/株）	转运率（%）	籽粒干重（g/株）	贡献率（%）
碧码6号	0.32	0.17	0.150	46.8	1.348	11.1
丰产3号	0.35	0.19	0.161	45.7	1.790	9.0
阿勃33	0.34	0.18	0.159	46.4	1.288	12.4
豫麦49	0.34	0.20	0.148	42.8	1.764	8.4
洛旱2号	0.36	0.18	0.183	50.6	1.216	15.1
矮抗58	0.35	0.19	0.155	44.4	2.079	7.5
洛旱11	0.36	0.19	0.167	46.8	2.025	8.3

2. 茎干物质运转

表 9-6 结果表明, 茎干物质转运量洛旱 2 号最高, 豫麦 49 其次, 丰产 3 号再次, 阿勃 33 最低茎秆干物质转运率近现代品种矮抗 58 和洛旱 11 较低, 这可能与花后干物质积累较好有关, 转运率洛旱 2 号最高, 产量最高的豫麦 49 茎秆干物质转运率为第 2, 而产量次之的矮抗 58 和第三的洛旱 11 茎秆对籽粒贡献率较低, 说明产量的高低与茎秆干物质向籽粒的转运量、转运率和其对籽粒的贡献率有关, 但并不是主要决定因素。

表 9-6 不同年代小麦品种茎干物质运转动态的差异

品种	开花期干重 (g/株)	成熟期干重 (g/株)	转运量 (g/株)	转运率 (%)	籽粒干重 (g/株)	贡献 (%)
碧码 6 号	0.79	0.54	0.251	31.7	1.348	18.6
丰产 3 号	0.85	0.54	0.304	35.8	1.790	17.0
阿勃 33	0.69	0.53	0.158	22.9	1.288	12.3
豫麦 49	0.85	0.55	0.305	35.8	1.764	17.3
洛旱 2 号	0.84	0.51	0.331	39.4	1.216	27.2
矮抗 58	0.91	0.65	0.260	28.4	2.079	12.5
洛旱 11	0.89	0.66	0.231	25.9	2.025	11.4

3. 鞘干物质运转

由表 9-7 可以看出, 不同年代小麦鞘转运量及其对小麦籽粒的贡献率不同, 鞘的干物质重开花期丰产 3 号>洛旱 2 号=洛旱 11 >矮抗 58>阿勃 33=碧码 6 号>豫麦 49, 成熟期洛旱 11>矮抗 58>丰产 3 号>碧码 6 号>阿勃 33=豫麦 49>洛旱 2 号。转运量和转运率以产量最低的洛旱 2 号为最大, 产量稍高的豫麦 49 最小。对籽粒的贡献率洛旱 2 号高达 14.5, 而产量较高的豫麦 49、矮抗 58、洛旱 11 分别为 3.0%、4.0%和 3.3%。

表 9-7 不同年代小麦品种鞘干物质运转动态的差异

品种	开花期干重 (g/株)	成熟期干重 (g/株)	转运量 (g/株)	转运率 (%)	籽粒干重 (g/株)	贡献率 (%)
碧码 6 号	0.45	0.36	0.093	20.6	1.348	6.9
丰产 3 号	0.51	0.37	0.146	28.6	1.790	8.2
阿勃 33	0.45	0.35	0.096	21.6	1.288	7.5
豫麦 49	0.41	0.35	0.053	12.9	1.764	3.0
洛旱 2 号	0.48	0.31	0.176	36.6	1.216	14.5
矮抗 58	0.47	0.39	0.083	17.8	2.079	4.0
洛旱 11	0.48	0.41	0.067	14.1	2.025	3.3

4. 总干物质运转

由表9-8可以看出，不同年代旱作小麦品种的总转运量丰产3号＞洛旱2号＞豫麦49＞矮抗58＞碧码6号＞洛旱11＞阿勃33，干物质转运率丰产3号＝洛旱2号＞豫麦49＞碧码6号＞矮抗58＞阿勃33＞洛旱11。对籽粒的贡献率洛旱2号最高，值为49.3%，显著高于其他品种；碧码6号其次，为35.8%；丰产3再次，为34.2%；阿勃33第四，为32.1%，显著高于近现代品种豫麦49、矮抗58和洛旱11，说明不同年代小麦品种不同器官对籽粒的贡献率并无明显规律，但总干物质运转的贡献率表现为近现代品种趋向于变低的趋势，在干旱条件下不利于近现代品种主要靠提高花后干物质积累量来实现产量的提高。

表9-8 不同年代小麦品种总干物质运转动态的差异

品种	开花期干重（g/株）	成熟期干重（g/株）	转运量（g/株）	转运率（%）	籽粒干重（g/株）	贡献率（%）
碧码6号	1.560	1.077	0.483	31.0	1.348	35.8
丰产3号	1.712	1.101	0.611	35.7	1.790	34.2
阿勃33	1.481	1.067	0.414	27.9	1.288	32.1
豫麦49	1.603	1.098	0.505	31.5	1.764	28.6
洛旱2号	1.682	1.082	0.600	35.7	1.216	49.3
矮抗58	1.731	1.233	0.498	28.8	2.079	23.9
洛旱11	1.727	1.261	0.466	27.0	2.025	23.0

三、不同年代的旱地小麦品种产量

(一) 产量性状

由表9-9可以看出，不同年代小麦品种的产量农艺性状不同：穗下节长总体呈逐渐降低趋势，穗长阿勃33＞洛旱11＞豫麦49＝洛旱2号＞矮抗58＞碧码6号＞丰产3号，除阿勃33显著高于其他品种外，洛旱11显著高于矮抗58、碧码6号和丰产3号，其他品种间差异不显著，结实小穗数碧码6号最多，矮抗58次之，洛旱2号再次，以上3个品种均显著高于丰产3号、豫麦49和洛旱11，不孕小穗数洛旱11号最高，豫麦49次之，矮抗58再次，且3个品种间差异达显著水平。与产量间的相关分析表明，穗下节间与产量的拟合公式为$y=-0.1032x+2.887$（$R^2=0.6713$），穗长与产量的拟合公式为$y=-0.1619x+2.1323$（$R^2=0.1148$），结实小穗数与产量的拟合公式为$y=-0.0427x+1.6819$（$R^2=0.0781$），不孕小穗数与产量的拟合公式为$y=0.2273x+0.4997$（$R^2=0.554$），说明不同年代小麦品种产量与产量农艺性状间的相关性并不是很强，小麦品种产量潜力的提高主要是通过改善产量构成因素实现的。

表 9 - 9　不同年代小麦品种产量性状的差异

品种	穗下节长 （cm）	穗长 （cm）	结实小穗数 （个）	不孕小穗数 （个）
碧码 6 号	17.07bc	5.63c	16.17a	2.61cd
丰产 3 号	18.87b	5.60c	10.33c	2.00e
阿勃 33	22.10a	7.70a	13.44b	2.44d
豫麦 49	14.77cd	6.17bc	11.61c	3.61b
洛旱 2 号	17.50b	6.17bc	14.67b	1.00f
矮抗 58	15.57c	5.70c	14.88b	2.91c
洛旱 11	13.63d	6.60b	10.33c	4.67a

（二）产量及其构成因素

由表 9-10 可以看出，不同年代旱作小麦品种的产量及其构成因素存在明显差异，有效穗数豫麦 49＞矮抗 58＞洛麦 11＞丰产 3 号＞碧码 6 号＞洛旱 2 号＞阿勃 33，其中豫麦 49 与矮抗 58 间差异不显著，但显著高于其他品种，碧码 6 号、洛旱 2 号和阿勃 33 之间差异不显著，但均显著低于其他品种。穗粒数，除豫麦 49 与碧码 6 号之间差异不显著外，其他品种间差异均达显著水平。千粒重洛旱 11＞矮抗 58＞豫麦 49＞丰产 3 号＞阿勃 33＞洛旱 2 号＞碧码 6 号，除洛旱 2 号外，千粒重随着育种年代的更替逐渐增加。产量豫麦49＞矮抗 58＞洛旱 11＞碧码 6 号＞丰产 3 号＞洛旱 2 号＞阿勃 33，各品种间产量差异较为显著，近现代品种豫麦 49、矮抗 58、洛旱 11 显著高于其他品种，碧码 6 号和丰产 3 号因有较高的穗粒数产量较高，显著高于阿勃 33，洛旱 2 号因其在本试验条件下产量 3 要素均较低，产量较低。说明随着育种年代的更替，小麦品种的产量及其构成因素发生改变，基本上是朝着有利于高产的方向前进，在干旱条件下，近现代品种的有效穗数、千粒重较高，获得了较高的产量，20 世纪 50 年代和 60 年代品种穗粒数较高，也在一定程度上保证了产量。

表 9 - 10　不同年代小麦品种间产量及其构成因素的差异

品种	有效穗数 （万穗/hm²）	穗粒数 （粒）	千粒重 （g）	产量 （kg/hm²）
碧码 6 号	266d	48.1b	14.29e	1 122.28c
丰产 3 号	305c	55.1a	30.29c	1 066.72c
阿勃 33	252d	36.2d	24.32d	788.93d
豫麦 49	401a	49.1b	33.75bc	1 822.32a

（续）

品种	有效穗数 （万穗/hm²）	穗粒数 （粒）	千粒重 （g）	产量 （kg/hm²）
洛旱 2 号	253d	31.3e	23.18d	822.27d
矮抗 58	385a	42.1c	35.88b	1 588.97b
洛旱 11	355b	29.1f	40.65a	1 500.08b

第二节　不同年代的旱地小麦
品种旗叶和籽粒代谢

一、不同年代的旱地小麦品种旗叶生理代谢

（一）可溶性糖

小麦旗叶生长发育期间，可溶性糖含量反映了小麦源叶中的碳代谢活性，是光合产物转运和籽粒直接利用的碳素形式，它是小麦生长发育和籽粒灌浆的碳源。测定结果（表 9 - 11）表明，不同年代小麦品种花后旗叶可溶性糖含量随着灌浆进程的推进呈逐渐降低的趋势，整个灌浆期近现代品种小麦旗叶可溶性糖含量高于早期品种。不同品种之间比较，在灌浆前期（5 月 6 日）旗叶可溶性糖含量矮抗 58 为 367μg/g，显著高于其他品种，洛旱 11 次之，为 311μg/g，豫麦 49 再次，为 290μg/g，而早期品种均低于 270μg/g，明显低于现代品种，在灌浆后期（5 月 21 日）各年代小麦品种间差异变小，洛麦 11 最高，显著高于其他品种，矮抗 58、洛旱 2 号、豫麦 49 等近代品种间差异不显著，但均高于早期品种碧码 6 号、丰产 3 号和阿勃 33。说明现代小麦品种在灌浆过程中能保持较高的叶片可溶性糖含量，能为小麦籽粒产量的形成提供较多的碳源。

表 9 - 11　不同年代小麦品种花后旗叶可溶性糖含量（以鲜重计）的差异（μg/g）

品种	日期			
	5-6	5-11	5-16	5-21
碧码 6 号	259de	209bc	174c	135d
丰产 3 号	270d	196c	166d	145c
阿勃 33	254e	188c	172cd	165bc
豫麦 49	290c	223b	197ab	177b
洛旱 2 号	280cd	210bc	174c	173b
矮抗 58	367a	244a	182bc	171b
洛旱 11	311b	242a	206a	191a

（二）游离脯氨酸

由表 9-12 可以看出，不同年代小麦品种旗叶游离脯氨酸含量均随籽粒灌浆进程的推进而升高，灌浆前期上升幅度较小，灌浆中后期迅速上升，之后上升幅度又降低。不同年代品种间比较，灌浆前期（5月6日）阿勃33＞碧码6号＞豫麦49＞矮抗58＞洛旱2号＞洛旱11＞丰产3号，近现代品种洛麦11、矮抗58、洛旱2号、豫麦49之间差异不显著，灌浆中后期（5月21日）叶片游离脯氨酸含量碧码6号＞阿勃33＞丰产3号＞矮抗58＞豫麦49＞洛旱11＞洛旱2号，除豫麦49与洛旱11之间差异不显著外，各品种间差异均达显著水平。说明早期品种灌浆后期植株体内积累了大量的游离脯氨酸，植株的抗逆性较弱，而近现代品种叶片的游离脯氨酸含量低，植株的抗逆性增强。

表 9-12 不同年代小麦品种花后旗叶游离脯氨酸含量的差异

品种	日期			
	5-6	5-11	5-16	5-21
碧码6号	82.7b	105.0c	296.5a	295.6a
丰产3号	64.1c	121.5ab	138.2e	246.8c
阿勃33	107.0a	109.7bc	177.0c	272.7b
豫麦49	82.6b	103.5c	157.2d	208.1e
洛旱2号	78.1b	82.7d	92.4f	125.7f
矮抗58	80.7b	135.7a	208.9b	225.5d
洛旱11	77.0b	113.7bc	192.2b	207.2e

（三）可溶性蛋白

可溶性蛋白是细胞基质及各种细胞器基质的主要组成成分，在细胞生理代谢过程中有重要的催化功能，因而可溶性蛋白含量的多少，能够在一定程度上反映植物内部代谢的活跃程度。小麦叶片可溶性蛋白含量反映了小麦源叶氮代谢活性，叶片可溶性蛋白含量的高低，不仅反映植株氮代谢水平，而且常作为叶片衰老程度的指标。尤其是在小麦籽粒灌浆期，旗叶可溶性蛋白含量的提高，有利于维持叶片的生长，延长光合功能期，为碳水化合物的积累奠定基础。表 9-13 结果表明，不同年代小麦品种旗叶可溶性蛋白含量呈现随灌浆进程的推进而降低的趋势，灌浆前期叶片可溶性蛋白含量较高，籽粒氮的需求量增加，导致叶片中氮含量迅速下降，灌浆中后期呈缓慢下降的趋势。不同年代品种小麦旗叶可溶性蛋白含量存在明显差异，且下降速率不同，早期品种灌浆早期旗叶蛋白质含量高，而灌浆中后期含量低，下降幅度大，而近现代品种下降幅度小，甚至在灌浆中前期略有上升，说明近现代品种灌浆期旗叶源叶氮代谢活性高，衰老进程缓慢，有利于籽粒产量的形成和提高。

表 9-13　不同年代的小麦品种花后旗叶可溶性蛋白含量的差异

品种	日期			
	5-6	5-11	5-16	5-21
碧码 6 号	11.66a	6.94bc	5.40cd	4.81b
丰产 3 号	8.93bc	7.02b	5.26	4.71bc
阿勃 33	8.21c	5.82d	5.58c	4.35c
豫麦 49	9.41b	8.68a	5.13d	4.57bc
洛旱 2 号	7.71d	6.54c	5.56c	4.85b
矮抗 58	8.23c	6.81bc	5.89b	5.43ab
洛旱 11	7.03e	8.75a	6.25a	5.86a

（四）超氧化物歧化酶（SOD）活性

超氧化物歧化酶（SOD）是细胞膜脂过氧化作用中氧自由基清除系统关键酶之一，其作用是催化细胞膜脂过氧化作用中产生的超氧阴离子自由基，从而解除或减轻膜脂过氧化作用对细胞膜的损伤，延缓植株的衰老。由图 9-2 可以看出，不同年代小麦品种旗叶 SOD 活性变化呈明显规律，随灌浆进程的推进呈逐渐下降的趋势，近现代小麦品种的 SOD 活性总体高于早期品种。不同品种间比较，早期品种碧码 6 号和丰产 3 号 SOD 活性在整个灌浆期均较低，洛旱 2 号虽然在灌浆前期较高，但灌浆中后期低于其他近现代品种。说明在干

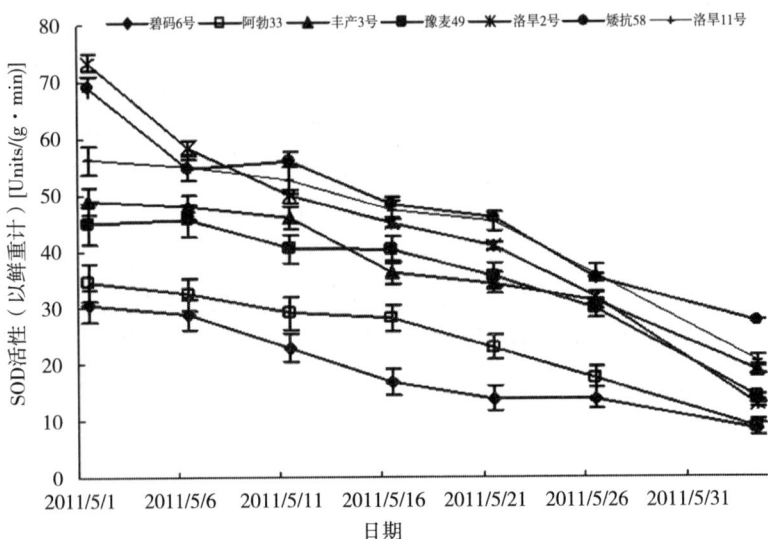

图 9-2　不同年代小麦品种花后旗叶 SOD 活性的差异

旱条件下此 3 品种解除或延缓植株衰老的能力较弱，而近现代品种洛旱 11 号、矮抗 58 和豫麦 49 SOD 活性较高，有利于减轻衰老过程中膜脂过氧化作用对细胞膜的损伤。

（五）丙二醛（MDA）含量

丙二醛（MDA）是细胞膜脂过氧化的产物，其积累可使蛋白质发生交联作用，对细胞造成伤害，MDA 含量多少代表了膜损伤程度的大小，是标志植物衰老进程的一个重要指标。由图 9-3 可以看出，不同年代小麦品种灌浆过程中旗叶 MDA 含量呈上升趋势，灌浆中前期上升缓慢，之后迅速上升且各品种间差异加大，灌浆中后期早期品种显著高于近现代品种。成熟期（5 月 31日）碧码 6 号最高，分别比丰产 3 号、阿勃 33、豫麦 49、洛旱 2 号、矮抗 58和洛旱 11 高 34.2%、42.3%、163%、97.4%，123% 和 182%。说明早期品种随着衰老进程的推进，细胞膜损伤程度较大，而近现代品种灌浆后期叶片MDA 活性低，抗衰老能力强。

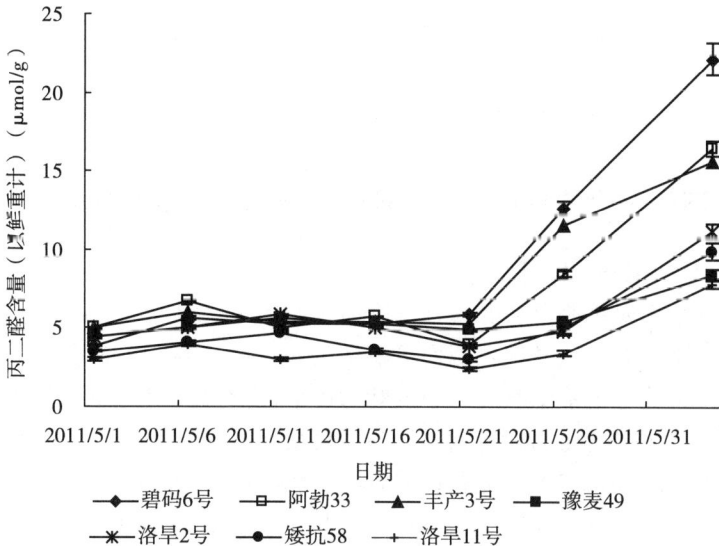

图 9-3　不同年代小麦品种花后旗叶丙二醛含量

（六）超氧负离子（O_2^-）产生速率

由图 9-4 可知，超氧负离子（O_2^-）含量和丙二醛（MDA）含量有着相同的变化规律，花后一直呈上升趋势，籽粒灌浆中前期只有微量增加，且各品种间差异不明显，之后碧码 6 号最高，显著高于其他品种，在灌浆中后期的 5 月26 日碧码 6 号分别比丰产 3 号、阿勃 33、豫麦 49、洛旱 2 号、矮抗 58 和洛旱11 号高 30.3%、164%、49.8%、24.6%，24.8% 和 155%；成熟期分别高87.9%、111%、116%、88.1%，178% 和 183%，近现代品种与早期品种间差异达显著水平。

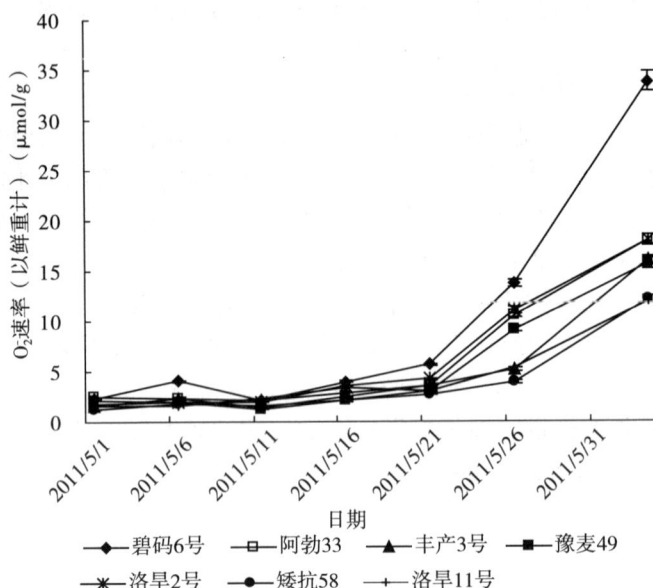

图9-4 不同年代的小麦品种花后旗叶超氧负离子（O_2^-）产生速率的差异

二、不同年代的旱地小麦品种籽粒蛋白质和淀粉含量

（一）籽粒蛋白质含量

可溶性蛋白是细胞基质及各种细胞器基质的主要组成成分，在细胞生理代谢过程中有重要的催化功能，因而可溶性蛋白含量的多少，能够在一定程度上反映植物内部代谢的活跃程度。小麦叶片可溶性蛋白含量反映了小麦源叶氮代谢活性，叶片可溶性蛋白含量的高低，不仅反映植株氮代谢水平，而且常作为叶片衰老程度的指标。在小麦籽粒灌浆期，旗叶可溶性蛋白含量的提高，有利于维持叶片的生长，延长光合功能期，为碳水化合物的积累奠定基础。由图9-5可以看出，不同年代小麦品种开花后籽粒可溶性蛋白含量呈单峰曲线变化趋势，可溶性蛋白含量在灌浆中前期达到最高峰，之后下降直至成熟。不同年代小麦品种间差异比较，开花期（5月1日）和成熟期（5月31日）近现代品种的籽粒蛋白质含量均高于早期品种，开花期洛旱11籽粒蛋白质含量最高，成熟期籽粒蛋白质含量矮抗58最高，分别比碧码6号、丰产3号、阿勃33、豫麦49、洛旱2号和洛旱11高45.2%、47.2%、43.7%、11.6%、29.3%和3.9%。说明近现代品种的小麦籽粒蛋白质含量较高，有利于籽粒品质的改善。

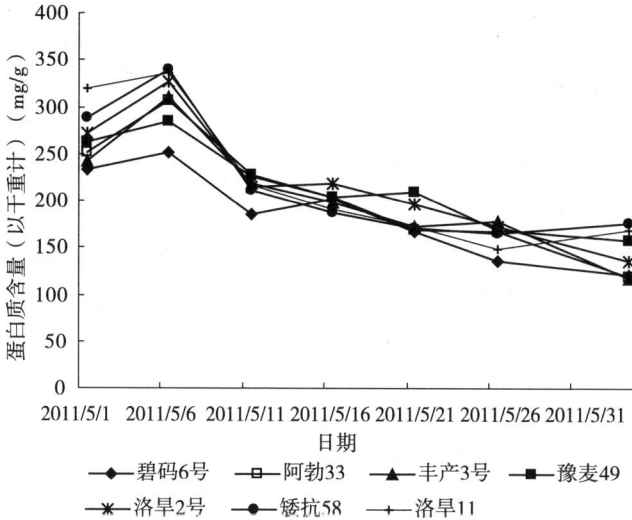

图 9-5　不同年代小麦品种花后籽粒蛋白质含量的差异

（二）籽粒淀粉含量

淀粉占小麦粒重的 70% 左右，因此淀粉积累速率的快慢决定了淀粉的质量和粒重的高低。小麦的胚乳淀粉由直链淀粉和支链淀粉组成，直链淀粉较支链淀粉有更强的抗拉伸力，能够增加产品的脆性和强力。由图 9-6 可以看出，直链淀粉含量在前期积累较慢，在灌浆中后期上升幅度较大。不同年代品种间比较，早期品种直链淀粉含量较低，近现代品种直链淀粉含量较高，以洛旱 11 为最高，洛旱 2 号次之，矮抗 58 和豫麦 49 含量相当。由图 9-7 可知，支链淀粉的积累在整个籽粒灌浆期总的变化趋势近似"S"形，花后灌浆前期不太明显，

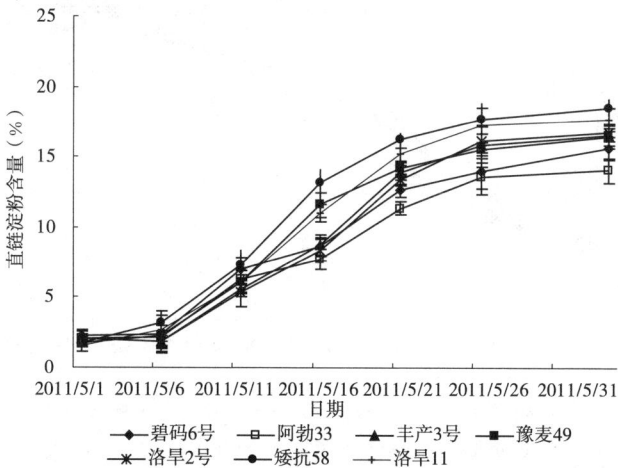

图 9-6　不同年代小麦品种花后籽粒直链淀粉含量的差异

花后灌浆中期是快速合成期，之后支链淀粉含量增加不多或略有下降；不同年代小麦品种间变化趋势基本和直链淀粉相同，花后灌浆中期时差异最明显，洛旱 11 籽粒支链淀粉含量最高，分别比碧码 6 号、丰产 3 号、阿勃 33、豫麦 49、洛旱 2 号和矮抗 58 高 20.4%、32.0%、26.7%、13.8%、4.3%和 22.9%。由图 9-8 可以看出，总淀粉含量的变化趋势基本和支链淀粉相同，亦呈近似 S 形变化趋势，灌浆中后期近现代品种间差异显著，但洛旱 11 和洛旱 2 号显著高于早期品种，3 早期品种间差异亦不显著。说明近现代品种籽粒直链淀粉、支链淀粉和总淀粉含量高，小麦籽粒淀粉品质在一定程度上得到了改善。

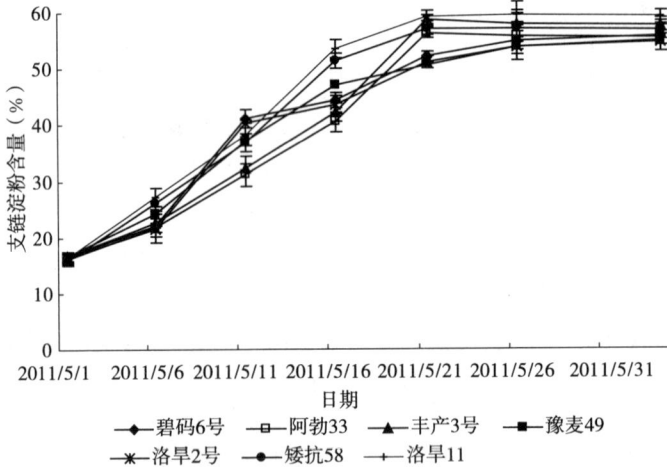

图 9-7 不同年代小麦品种花后籽粒支链淀粉含量的差异

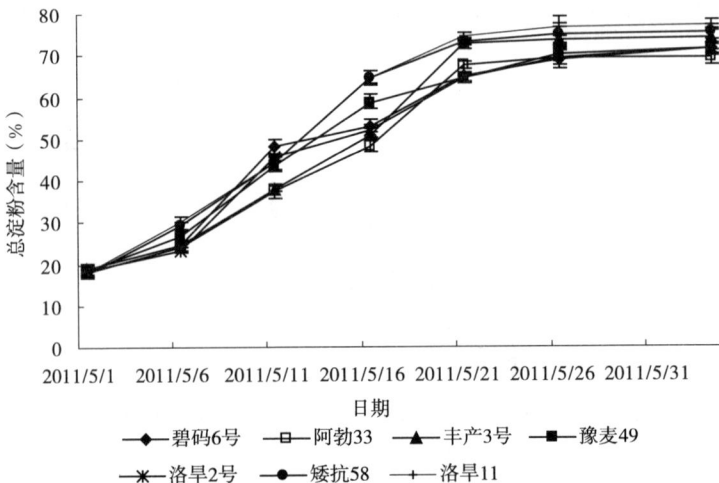

图 9-8 不同年代小麦品种花后籽粒总淀粉含量的差异

第十章

河南旱地小麦栽培技术

第一节 旱地小麦生长发育规律

一、旱地小麦种植区的生态特点

中国小麦分布地区极为广泛，由于各地气候条件、土壤类型、种植制度、品种类型、生产水平和管理技术均存在差异，因而形成了明显的种植区域特征。从盆地至丘陵，从海拔 10m 以下低平原至海拔 4 000m 以上的西藏高原地区，从北纬 53°的严寒地带，至北纬 18°的热带地区，均可种植小麦，且能正常完成其生长周期。旱地小麦广泛分布在我国各小麦产区，但主要分布在淮河以北广大北方麦区。北方旱地麦区主要指太行山以西地区，包括甘肃东部，陕西秦岭以北，山西除盆地以外的大部，以及河南、河北、山东等地的山地丘陵旱作区，降水在 400~600mm 范围内的晋、冀、鲁、豫、陕、甘等广大秋播冬小麦的非灌溉区，占北方六省市小麦总面积的 30% 左右，其中面积最大的有陕西、山东、河南及山西等省。

河南旱作农业区主要分布在京广铁路以西的丘陵山区，年降水量 550~650mm，属半湿润偏旱区，涉及 12 个市、地，总土地面积 7.67 万 km²，耕地面积 254 万 hm²，分别占全省土地面积的 45.9%，耕地的 36.7%。这一地区跨越太行、伏牛、豫西黄土丘陵 3 个山系和黄河、海河、淮河、长江 4 大水系。土地面积广阔，农业资源丰富，光照充足，热量充沛，昼夜温差大，农产品品质好，全省的"名、特、优"新产品大多集中在这里。因此，河南省农业的难点在旱区，潜力在旱区，希望也在旱区。河南省旱地小麦主要分布在洛阳、三门峡、郑州、平顶山、南阳、驻马店、新乡、安阳、鹤壁和济源等地，近年来河南省旱地小麦播种面积 1 600 多万亩，占全省麦播面积的 20% 以上。河南旱地属半湿润偏旱气候类型，这类地区小麦全生育期降水少，缺乏灌溉条件，小麦生长基本靠自然降水，其自然条件具有以下生态特征。

（一）降水

据中国气象局统计，北方季节性干旱频率黄河以南为 70%~80%，黄河以北大于90%，可谓"十年九旱"。北方地区作物遇旱频率，冬小麦为100%。北方旱地小麦产区，常年降水量为400～600mm，60%～70%集中在7—9月，且分布不均，年际间波动大。而其余9个月正是小麦生产季节，降水量仅为150～250mm，冬小麦生育期降水量为180～240mm，春季干旱年年发生，伏旱、秋旱、冬旱也有发生，严重影响了冬小麦春季生长和春小麦的播种。在西北和华北一带，小麦灌浆期间，常有干热风危害，影响灌浆。

自然降水是绝大部分旱地土壤水分的唯一来源。河南旱地年降水量550～650mm，其特点是地区分布不均，年间变化大，年内分布极为不均，春季干旱多风，冬季寒冷少雪，夏季麦田休闲期降水量最多，占全年降水量的54%～58%，远不能满足小麦生长的需要。特别是从拔节至抽穗的3月、4月和5月这3个月，正值小麦需水高峰期，降水量少，然而此时气温升高，蒸发量增大，因此缺墒经常致使小麦株高下降，成穗数、穗粒数严重减少，减产幅度达15%以上。

（二）光照

光是植物光合作用的能量源泉。没有光，植物不能产生叶绿素，也不能进行光合作用。光还影响着植物营养体的建成、生长发育及叶片的方位等。光是植物生育和产量形成的根本条件之一。北方旱作地区受大陆性季风气候影响，在农作物生育期间晴天多，阴雨天少，光照充足，加之大部分旱作地区地势较高，地面接收的太阳辐射强度大，光质较好。与同纬度各地相比，有两大明显的优势：一是实际日照时间长，日照百分率高；二是太阳辐射强度大，特别是对农作物十分必要的生理辐射和光合有效辐射强度大。河南省旱区日平均可照时数在12h以上，如果考虑曙暮光则光照时间更长。因此，各地均能满足小麦开花结实对日照长度的要求。但实际日照时效仅为可照时效的40%～65%，冬小麦生长季（10月至翌年5月）日照时数占年总量的60%左右，旱区10月至翌年5月日照时数基本上跨越了全省的日照分布，从南部的1 200h至北部的1 600h，其中大部分旱区日照为1 300～1 500h。不难看出，旱区日照丰富，一般年份都能满足小麦正常生育的要求。

（三）温度

温度作为热量条件的标志是通过其强度、持续时间和变化规律等方式对作物产生影响的。冬小麦生长发育的每一个过程，都有一定的温度范围要求，即不同生育期有不同的温度适宜区。一般认为，冬小麦的"三基点"温度是：最低温为3.0～4.5℃，最适温度为20～22℃，最高温度为30～32℃。冬小麦一生需正积温1 700～2 400℃；安全越冬的下限温度为－24～－22℃；灌浆期适宜温度为18～22℃，超过26～28℃或低于12～14℃，灌浆将严重受阻甚至停止。由于河南省旱区南北跨度大，海拔高度高且有一定差异，在冬小麦生长季正积温大都在 1 900～2 300℃，基本上可以满足小麦生育的需要。

(四) 土壤肥力

河南省旱地农田大多是经过长期人为耕种施肥而形成的褐土，富含石灰质，成土气候是冬干夏湿，高温与多雨相伴、石灰淋溶与淀积明显，表层黏粒比下层少，腐殖层较薄，黏化层明显，土质较疏松，适耕期中等，地下水较深，不返浆，中性或偏碱性。土壤蓄水容量小，土壤结构和理化性状差，自动调节功能弱。除速效钾相对比较丰富外，对产量起决定作用的氮、磷营养素极其缺乏，是产量提高的主要制约因素之一。河南旱地麦区沟壑纵横，坡度大，水土流失严重，土壤肥力普遍较低，既缺氮又缺磷，其中肥力较好的立黄土有机质 8g/kg 左右，全氮 0.5～0.8g/kg，有效磷 3～5mg/kg。一些旱塬地的立黄土，土层深厚，熟化度高，土壤疏松，但水源缺乏，地下水源较深。许多岗丘还分布着红黏土和黄土，土层薄，耕层浅，质地黏重，通气性差，适耕期短，小麦在生长季节降水量小，蒸发量大，又缺乏水源与灌溉条件，加之劳力畜力不足，经济条件差，小麦粗种粗管，广种薄收。

二、旱地冬小麦生长发育特点

(一) 根、茎、叶的生长

小麦播种期间，雨水较少，旱地小麦播种后，仅靠土壤下层蓄积的水分生长，当土壤中含水量低于田间持水量的 40%～50% 时，叶片光合作用速率降低，幼苗生长受到一定抑制，因而表现为生长缓慢、叶片短小、叶色淡、分蘖缺位、根系差、冬季易遭受冻害。初生根的条数比水浇地少 1～2 条，次生根少 10 条左右；而在底墒充足时，初生根的条数与水浇地基本相等，次生根的条数虽有所增加，但仍比水浇地少。植株的高度降低，主茎叶片的总数、出叶的时间、每增长一片叶的积温，均与水浇地基本一致，但叶片的寿命短，叶面积小。

(二) 分蘖及其成穗

一般情况下，丘陵旱地小麦的分蘖数比水浇地少，消长动态也与水浇地不同，而且单株成穗少。在丘陵旱地，分蘖的发生虽与主茎叶片具有同伸关系，但不同分蘖出现的时间，一般都较主茎的同伸叶片晚，而且蘖位越高，晚的时间越多，缺位蘖也越多。因此，单株头数与主茎叶龄的关系，不像水浇地那样有规律。单株的总分蘖数少。

在丘陵旱地，由于水肥不足，分蘖的发生，一般只有越冬前一个盛期，越冬前分蘖甚少，高峰期多出现在起身期以前，起身后便开始两极分化，拔节期两极分化已基本结束，小麦的单株成穗数明显比水肥地少。春季是小麦生长发育最快的时期，但旱地小麦由于土壤干旱缺水，土壤中的养分也不能充分利用，小麦生长发育所需要的水分和养分得不到及时充足的供应，致使麦苗生长缓慢，从而导致成穗数少。若春季再遇干旱、气温回升慢等情形，不仅不会再产生分蘖，而且年前的分蘖也会很快死亡，故河南省旱地小麦分蘖就形成了"秋季旺盛、形成高峰，春季很少、迅速衰亡"的特点。旱地小麦只有一个分蘖高峰，其有效分蘖的时间较水浇地短，这种情况往往造成群体不足，尤其在春季干旱少雨，再加上肥力不足，致使分蘖尽早消亡，因此春季不照管的田块，叶色发黄，单位面积内成穗数很低。

（三）幼穗发育

旱地小麦幼穗发育的总趋势，与水浇地大体一致，也具有"开始早、时间长、前期慢、后期快"的特点，但总的持续时间比水浇地短，尤其是护颖分化以后，持续的时间更短。不过，幼穗发育各分化时期与主茎叶龄、节间伸长、生长时期的对应关系，则基本与水浇地小麦大体一致。在护颖分化至四分体时期，由于丘陵旱地降水较少，春季气温回升快，蒸发量大，土壤墒情差，同时小麦返青后生长加快，需要肥水较多，致使小麦生殖生长相对加快，幼穗分化后期时间缩短。此期一般历时 30d 左右，而水浇地则需 40d 左右，这样就形成旱地小麦穗分化历时长、前期慢、后期快的特点。旱地小麦常常春季雨水较少，不能满足小麦生长发育对水分的需求，小麦四分体时期是小麦需水的"临界期"，此时干旱影响小花发育，常引起小花、小穗退化、穗粒数减少，因此产量降低。

（四）籽粒灌浆

在丘陵旱地，小麦籽粒的灌浆时间长短，受开花以后的天气状况影响较大，旱情较重又有干热风的年份，籽粒灌浆时间只有 28～34d，比水浇地短6～7d；在后期多雨的年份，灌浆时间也有多达 35d 的，基本与水浇地相同。丘陵旱地小麦籽粒的重量，受灌浆时间长短的影响很大，灌浆时间长则籽粒重量大。受干热风的影响，旱区小麦成熟相对较早，籽粒灌浆时间短，粒重不稳，变幅大，造成产量低而不稳。

旱地小麦籽粒灌浆具有开始早、高峰快、灌浆强度低、历时短的特点。旱地小麦由于幼穗分化结束早，其开花期较水浇地早 3～5d。同时，由于干旱等因素的影响，致使光合强度降低，根系和叶片早衰，灌浆提前结束。据小麦专家对小麦后期缺水的生理指标的测定结果表明，其旗叶比正常水分小麦早死5～7d。一般年份，旱地小麦开花至成熟历时 33d 左右，平均日增千粒重 1.2g以下，低于水浇地。灌浆后期早衰是影响旱地小麦粒重形成的突出问题。

第二节　旱地小麦栽培技术

针对小麦增产的障碍因素及农民种植习惯，经多年观察试验，豫西地区争取小麦增产的途径以提高自然降水利用率为核心，以改良土壤、培肥地力为基础，形成了河南旱地小麦"135""四水一旱"和"沟播"等栽培技术措施。

一、旱地小麦"135"栽培技术

旱地小麦"135"栽培技术即"围绕一个中心，打好三个基础和改进五项措施"的"135"栽培技术模式。

（一）围绕一个中心——提高土壤水分生产效益

北方旱作冬麦区年降水量为 $400\sim600mm$，且 $60\%\sim70\%$ 的降水量集中在 6—9 月，而小麦生长季节的降水仅有 $100\sim200mm$。据多年的研究资料，旱地小麦单产达到 $3\,000\sim4\,500kg/hm^2$ 时，在一般情况下约需水 $400mm$。因此，降水量小，成为限制旱地小麦产量的重要因素。据试验，$0\sim200cm$ 土体每毫米贮水能生产小麦 $1.41kg$。实践表明，良好的栽培技术可使每毫米贮水生产小麦 $1.46kg$，而一般栽培条件仅能生产小麦 $0.61kg$。因此，优化栽培技术，可使土壤单位水分的生产效益成倍增加。高产试验示范和生产实践结果说明，在旱地小麦生产中，必须以提高土壤单位水分的生产效益为中心，坚持做好蓄水保墒、提高土壤肥力等工作，围绕这个中心，不断改善各项配套栽培技术，使有限的水分充分发挥增产作用。只有这样，才可能使旱地小麦生产持续增长。

（二）打好三个基础——蓄水保墒、培肥地力、适时早播

1. 蓄水保墒

据相关研究，旱地农田 $0\sim200cm$ 土体在小麦播种前贮水 $150\sim450mm$ 的范围内，小麦产量与播前土壤蓄水量呈直线正相关关系，即播前土壤贮水越多，小麦产量越高。这说明在丘陵旱作麦区，小麦播种以前做好蓄水保墒工作是提高小麦产量的重要基础。北方旱作麦田耗水特点和小麦生产季节自然降水满足不了小麦生长发育需要的实际情况，表明不搞好蓄水保墒，小麦产量是难以提高的。北方旱作麦区全年的降水量有 $60\%\sim70\%$ 集中在 6—9 月，这就为播前蓄水创造了有利条件。资料证明，无论是晒旱地还是回茬地，在小麦播前蓄水的能力还是很大的。据研究，小麦播前晒旱地 $0\sim200cm$ 土层蓄水量丰年最多可达到 $435mm$，旱地在夏玉米地进行秸秆覆盖和春玉米地进行地膜覆盖研究表明，均有良好的蓄水保墒效果，一般在玉米收获期 $0\sim200cm$ 土层蓄水较不覆盖的多 $50m^3$ 左右。

综合各地实践经验，旱地小麦播前蓄水保墒的措施主要有：改张口过伏为合口过伏，即伏前深耕粗耙轻耙，之后遇雨即耙，半月无降雨要进行干耙，播前不耕只耙，做到"耕作层内张外合，滴水归田防蒸发，上虚下实无坷垃"；前茬作物秸秆覆盖，即在夏玉米地灭茬定苗后，在玉米自然株高达 $35cm$ 左右

时，每公顷均匀撒盖 4 500～6 000kg 麦秸或麦糠（0.5kg/m²），这样既能蓄水保墒，又能抑制杂草生长，不仅使夏玉米增产，还为小麦蓄贮了底墒；前茬作物地膜覆盖，即在玉米播种时地膜覆盖，玉米收获不揭膜，玉米收获后揭膜立即清茬浅耙，再深耕细耙，麦播前遇雨即耙。因春玉米收获早，距麦播还有较长时间，耕后地表裸露蒸发量大，必须坚持遇雨即耙，重耙细耙，只有这样才能保好底墒。

2. 增施肥料培肥地力

增施肥料，特别是增施有机肥，不但能为小麦生长发育提供养分，而且能有效地改良土壤，增加土壤的蓄水保墒能力。增施氮、磷、钾化肥，以无机促有机，有机无机相结合，可显著提高产量。据研究，旱地单施有机肥，每公顷每增施 1.5 万 kg 农家肥，可增产小麦 112.5kg，增产 11.4％；而有机肥与氮素化肥相结合，可增产小麦 150～300kg/hm²（除去氮素化肥的增产量）。

3. 适时偏早播种

适时偏早播种能够经济有效地利用温、光自然条件，协调个体营养生长与生殖生长的关系，有利于小麦盘根分蘖培育壮苗，提高成穗率，是旱地小麦增产的关键措施。旱地小麦产量的高低，穗数是决定因素，而穗数多少与冬前大分蘖关系很大，因而旱地小麦适时早播可促进冬前分蘖和提高成穗率。10 月 1 日前后播种的田块，11 月分蘖成穗率为 68％，10 月上旬的分蘖成穗率只有 5％，以后分蘖无效。冬前生长好的麦苗对麦田起到覆盖作用，耕层水分高，而晚播麦田麦苗生长弱，对麦田覆盖差，耕层水分低，不仅穗数少而且穗粒数和千粒重均有所下降，造成减产。

适时偏早播种是促根的有效措施。多年研究资料证明，不同播期对小麦冬前及拔节期初生根入土深度、次生根条数及长度等均有明显的影响。9 月 26 日播种的越冬期总根量分别是 10 月 4 日和 10 月 13 日播种的 1.51 倍和 2.31 倍，而 40～100cm 土层内的根量，前者为后两者的 2.30 倍和 2.34 倍。因此适时偏早播种是提高旱地小麦抗旱性、有效利用土壤水分、促根、增蘖、促穗的中心环节。晒旱地播期应在 9 月 25 日至 10 月 5 日，回茬地在 10 月 10 日以前为宜。

（三）改进五项栽培技术措施

1. 改耐旱耐瘠品种为耐旱丰产品种

在 20 世纪 80 年代以前，北方丘陵旱作麦区限制小麦产量的突出问题是"一旱二薄"，选用的小麦品种耐旱耐瘠。豫麦 8 号在当时我省的小麦生产中起到了重要作用。可是随着蓄水保墒措施的推广与化肥用量的不断增加，耐旱耐瘠品种丰产潜力较低的缺点逐渐暴露出来，于是出现了盲目在旱地种植高水肥地品种现象，结果造成了减产。为了改变在旱地盲目用种的情况，多年来坚持在旱地进行品种比较试验，推广了豫麦 2 号、小堰 4 号、豫麦 13 等一批耐旱性好、丰产潜力较大的品种，在生产中发挥了增产作用。经过试验研究，大力示范推广郑旱 1 号这个耐寒、耐旱、抗病、抗干热风，在旱地表现稳产的品种，在旱肥地每公顷产量达到 6 000kg 以上，受到农民的欢迎和政府领导的高度重视。

2. 改平播为沟播

推广沟播，可促可控，提高产量。小麦沟播技术，我们从 20 世纪 80 年代起反复试验验证，从理论到实践逐步完善，示范面积逐步扩大。此项技术在旱地具有广泛的适应性和良好的应变性。

沟播可以促根增蘖，具有剥去干土层、种在湿土层和深播浅盖的作用，又因沟底温度比地面高 0.30～0.80℃，一般出苗和分蘖期比平播早 1～2d，冬前单株分蘖多 0.1～0.6 个，次生根多 1.2～1.4 条，成穗数增加 7.5 万～10.5 万穗/hm²，穗粒数多 0.1～6.2 粒，一般较平播可增产 8%～12%。遇到旱年，播种时若底墒不足，平播极易造成缺苗断垄，而沟播则出苗齐全，并且在丘陵旱地冬季遇到小雪时，雪积在沟内能防止被风刮走，起到蓄水保墒的作用。

沟播可以控制麦旺和节约水肥，在丘陵旱地适时偏早播种是成功的增产经验，但在冬暖年份，麦苗容易旺长，不仅多消耗水肥，甚至遇到春寒会冻死麦苗。而沟播麦田可在越冬或返青期进行平沟培土，有效地控制无效分蘖的滋生并加速其死亡，且将分蘖节培土后既可防冻，又可多产生次生根，充分利用土壤中的水分和养分，因而增产作用显著。

3. 改大播种量为适宜播种量

过去由于旱地缺水少肥，小麦生产一直沿用的是大播量，靠主茎成穗的途径增产，每公顷的播种量多在 150kg 以上，甚至多达 225～300kg。随着蓄水保墒和培肥地力措施的推广应用，土壤的水肥状况得到一些改善，但大播种量会造成麦田群体过大，根系发育不良，耐旱性差，因此不能获得增产；而播量太小时，虽个体生长良好，但成穗数少，产量也上不去。经过试验，在河南适时偏早播种的情况下，晒旱地和旱茬地基本苗以 210 万～240 万株/hm² 为宜，夏玉米等回茬地以基本苗 240 万～270 万株/hm² 为好。因此，改大播种量为适宜播种量，不仅可节省种子，而且还能增产小麦 450～750kg/hm²。

4. 改不施追肥为看墒追肥

一般情况下，旱地麦田实行粗肥、氮肥、磷肥"三肥底施一炮轰"政策，不进行追肥是正确的。但在土壤水分状况改善以后，冬春遇到较多降水仍不进行追肥，将导致土壤水分生产效益降低。据试验，在冬春降雨后 0～20cm 土层含水量大于 17% 的情况下，追纯氮 75kg/hm²，可增产 8%～17%，但该层土壤含水量在 17% 以下，增产效果不明显或不增产。因此，改旱地小麦不追肥为看墒追肥，即墒情差不追肥，墒情好就追肥。

5. 改"重种轻管"为"种、管并举"

丘陵旱作麦区的干部和群众，多年来非常重视小麦播种工作。过去"一年与麦见两面"，"即种时见一次面、收时再见一次面的现象并不少见，极不重视旱地麦田管理的情况下，通过看墒追肥、中耕保墒、镇压提墒、防治小麦长腿蜘蛛和穗蚜"等增产措施的推广，改变了"旱地麦田不用管"的思想，实现"种、管并举"，对保证小麦增产起到了重要作用。

二、"四水一旱"栽培技术

"四水一旱"栽培技术即"深耕改土，以土蓄水；合理施肥，以肥调水；选用良种，以种节水；适期早播，培育壮苗；精细管理，以管保水"。此技术是满足小麦生育期水分、养分需求，提高小麦产量的栽培技术模式。

（一）深耕改土，以土蓄水

旱地小麦多分布在水土流失和土壤风蚀地区，因此只有搞好农田建设，防止水土流失，提高蓄墒抗旱能力，才能稳产丰产。坡度在 25°以下的山坡地可以种麦，采取沿山坡等高线横向耕作、建成水平梯田、结合平整土地、培肥改土等综合治理措施，改善土壤蓄水状况，有效纳雨保墒。缓坡地或旱塬地，则在沿等高线翻耕时，加深加宽沟垄，并横向修筑土挡，使田块形成小区，建成垄作区田，增加拦蓄雨水能力。据测定，改造后的梯田可减少水土流失40%～60%，自然降水利用率提高 10%～20%。

深耕可破除犁底层，加深耕层，改善土壤通透性，增加蓄水保墒能力。深度一般达 40～50cm，耕作层可增加 1 倍左右，土壤渗水速度提高 6～10 倍，可接纳 300mm/h 以上的降水而不出现地表积水或径流，提高了土壤蓄水保墒能力。同时增强了土壤透水与通气、养分释放与储存、根系穿孔与固定等多方面功能，促进了作物生长发育。对于晒旱地，实行"四早"耕作法：早犁头遍早晒垄（伏前深耕），早犁 2 遍早收墒（伏内遇雨必耙，接纳雨水），早犁 3 遍保口墒（立秋后及时耙糖，减少地面蒸发，保住底墒），早犁 4 遍保全墒（播前墒情好，浅耕耕层宜逐年加风，避免一次过深导致表层生土过多，影响当年小麦生长）。全方位深松土壤，深度即耙；播前缺墒，不耕只耙，最大限度地保蓄自然降水，达到"伏雨秋用，伏雨春用"效果。同时，还能充分熟化土壤，减轻病虫，消灭杂草。搞好农田基本建设，整修土地，要做好里砌外垫，起高垫低，修堰补豁，挖旱渠等田间工程，防止水土流失，接纳伏雨，变跑水、跑土、跑肥的"三跑田"为保水、保土、保肥的"三保田"。

（二）合理施肥，以肥调水

增施有机肥，改善土壤结构，增强蓄水保墒能力，提高水分利用率，增强作物的抗旱性。在条件较好的地方，可大力发展畜牧业，增施圈肥，秸秆沤肥，利用晒旱地种植绿肥，培养地力。如遇秋旱，可利用荒山坡地种植草木栖、紫穗槐作绿肥，割青压肥，异地掩青，以解决保墒与掩青的矛盾。土壤墒情好，小麦生长良好，根系发达，能有效地利用土壤水分，更好地发挥肥效，达到增产稳产的目的。据试验，土壤瘠薄会加重旱灾的危害程度，多施有机肥则可以减缓土壤干旱对小麦的影响，在增施有机肥的基础上，按照测土配方要求，坚持有机与无机配合施用、氮磷钾之间和微量元素之间平衡施用，有效培肥地力，发挥肥效，提高小麦产量。

增施肥料应以"有机肥和化肥相结合，贯彻底肥为主，追肥为辅"的原则。旱地冬小麦在播前用有机肥和化肥做底肥或种肥，均宜一次深施，尽量减少分期施用，以避免因过早施肥而影响肥效。旱地春小麦底肥则宜结合秋耕深施。

（三）选用良种，以种节水

丘陵旱地自然条件复杂，有坡地也有洼地，海拔有高有低，温度变化较大，有适于早播的晒旱地，也有适于春性品种的回茬地，因此一定要根据丘陵旱地的生态条件与小麦生育特点，因地制宜选用品种，或旱茬地和晒旱地应选用分蘖多、根系发达、耐旱力强、适于早播的半冬性品种，或选用耐旱、耐寒、分蘖力强、成穗率高、灌浆速度快、落黄好的冬性、半冬性品种。据多年试验观察，目前生产上推广应用的耐旱品种主要是洛旱 6 号、洛旱 12、豫麦 49-198 和豫农 4023 等。

（四）适期早播，培育壮苗

实践证明，冬前形成壮苗，安全越冬，是旱地小麦高产的基础。积温是冬前形成壮苗的先决条件，适时早播，能增加积温，冬前分蘖期长，蘖多蘖壮，根多入土深，幼苗健壮，抗逆性强。该区旱地常规种植品种，适宜播期为 9 月 25 日—10 月 15 日，在适播期内，应抢时早播，做到"时到不等墒、抢墒不等时"，争取积温，适当早播是旱地小麦冬前培育壮苗实现高产的基础，根据丘陵旱作区的生态条件与小麦生长发育特点，增加产量必须有足够的穗数。通过对丘陵旱地小麦调查分析，在产量与产量构成因素中，单位面积穗数与产量呈极显著正相关，单产与每穗粒数呈显著正相关关系，而单产与千粒重的相关则不显著。说明丘陵旱地小麦产量主要取决于成穗数和穗粒数。而穗数和每穗粒数的多少，一方面取决于品种的生态型和遗传型，另一方面取决于冬前苗质的强弱。实践证明，在适播期内偏早播种是培育冬前壮苗的关键措施。只要到了适播期，就不等肥、不等雨，抢时播种，必要时也可采用寄种的方式，以充分利用有效积温。

（五）精细管理，以管保水

由于小麦从种到收时间较长，耗水量大而降水量小，故必须精细管理。一是冬春间进行中耕镇压保墒。开春在土壤化冻后及时镇压，促使土壤下层水分向上移动，起到提墒、保墒、抗旱的作用；对长势过旺麦田，在起身期前后镇压，可以抑制地上部生长，起到控旺转壮作用。早春镇压最好和划锄结合起来，一般是先压后锄，以达到上松下实、提墒保墒增温抗旱的作用。二是适时化学除草，控制杂草危害。麦田除草最好在冬前进行，没有进行冬前化学除草的，一定要在春季搞好化学除草工作。可在 2 月下旬至 3 月中旬小麦返青初期及早进行化学除草。三是及时防控病虫害。春季根据病虫测报情况及吋防治麦红蜘蛛、白粉病，后期防治穗蚜，做好"一喷三防"工作。

三、旱地免耕＋深松覆盖技术体系

旱地免耕＋深松覆盖技术体系的具体技术流程：前茬作物收割→秸秆粉碎（秸秆还田机）→下茬播种前秸秆收拢→免耕（隔 3 年深松 1 次，深松 40cm，深松带间隔 60cm）机械施肥播种→小麦秸秆覆盖→冬小麦田间管理（病虫害防治、除草，施肥、灌水）→小麦机械收获（留茬 30cm）。

（一）选用抗旱、高产、优质的小麦品种

抗旱性好的品种不仅水分利用率高，而且品种的籽粒收获指数也高，可选用洛阳农科所选育的旱地小麦新品种洛旱 6 号，在干旱的情况下产量可达 4 500～5 250kg/hm²，雨水好的情况下具备 7 500kg/hm² 的生产潜力，是表现不错的旱地小麦品种，也可选用洛旱 2 号。

（二）高留茬

小麦收获时留茬 30cm，秸秆用专用的秸秆粉碎机械进行粉碎后收拢，秋季播种小麦后全量覆盖。秸秆覆盖时要求秸秆碎段长度不超过 3cm，抛撒均匀，不能在地表形成拥堆等有碍播种开沟器顺利通过的情况。

（三）适当增加播量

秸秆还田后，往往出现间断露种和大空间透气的现象，导致种子未着落在适墒实土上或覆土厚度不够，影响出苗和幼苗生长。为了保证基本苗数，免耕覆盖一般应比传统耕作在播量上增加 10％～20％。

（四）平衡施肥

虽然秸秆覆盖可以培肥地力，但不能够完全替代化学肥料，施肥量应根据当地的地力状况确定。适当增加施肥量 15％～20％，保证在雨水充足的年份能够有效利用降雨，保证肥水统一，避免雨水丰盈年份因缺肥不能封垄，从而导致产量不高的问题。

（五）科学播种

选用免耕施肥播种机播种，要求落粒均匀，播深准确一致，播种深度 4～5cm，入土单粒间距误差不超过 10%，无断垄、无拥堆落粒，保证一播全苗。

四、旱地小麦探墒沟播栽培技术

小麦宽窄行探墒沟播技术是一项传统经验与现代科技相结合的抗逆增产新技术，通过免耕探墒沟播机使灭茬、开沟、起垄、施肥、播种、镇压等作业一次完成，实现了农机农艺的高度结合。该种植模式具有蓄水保墒、节肥提效、增强抗性、省时降耗等优点，可实现节水、节本、高产、增效多重目标，是一项行之有效的旱地小麦节本增效、持续高产技术。

（一）品种选择

选用适宜该生态区种植的耐旱、耐寒、稳产的小麦品种，可种植洛旱 6 号、中麦 175、洛旱 8 号、洛旱 10 号和洛旱 22 等品种。

（二）种子处理

可以选用含苯醚甲环唑、咯菌腈、戊唑醇及丙环唑等化学药剂来进行拌种，也可以选用种衣剂或者种子处理剂进行拌种。拌种可以起到良好的病虫害预防和促进种子萌发的作用。有条件的尽量选用包衣种子，可有效防治小麦地下害虫和病害。

（三）科学播种

旱地小麦适宜播期的确定，应根据"趁墒不等时、时到不等墒"的原则，在安全播期范围内，进行应变调整。根据土壤墒情，可以比常规播种提早或推迟 3～5d。宽窄行种植与常规播种方式相比，小麦平均行距小，因而可以通过加大基本苗数的方式增加主茎穗，实现增穗增粒的目的。一般适期播种的小麦，播量为 150～187.5kg/hm²，推迟播种的，每晚播 1d 增加 3.75kg/hm² 播种量。播种方式一般采用机械沟播，一次完成开沟、施肥、播种、镇压等作业程序。每亩随播施入小麦专用复合肥 40～50kg。如果播种期内持续干旱，适播期将过，应按照"时到不等墒"原则，实行抗旱寄种，适当加大播量。寄种小麦前拌种，充分晾干后播种，以防播后回芽或霉变。

（四）田间管理

1. 查苗补种

小麦出苗后要及时查看缺苗断垄情况，对缺苗断垄的地块，要及早用相同品种浸种补种。

2. 化学除草

冬前是麦田化学除草最有利的时机，要根据杂草种类适时进行化学除草。在冬季之前进行防治，效果将会好于早春。11 月下旬是进行化学除草的最有利时间，可以利用一些化学试剂进行除草。小麦返青后至拔节前是春季化学除草的关键时期，针对杂草品种选用相应的除草剂及时开展化学除草工作，或结合春耕，进行人工锄草。

3. 病虫害防治

坚持"预防为主，综合防治"的植保方针，树立"公共植保、绿色植保"理念。小麦返青期后进入病虫害多发、盛发期，重点开展流行性、暴发性病虫害的早期预防，当田间条锈病平均病叶率达到 0.5%～1%，白粉病病叶率、纹枯病病株率达到 10%时，及时组织开展大面积应急防治，防止病害流行危害。红蜘蛛平均 33cm 行长螨量 200 头或每株有螨 6 头时，田间百穗蚜量达到 800 头以上，天敌与麦蚜比例小于 1：150 时，要及时进行药剂喷雾防治。小麦生育中后期，根据病虫害的发生种类、特点和防治指标，当多种病虫混合发生危害时，大力推行"一喷三防"技术，确保小麦增产增收。

4. 肥水管理

对于没有水浇条件的旱地麦田，春季管理要以镇压提墒为重点。一般麦田应在早春土壤化冻后，趁墒情较好开沟追肥，返青期雨后追施少量氮肥。如果出现冬前旺长或春季旺长，应在拔节前平垄培土，减少无效分蘖。

参 考 文 献

董宝娣，刘孟雨，张正斌，等，2007. 水分胁迫条件下不同抗旱类型小麦灌浆初期内源激素的变化 [J]. 麦类作物学报，27（5）：852-858.

董晓红，王伟锋，乔凡，等，2019. 豫西丘陵旱地小麦增产技术 [J]. 安徽农学通报，25（19）：20，41.

盖江南，毕建杰，刘建栋，等，2008. 水分胁迫对冬小麦干物质分配的影响 [J]. 华北农学报，23（增刊）：5-9.

高吉寅，胡荣海，路漳，等，1984. 小麦等品种苗期抗旱生理指标的探讨 [J]. 中国农业科学，17（4）：41-46.

高山，王冀川，徐雅丽，等，2011. 不同土壤水分对滴灌春小麦生长、干物质积累与分配的影响 [J]. 安徽农业科学，39（9）：5151-5153，5240.

关义新，戴俊英，陈军，等，1996. 土壤干旱下玉米叶片游离脯氨酸的累积及其与抗旱性的关系 [J]. 玉米科学，4（1）：437-445.

郭晓维，赵春江，康书江，等，2000. 水分对冬小麦形态、生理特性及产量的影响 [J]. 华北农学报，15（4）：40-44.

何忠诚，石岩，孙萍，等，2000. 干旱对小麦生育后期旗叶衰老的影响 [J]. 莱阳农学院学报，17（1）：35-37.

胡继超，曹卫星，姜东，等，2004. 小麦水分胁迫影响因子的定量研究：干旱和渍水胁迫对光合、蒸腾及干物质积累与分配的影响 [J]. 作物学报，30（4）：315-320.

蒋明义，郭绍川，1996. 水分亏缺诱导的氧化胁迫和植物的抗氧化作用 [J]. 植物生理学通讯，32（2）：144-150.

蒋明义，杨文英，徐江，等，1994. 渗透胁迫下小麦幼苗中叶绿素降解的活性氧损伤作用 [J]. 植物学报，36（4）：289-295.

蒋明义，杨文英，徐江，等，1994. 渗透胁迫诱导小麦幼苗的氧化伤害 [J]. 作物学报，20（6）：733-738.

兰巨生，胡福顺，张景瑞，1990. 作物抗旱指数的概念和统计方法 [J]. 华北农学报，5（2）：20-25.

黎裕，1993. 作物抗旱性鉴定方法与指标 [J]. 干旱地区农业研究，11（1）：91-99.

李德全，郭清福，张以勤，等，1993. 冬小麦抗旱生理特性的研究 [J]. 作物学报，19（2）：125-132.

李德全，邹琦，程炳嵩，1992. 土壤干旱下不同抗性小麦品种的渗透调节和渗透调节物质 [J]. 植物生理学报，8（1）：37-44.

李鸿祥，郭晓维，1994. 不同土壤水胁迫下冬小麦生理生化特性的研究 [J]. 北京水利

（4）：68-75.

李举华，林荣芳，刘兆丽，等，2008. 长期定位施肥对冬小麦叶面积指数及群体受光态势的影响［J］. 华北农学报，23（3）：209-212.

李霞，云萌，曹敏，1993. 水分胁迫对抗旱性不同的小麦品种叶片蛋白质影响的比较［J］. 华北农学报，8（4）：20-25.

梁银丽，1991. 土壤水分和氮磷营养对小麦根系生理特性的调节作用［J］. 植物生态学报，22（2）：259-364.

刘殿英，1991. 土壤水分对小麦的影响［J］. 山东农业大学报，22（2）：259-364.

刘殿英，黄丙茹，董庆裕，等，1993. 栽培措施对冬小麦根系及其活力和植株形状的影响［J］. 中国农业科学，26（5）：51-56.

刘光利，刘骏，李林峰，等，2017. 焦作市小麦宽窄行探墒沟播技术探析［J］. 现代农业科技（20）：43-44.

刘明学，李邦发，王晓东，2008. 干旱胁迫对不同衰老性小麦抗氧化酶活性的影响［J］. 安徽农业科学，36（23）：9851-9853.

刘祖祺，张石城，1994. 植物抗性生理学［M］. 北京：中国农业出版社，9.

鲁振，2012. 河南省旱地小麦生产特点及抗旱增产技术［J］. 中国农技推广，28（5）：23-24.

苗艳芳，李生秀，徐晓峰，等，2014. 冬小麦对铵态氮和硝态氮的响应［J］. 土壤学报，51（3）：564-574.

山仑，吴玫君，谢其明，等，1980. 小麦灌浆期生理特性和土壤水分条件对灌浆影响的研究［J］. 植物生理学通讯（3）：41-46.

单长卷，汤菊香，郝文芳，2006. 水分胁迫对洛麦9133幼苗叶片生理特性的影响［J］. 江苏农业学报，22（3）：229-232.

石岩，于振文，1998. 土壤水分胁迫对小麦根系与旗叶衰老的影响［J］. 西北植物学报，18（2）：196-201.

宋新颖，邬爽，张洪生，等，2014. 土壤水分胁迫对不同品种冬小麦生理特性的影响［J］. 华北农学报，29（2）：174-180.

孙彩霞，沈秀瑛，2002. 作物抗旱性鉴定指标及数量分析方法的研究进展［J］. 中国农学通报，18（1）：49-51.

孙彩霞，沈秀瑛，刘志刚，2002. 作物抗旱性生理生化机制的研究现状和进展［J］. 杂粮作物，22（5）：285-288.

孙晓燕，魏旭，赵春芝，等，2016. 春小麦育种材料抗旱性和穗发芽抗性分子标记鉴定［J］. 麦类作物学报，36（1）：36-43.

汤章城，1995. 植物对水分胁迫的反应和适应性：植物对干旱的反应和适应性［J］. 植物营养与肥料学报，5（3）：206-213.

王邦锡，黄久常，王辉，1989. 不同植物在水分胁迫条件下脯氨酸的积累与抗旱性的关系［J］. 植物生理学报，15（1）：46-51.

王晨阳，1992. 不同土壤水分条件下小麦根系生态生理效应的研究［J］. 华北农学报，7

（4）：1-8.

王洪春，1990. 干旱诱导蛋白的研究进展［J］. 华北农学报，5（增刊）：8-12.

王化岑，刘万代，李巧玲，等，2004. 从豫西旱地生态条件谈旱作小麦增产技术［J］. 中国农学通报，20（6）：276-277，361.

王金玲，张宪政，苏正淑，1994. 小麦对干旱的生理反应及抗性机理［J］. 国外农学：麦类作物（5）：44-46.

王利平，张建云，舒章康，等，2022. 河南省水资源系统脆弱性时空分异特征研究［J］. 华北水利水电大学学报（自然科学版），43（1）：9-17.

王淑英，张国宏，李兴茂，等，2010. 水分胁迫下不同基因型旱地冬小麦生理变化及其与抗旱性的关系［J］. 西北农业学报，19（10）：40-44.

王晓琴，袁继超，熊庆娥，2002. 玉米抗旱性研究现状及展望［J］. 玉米科学，10（1）：57-60.

韦朝领，袁家明，2000. 植物抗逆境的分子生物学研究进展（综述）［J］. 安徽农大学报，27（2）：204-208.

吴金芝，黄明，李友军，等，2009. 灌溉对弱筋小麦豫麦50籽粒淀粉积累及其相关酶活性的影响［J］. 麦类作物学报，29（5）：872-877.

吴金芝，黄明，李友军，等，2012. 耕作方式对旱区冬小麦籽粒品质性状的影响［J］. 麦类作物学报，32（3）：454-459.

吴金芝，吕淑芳，黄明，等，2008. 钾肥施用量对2种筋型小麦主要品质性状的影响［J］. 河南农业科学（10）：67-69.

张红亮，王道文，张正斌，2016. 利用转录组学和蛋白质组学技术揭示小麦抗旱分子机制的研究进展［J］. 麦类作物学报，36（7）：878-887.

张会民，刘红霞，土林生，等，2004. 钾对旱地冬小麦后期生长及籽粒品质的影响［J］. 麦类作物学报，24（3）：73-75.

张沛生，李耀维，1993. 模糊隶属法在苹果抗旱性综合评价中的应用［J］. 山西农业科学，21（3）：71-74.

张秀海，黄丛林，沈元月，等，2001. 植物抗旱基因工程研究进展［J］. 生物技术通报（4）：21-25.

朱云集，1994. 土壤水分逆境对冬小麦根系某些形态解剖结构及超微结构的影响［J］. 河南农业大学学报，28（3）：224-229.

邹琦，1994. 作物在水分逆境下的光合作用［J］. 作物杂志（5）：1-4.

FISCHER K S, EDMEADES G O, JOHNSON E C, et al., 1989. Selection for improvement in maize yield under moisture deficit［J］. Field crop Res，22：227-243.

HALL A E, 1976. Ecological studies［J］. Analysis and synthesis，19：76-83.

LEVIRR J V, 1972. Responses of plants to environmental stresses［M］. New York：Academic press.

MORGAN J M, 1984. Osmoregulation and water stress in higher plants［J］. Ann Rev Plant Physiol，35：299-319.

MORGAN J M, TAN M K, 1996. Chromosomal location of a wheat osmoregulation gene using RFLP analysis [J]. Australian of Plant Physiology, 23: 803-806.

PENG Z, WANG M, Li F, et al., 2009. A proteomic study of the response to salinity and drought stress in an introgression strain of bread wheat [J]. Molecular Cellular Proteomics, 12: 2676-2686.

SCANDALIOS J G, 1993. Oxygen stress and super oxide dismutase [J]. Plant Physiol, 101: 7-12.

SEEL W E, HENDRY G A, LEE G E, et al., 1992. Effect of desiccation on some activated oxygen processing enzymes and anti-oxidants in mosses [J]. J Exp Bot, 43: 1031-1037.

SHACKEL K A, FOSTER K W, HALL A E, 1982. Genotypic differences in leaf osmotic potential among grain sorghum cultivars grown under irrigation and drought [J]. Crop Sci., 22: 1121-1124.

STILL D W, KOVACH D A, BRADFORD K J, 1994. Development of desiccation tolerance during embryogenesis in rice (*Oryza sativa*) and wild rice (*Zizania palustris*), dehydrin expression, abscisic acid content, and sucrose accumulation [J]. Plant Physiol, 104: 431-438.

TURNER N C, 1974. Adaptation of Chickpea to Water limited environments [J]. Mechanism of regulation of Plant Growth (12): 423-432.

XUE G P, MCINTYRE C L, GLASSOP D, et al., 2008. Use of expression analysis to dissect alterations in carbohydrate metabolism in wheat leaves during drought stress [J]. Plant Molecular Biology, 67 (3): 197-214.

图书在版编目（CIP）数据

河南旱地小麦栽培理论与技术 / 王贺正著 . —北京：
中国农业出版社，2023.10
　ISBN 978-7-109-31226-5

　Ⅰ.①河…　Ⅱ.①王…　Ⅲ.①旱地－小麦－栽培技术
Ⅳ.①S512.1

中国国家版本馆 CIP 数据核字（2023）第 195719 号

中国农业出版社出版
地址：北京市朝阳区麦子店街 18 号楼
邮编：100125
责任编辑：边　疆
版式设计：杨　婧　　责任校对：吴丽婷
印刷：北京中兴印刷有限公司
版次：2023 年 10 月第 1 版
印次：2023 年 10 月北京第 1 次印刷
发行：新华书店北京发行所
开本：700mm×1000mm　1/16
印张：15.25
字数：300 千字
定价：78.00 元